…のクソリプ奮闘記

…たちから教わった会話することの大切さ

ディラン・マロン［著］
浅倉卓弥［訳］

DU BOOKS

いつだって、軋轢には決して逃げずに立ち向かいなさいと
ボクに教えてくれた母に

著者覚え書き

数年前にボクは、ネット上での自分のアンチに対し、直接電話して会話してみるという社会的実験を始めた。このアイディアはさらに広がり、やはりオンラインで衝突した二人の人間の話し合いをボク自身が仲介するという形にまで繋がった。こうした電話の大部分は『やつらがボクのことなんて大っ嫌いだってあんまりいうから、とりあえず直（ちょく）で電話して話してみた件』というボクの音声番組（ポッドキャスト）として公開された。

本書はこの社会的実験と、それに先立って起きていた多少の物語、それから、実験の最中にボク自身がやらかしてしまった失敗と、一連の間にボクが学んだ十二個の教訓とを扱っている。大体各章が、この十二個に対応している。もっとも自分では、十二なんて数では到底収まらないくらいの物事を学ばせてもらったし、そればかりか、まだ自分で学んだことにも気づいてすらいない内容も、間違いなくあるんだろうな、と思っている。そういうのはきっと、今なお種子のまま、ボクの心で発芽の時をじっと待っているのだろう。でもまあ、ボクらには、やるべきこともあれば顔を出さなきゃならない場所もある。つまりは忙しい。だから、わかりやすそうなところを十二個くらいに刈り込んでおくのが、輝かしき普通の日々に持ち込んでもらうには手頃なんじゃないか、と思った次第。

本書に収めた発言等の引用部分については、基本逐一、録音素材やテキストのアーカイヴなどと突き合わせて検証してある。ほんの少しだけ採録した、記録の類(たぐい)の一切ない短いやりとりについても、記憶から掘り起こして文にして会話の相手に見てもらい、先方の覚えている内容と食い違っていないことを確認してもらっている。また本書では、主に計七人のポッドキャストの出演者たちとの会話を取り上げているのだけれど、すでに著名だった方以外はすべて仮名になっている。番組に登場してくれた時と同じ偽名の方もいれば、そうではない方もいる。

引用したコメントやメッセージについても、厳密にスクリーンショットと照らし合わせたうえで原稿にしている。だから、ミスタイプも大抵はそのままだ。それでも、あえて変更した箇所もある。登場してもらった人々に余計な迷惑をかけてしまうことを回避するためだ。

もし皆様が本書を、万が一にもややこしくも面倒なやりとりを自分の手で捌(さば)かなくちゃならなくなってしまうような場合の備えとして読んでもらえるのなら、それはめっちゃ嬉しいな、と思う。でも、見知らぬ誰かにかつて起きた、あまり自分には関係のない話として受け止めてくれて全然かまわない。こういうのは自分に都合のよさそうなところだけ拾い、それ以外はうっちゃってしまってくれていい種類のものだからだ。

多少でも御自身の姿をボクに重ねてくださる方もいれば、もちろん逆にボクのことを〝間抜け(モロン)〟とか〝クソのそのまた欠片〟呼ばわりし、挙げ句には〝セルフあぼーーーーーーーーーーーーーーーーーーーーーん絶賛推奨〟なんて書き送ってきた方の人たちに共感を覚えることだってもちろんあるだろう。おそらく両方がそこそこに混じるんじゃないかな、とも思う。あるいは、本書に登場するどの人物に対しても、共通項なんてまるで感じられなくて〝ひょっとして自分はどこかおかしいのかな〟なんて気持ちになる方も、中にはいらっしゃるのかもしれない。おかしくなんてないと思うよ。たぶんだけど。

とにかくどんなタイプだって大歓迎だ。あなたがこの本を手に取ってくれたことにボクは無茶苦茶喜んでいる。だからとっとと始めることにする。

Photo by Mindy Tucker

［著者について］

ディラン・マロンは、批評家筋から絶賛されたポッドキャスト『やつらがボクのことなんて大っ嫌いだってあんまりいうから、とりあえず直で電話して話してみた件』の司会者にして制作者だ。この番組は、電話を通じてネット上で互いに反目し合っている他人同士を繋げてみようという、社会学的実験だった。近年彼は、エミー賞受賞の人気ドラマ『テッド・ラッソ：破天荒コーチがゆく』の脚本陣に加わってもいる。

ディランはまた、国際的な人気を博した、やはりポッドキャストの『夜の谷へようこそ』の登場人物カルロスの担当声優であり、劇団〈ニューヨーク・ネオ・フューチャリスト〉のOBで、さらには、人気映画の有色人種の発話だけを繋いで編集したことで物議を醸した映像シリーズ『一語一会』の仕掛け人でもある。〈シリアスリーTV〉には作家および特派員として一時期籍を置き、同局で『トランスの人たちとトイレで喋ってみた』、『戯言をやめさせろ!!』や、一連の"開封の儀"シリーズの映像の司会進行、脚本、プロデュースを手掛けていた。

本書の元となった『やつらがボクのことなんて大っ嫌いだってあんまりいうから、とりあえず直で電話して話してみた件』は『USAトゥデイ』と『ガーディアン』とに注目ポッドキャストとして取り上げられ、やはり雑誌の『ファストカンパニー』から"まさに時代にうってつけの番組"だと評された。最終的に同番組はウェビー賞を受賞し、また、ディラン自身が行った2018年のTEDトーク『共感は支持ではない』のテーマにもなった。現在はニューヨークはブルックリンで、パートナーのトッドと暮らしている。

［目次］

Published by arrangement with the original publisher, Atria Books,
a Division of Simon & Schuster Inc.
through Tuttle-Mori Agency, Inc., Tokyo

ボクのクソリプ奮闘記——アンチ君たちから教わった会話することの大切さ

一章

ネットはゲーム

「みんなボクが大っ嫌いなんだってサ」

音を立てて椅子の上に落っこちながら、ボクは重たく吐き出した。

「そりゃそうだろう。俺だってずっと、いつかはちゃんと言わなくちゃならないことだよなあ、と思ってたくらいだからな。だから、俺も実は、君のことは大っ嫌いだ」

イーサンのそんなふざけた切り返しにもボクは、今のはちゃんと冗談だよな、とでもいった疑心暗鬼に囚われて、思わず半笑いになっている。だけど正直、こうしてリアルの人間相手に言葉を交わせていることはかなり喜ばしかった。もちろん、毎日のようにつき合わされている、ネットの中にしか存在しない相手じゃなくて、ということだ。

だってこの数ヶ月ときたら、とにかくどこもかしこものコメ欄が、ボクへのバリゾーゴンの嵐みたいだったのだ。同性愛者であることに対する非難はもちろんのこと、十分通報案件だと言えそうな〝殺してやる〟といった脅迫でさえ、すでに片手では収まらない数に達していた。限界とか余裕で超えてる。

「同情はするよ」

そう続けたイーサンが、けれどほぼ同じタイミングで盛大にくしゃみを発射したものだから、そこに浮いていた〝同情〟も目の前で木っ端微塵に飛び散った。南無三。

ボクらがいるのはイーサンのオフィスだった。マンハッタンの中心部に建った高層ビルの三十五階だ。この場所からイーサンは、ネット専門の放送局〈シリアスリーTV〉の全体を監督しているのである。〈シリアスリー〜〉はデジタル放送に特化したテレビ局で、ボクもここでこの六ヶ月ばかり、時事ネタを扱った短いコントの脚本（ホン）を自分で書いては、映像を制作・オンエアさせてもらっていた。

とはいえ事務所は、起業したてのメディアの中枢基地が持っていて然るべき尖鋭さとはほど遠かった。もし廊下に積まれた収録機材や、デスクの上のシナリオの山がなかったとしたら、足を踏み入れた人間でも、ここがメディアを扱っている場所だとはきっと思いも及ばないだろう。家具調度類は企業相手専門の金融機関辺りからそのまま譲り受けてきたような印象だし、ピッカピカの桜材は、一発ギャグやオチのあるコントよりもむしろ、投資とか有価証券の類（たぐい）によほど似つかわしい佇（たたず）まいを醸（かも）し出している。

テーブルに置いてあったボクの電話機がまた震え出す。通知が来たのだ。手に取ってとっとと内容を開く。もうこの手順にもすっかり慣れた。

新着コメントがあります。

そう書かれていれば、普通の人間ならば当然当該ページを開く。ボクもそうした。

「お前ってさ、マロンじゃなくて間抜け（モロン）だよな。お前みたいのがいるからこの国が分断してくだ。お前がビデオで言ってることは私見に杉ない。それも最低の部類に入るやつだ。ここは念を押しとくぞ。だからとっととやめちまえ。あとな、**オ**カマだってのはそれだけで罪だ」

ったく。上司にヘイトコメントの件で相談しているまさにその最中に、またぞろ新着のヘイトコメントというわけだ。なんたる皮肉。人生ってのはなんて残酷なんだ。ボクは黙ってそのコメントをイーサンに見せた。電話機のなまくらな光線が彼の顔の上に長方形を反射して、その場所だけを明るく切り取っていた。やがてコメントを読み終えた彼はわざとらしくちょっと体を引くと、一瞬間をおいて、芝居っ気たっぷりにこう言った。

「おい、ちょっと待て。お前、実は——オカマだったのか？」

「お願いだから旦那には内緒にしておいてちょうだい！」

彼もそれなりにウケてくれる。あ、だからこれ、ボクのお約束的ネタの一つなんだよね。もちろんこっちだって即興で返してるんだけど、向こうも当然わかって振ってくれている。そして息を整えた彼が、おでこの辺りをさすりながらさらに言った。

「だがなあ、こういうのはこの仕事にはつきものだと思うぞ？　有名税みたいなもんだろう」

頷いたボクは、そのままあてどなく視線を投げた。彼の声は続いていた。

「いや、マジで同情はしてるんだ。だがどう言ってやればいいのかがわからん」

「だろうね」

そう返事した。こんな場面でどう言うのがいいのかなんて誰にもわかるはずがない。友人たちにも我がパートナーのトッドにも、それから上司殿だって同じことだろう。だってボク自身にもさっぱりまったくわからないんだから。

「いやだから、お前さん、もうそのくらいには大物だってことなんだろうよ」

「そいつはどうも、イーサン閣下」

そこでボクは、小首を傾げて目を剝いて、さながら海中の場面のマペットみたいな、わざとらしく引きずるような口調で続けた。

「おぉまえだってよぉ、そこそこの、タマじゃあねえかよぉ」

「よぉし、よぉく、わかったぞ。だったら今すぐ出ていけ。そんで面なんぞ二度と見せんな！」

イーサンの方もやっぱり芝居っ気たっぷりにそう応酬し、仰々しくドアを指差した。御丁寧にも、マンガに出てきそうな悪役よろしく、下アゴまで精一杯に突き出してみせている。約束していた面会の時間がもう終わりだったのだ。

笑ってボクは立ち上がり、彼のオフィスを後にした。でも、ドアのすぐ先で一旦立ち止まり、さっきのメッセージをもう一度開いて、その場でそのまま、最早儀式ともなっているいくつかの手続きを進めた。

まずはコメントのスクショを撮る。で、送り主のプロフィールに目を通す。そのまま先までスクロールして、写真があったら適当に眺め、またプロフィールへと戻って、もう一回頭からページをめくってめくってして、ってな感じだ。この手のメッセージを受け取った時には必ずこれをやるようにしていたのだけれど、おかげで最近は、儀式の頻度が途轍もなく増えていた。でも、こいつを遂行すれば、送り主の名前におおよその居住地、それから場合によっては勤め先なんかまで大体わかるのだ。

今回の相手はジョシュという人物だった。高校に通っていて、目に見えた範囲では、たぶん三年生じゃないだろうかと思われた。あと、家電量販店の〈ベストバイ〉でバイトをしているらしい。それから最近髪を切ったようだ。その写真のキャプションには〝よおみんなどう思う？〟と書かれていた。彼がリンクを貼ったり推したりしているネタ映像の類から判断するに、ボクと彼とは、我が国の大統領選挙においても同じ候補者を推すということはほぼなさそうだった。まあこんなの、驚くべきことでもなんでもないっちゃないのだが。

さてこの先こいつをどうするか。そっちもわかりきっていた。自分のPCのデスクトップに作ってあるフォルダーにスクショデータを突っ込むのである。フォルダーはすでに、このメッセージ君のお仲間たちでいっぱいだった。それこそ数え切れないほどだ。そのどれもが、ボクのことを忌み嫌うネットの住人の誰かさんによって書かれ、送って寄越されたものだった。

だがこの段階でまだボク自身が気づいてもいなかったのは、今回のジョシュなる相手から届いた一通のメッセージが、やがてはボク自身の中にも大きな変革をもたらすことになる、ということだった。こいつをきっかけにしてボクは、自分ではもう十分に理解したと思っていたインターネットというシステムそれ自体や、意見の不一致といった事象、あるいは、会話そのものといった一切を、改めてよく考えなおしてみる方向へと足を踏み出したのである。

1 鍛錬

今の仕事はボクにとって、まさしく夢の実現(ドリームズカムトゥルー)ってやつだった。ボクはずっと、自分で重要だと思うその時々の関心事を扱えるようなクリエイティヴな仕事を、似たようなことを目指している連中と互いに切磋琢磨(せったくま)競争しながら、なんとかやっていけるようにしたいと頑張ってきたのだ。だがその結果が、こうしたクソリプの絨毯(じゅうたん)爆撃だったのだ。

確かに破壊力は圧倒的だった。でも、こっちだっておいそれと諦めてしまうつもりはなかった。そんなことできるわけがない。だってボクはこの五年間ほぼまるまる、このチャンスに手が届くことだけを目標に邁進（まいしん）してきたのである。簡単に手放せるはずがない。

　四年前にはボクは、ダウンタウンを拠点とした〈ニューヨーク・ネオ・フューチャリスト〉という名前の演劇集団で、演者の一人に名を連ねていた。長いからこの先は〈ネオ〉と略すことにするけれど、この〈ネオ〉の一番有名な舞台が、週に一度、一時間の舞台の間に計三十本の寸劇を披露するというものだった。それぞれ二分間しかない尺のせいで、時に誤解した観客たちがこれを〝コント〟呼ばわりするようなこともあったのだが、これはただちに訂正されなければならない。あれは決して〝コント〟ではない。れっきとしたお芝居だ。

　ボクらは都度都度〝コントというのは誇張したキャラによる矢継ぎ早のジョークの連打でできあがっているものだ〟と説明してきた。だがボクらはジョークを書いたり言ったりはしていなかった。ボクらの舞台の笑いというのは、演者が自らに課したある種の制約の中から生まれてくるものだった。

　加えて僕らはキャラを演じたりもしていなかった。舞台に立ったボクらはつねにボクら自身だった。あそこには実は絶対遵守（じゅんしゅ）のルールが一つあったのだ。それは〝嘘は一切なし〟というものだった。すなわち脚本（ホン）も芝居も全部が全部、各自の実体験に即したものでなければならなかったのである。

　たとえばその夜の演目の一つが『今から元カレ／元カノに電話してまだ自分がどれほど未練タラタラかを訴えます』というタイトルに決まったとしよう。すると当夜の出演者たちは、観客たちの目の前で実際に自分の元カレなり元カノなりに電話して、相手を恋しく思う理由を伝えなければならないのである。

　あるいは『蜘蛛恐怖症（アラクノフォビア）と向き合いましょう』といったテーマを与えられたなら、その独白は、心の底からのものでなければダメだった。もし当人が舞台の上で実際に蜘蛛と対峙（たいじ）してやろうと決めたなら、その蜘蛛は毎夜毎夜、絶対に本物でなければ許されないのである。

　とはいえまあ、真摯（しんし）だといえるものであれば、全部が全部しゃっちょこばった中身である必要まではなかった。たとえば二分間ずっと地下鉄のホームの音にオフビートのリズムをかぶせただけの曲に合わせ、まっとうな振付けのあるダンスをするというのもアリだった。ただこの場合でも、地下鉄の音は本物であることが必須だった。

　そういうわけでボクはこの時期、毎週のように新しい脚本（ホン）を起こさなければならない状況だった。でもこのおかげで、身の回りの出来事をなんでもかんでも、記録なり記憶なりにとどめておく習慣がついた。自分自身に起きた反応を真っ向から突き詰め、それを作品に昇華するという癖をつけたのだ。日常はたちまちネタのきっかけの鉱脈となった。そしてボクはそうしたシチュエーションのそれぞれで、こう自問することを覚えていった。

「さて自分ならこいつとどう向き合うか？」

　この見方をするようになると、すべての経験が、つまり、観察であれ涙であれ勝利であれなんであれ、とにかく一切合財（がっさい）が、インスピレーションの源となった。バイト先のレストランに意地悪な客が現れた。ボクはこいつとどう向き合う？　夜のシフトを終え歩いて帰る間にも、耳にはブルックリンの町の音が入ってくる。ボクはこいつとどう向き合う？　また報われない恋をした。ボクはこいつとどう向き合う？

　この作業が気に入ったものだから、数年間どっぷりと身を浸（ひた）した。日のあるうちはテーブルで給仕する仕事に就いて、夜を待ちかねては劇場へと駆けた。そして終演後、深夜の時間帯の電車に乗って家まで帰った。都市の地下に張り巡らされたトンネルの中にいても、大概は興奮していたように思う。自分が今まさに、素晴らしい出会いに恵まれた時期を過ごしているのだとわかっていたからだ。アーティストとして作家として、そのうえ人間としてもきっちり成長できている手応えを感じていた。

生の観客の前で自分たちの作った演目をやるという行為は、とても親密だ。この親密さこそが劇場という空間の魔法なのである。幸運なボクはその魔法の現場に立ち会うことを許され、のみならず、夜ごと存分に堪能してもいたのだった。

だがこの親密さにも自ずと限界はあった。同公演はすでにあまねく世に知られ、満員の日もしょっちゅうだったのだけれど、でも一夜当たりの観客数は、最大で九十九人が上限だったのだ。半年かけて書いたちょっと長めのお芝居も、三週間の公演期間では、千人をやや上回る程度の人数にしか見てもらうことが叶わなかった。いやまあ、素晴らしい芸術が必ずしも大衆の支持を必要としないということもわかってはいるのだが、でも、動員数ってものがある種の足場みたいになるってのも本当だ。

そして、もし自分がこうしたクリエイティヴな仕事でこの先も生きていこうとするのなら、いや事実、当時のボクは死ぬほどそうなりたいと思っていたのだが、とにかくなにより、自分自身の観客というものを手に入れなければならないことも自明だった。でもどうすればそうできるのかがわからなかった。それでもボクは、やっぱり幸運なことに、同じ目的を共有する仲間たちと一緒にその場所を目指していくこともできていたのだ。

仲間というのは、まずは同じ舞台の出演者たちにその友人やパートナー、それから外部の支援者たちのことだ。この面々はいつだって、隙あらばなにか面白いことでもやってやろう、と虎視眈々状態だった。

朝からレイヴで踊ろうぜ、といったキャンペーンを推進しているやつもいれば、実験的な短編映画を撮っている連中もいた。そして中に、果敢にもメディアの新しいスタイルを模索してやろうという二人組がいた。ジョセフ・フィンクとジェフリー・クラナーだ。彼らはその頃も淡々と、自分たちの音声番組（ポッドキャスト）をいじくり回していたのである。

番組のナレーターは、やはり出演者の一人であるセシル・ボールドウィンが務めていた。タイトルを『夜の谷へようこそ（ウエルカム・トゥ・ナイト・ヴェイル）』というこの番組は、砂漠にある架空の町のラジオ放送という体裁を採っていた。二〇一三年の夏に同番組が、それこそあれよあれよといううちにとうとうiチューンズのポッドキャストチャートの一位にまで昇り詰めた時には、全員で盛大にお祝いもした。脚本が作られたのはグーグルドキュの上だったし、収録に使われたのは四十ドルのマイクで、編集はフリーのソフトウェアで、それよりなにより、自分の大好きな仲間たちが懸命に作っていることまで熟知していた作品が、全米で一番人気のポッドキャストになったのだ。驚くなんてもんじゃ済まなかった。やろうと思えばなんだってできるんだな、という気持ちにまでなった。

とはいえ当初のボクは場外から彼らの成功に喝采（かっさい）を送っているだけだった。ところがある日出し抜けに同じ土俵に上げてもらえることになった。〝僕らの番組に加わってみるつもりはあるか？〟と、ジェフリーからお誘いのメールが来たのだ。カルロス役をやってみないかという打診だった。なんたる名誉。

このカルロスってのは、語り手である主人公が仄（ほの）かに想いを寄せている相手だった。そのうえこの時期には、なお日ごとに増えていく番組のファンたちからもすごく推され始めていた。同キャラをネタにした二次創作が〈タンブラー〉やそのほかの場所にガンガン上がってくるほどだ。しかも、彼とヒロインのセシルというのは、人種やほかのいろいろな壁を乗り越えてひっついたカップルであるうえ、二人とも、まるでSFにでも出てきそうなほど奇天烈な人物だったのである。

「こッとわるワケないじゃないのさ」

興奮してその通りに声にまで出しながら返信した。かくして数ヶ月後にはボクも、番組スタッフにとっても初となる、西海岸への遠征に帯同していた。そこではボクも舞台袖で開演前の時間を過ごすことになったのだけれど、会場の扉が開き、遠くにあった観衆たちの囁き声が次第に高まって、ついには咆吼みたいになっていく様子を逐一耳にできることにもなった。緞帳の隙間からは、ネット上での知り合いでしかなかった人々が、初めてリアルで顔を合わせるなんて場面を垣間見させてもらえることもあった。ポッドキャストが人の縁を取り持ったりもするのだなと知った。

番組の人気がさらに高まるにつれ、ツアーの日程も延びた。終演後のレセプションの類の席では、まだ子供の域を出ていないファンたちと話す機会を得られるようにもなった。そんな時には彼らから〝実は両親にも話していないんだけれど――〟といった感じで秘密を打ち明けられることもあった。

「あなたには知っておいてほしかったんです」

そのうちの一人は、少し先に父親を待たせておいてから、そっとボクに囁いた。

「セシルとカルロスは、私にはとっても大事な存在なの。わかってくれるわよね」

そんな具合に声をひそめながら、彼らはそっと親たちを指し示すのだった。

「なんとなくね。どうもありがとう」

行く先々で似たような告白をこっそり受け取った。そしてその都度、自分たちのやっていることは決して、視聴者たちを南西部にある架空の町に招待するといった中身にとどまっているわけではないんだな、という感覚を強くした。ボクらの姿に、自分たち自身の可能性といったものを見てくれる人もいるのだ。こういった交流の後では、ホテルへと戻る足取りもまるで宙を踏むようだった。そして今夜の公演とかつい直前のやりとりとか、とにかくそうした一切合財が、インターネットのおかげでここにあるのだという事実に改めて感じ入りもした。

毎回の公演が千人単位の会場でもソールドアウトになるようになれば、自ずと信じられないくらいに血も騒いだ。でも、この成功は決してボク自身の功績ではなかった。いわばほかの誰かが作ったものだ。やがて、自分はこの御利益に全然価していないんじゃないかという不安が首をもたげるようになった。

そこでボクは、自分のこの手でしっかり人気の取れる作品をものにしたいなと考えるようになっていった。そのためにまず打つべき一手は、とにかくエージェントとの契約を取り付けることだった。かくして合衆国を横断したツアーから戻ったボクは、思いつくありとあらゆるコネを手繰り、自分を引き受けてくれそうな代理人を捜し始めた。

実はこういった面接は以前にも受けていた。十年も前、まだ高校生だった頃だ。でも先方の事務所まで訪ねていったその都度、才能こそ誉めてもらえたが〝残念だが君に仕事を回せる可能性はそんなにないんだ〟と言われてしまった。

「君はその――」

この手の輩は大概そこで、言葉を捜すようにして間を空けた。

「だから、ちょっと特殊なんだよね」

これはまあ、業界でよく使われる〝枠に嵌らな過ぎる〟とでもいった意味を内包する婉曲表現だ。いろんな意味でイけるところまでイっちゃってるような連中は、おおよそのところこの言葉で片付けられることになっている。

だがしかし、二〇一五年ともなった今ではボクにも、エージェントならばすぐに決まるだろう自信があった。どうしてそうならないはずがある？　だってボクは人気のポッドキャストの国内ツアーを終えたばかりで、しかもその一ヶ月前には、自分で脚本を書いたお芝居で一流劇場の主催する某賞の候補にまでなっていたのだ。向こうだってボクと仕事をしたくてうずうずしているだろうことは絶対間違いはない。

ところが摩訶不思議なことに、そういう相手がちっとも見つからなかった。十代のガキであれば〝こういうのが客観的事実ってやつか〟とか粛々と受け止めてしまっていただろう。しかし今大人になって似たようなことを聞かされても、さすがに額面通り受け取るわけにはいかなかった。だってこの手の事務所ってのは、ボクよりもよほどキャリアのない若者とだって契約しているのだ。もっと明確な理由が欲しくてたまらず、ボクはふと、役柄に添えられている注意書きの類を味読してみた。そこでようやく、先方がボクとの契約に二の足を踏む理由に気がついたのである。

ライアン：三十代の若者。大学では文学を専攻していたが、現在はデジタル系のベンチャー企業で働いている。迷ってはいるが、自分をもう一度見つけようとも考えている。人の気持ちがよくわかる。

ある映画のキャストの注意書きは、たとえばだが、こんな感じになっていた。

デリの店員：中東系、黒人、ラテン系あるいはアジア系。重大な会合を控えたライアンにサンドイッチを売る。台詞五行。

同じ映画の別の配役の注意書きはこうだった。

ボクは当初、契約が成立しないのはボク個人の資質の問題だと考えていた。だがこいつはどうやらもっと大きな、いわば制度的な瑕瑾(かきん)らしいことがわかってきた。要は、白人以外の役者ができる配役の数自体が圧倒的に少ないのである。すなわち、事務所の立場からすれば、ボクと契約しても採算が取れない可能性が高かったのだ。

さて、エージェントはいないわ腹は立つわだったわけだが、まさにこういう時こそあの台詞の出番なのである。ボクはこいつとどう向き合う?

この一年ほど前にボクは、毎週の〈ネオ〉での公演用にある寸劇を書き、それを一人で上演していた。とはいえこの演し物(だしもの)というのは、あるラブコメに出てくる有色人種の台詞だけを選び出し、演じてみせる、というものだった。元ネタの題名は伏せるが、抽出できたのは計五行にも満たなかった。それも全部、脇役のキャラのメイドとして登場していたラテン系の女優のものだった。

それぞれのあまりの短さに客席はまず吹き出し、そしてその笑いが収まるにつれ、そこに仄めかされた歓迎できない事実に思いを馳せる気配がびんびん伝わってきた。笑いはやがて呻(うめ)きからため息へと変化した。これこそなにかを共有してもらう最善の術(すべ)だ。そうわかった気がした。だから、笑いに包んでやれば薬もけっこうな深い場所まで届くのだ。

かくしてボクはこの現象を〝砂糖漬けケール〟と呼ぶことに決めた。口に苦い良薬なら糖衣で包んでしまえ、ということだ。教訓を笑いでくるむのである。よし。このアイディアをもっと膨らませてやろう。この方法はきっと、ほかの映画にだって応用できる。

ただし、今度は自分でその台詞を演じるのではなく、作品そのものを、有色人種の台詞のある箇所だけを拾って繋げてしまうことにしよう。手間のかかる作業にはなる。でも、夏はまだようやく始まったばかりで、しかも、ボクと契約してくれる事務所はない。失うものなんてなにもない。

そこでボクは来る日も来る日も自室にこもり、パソコンの前で背中を丸め、長編映画をほぼ秒単位の尺へと刈り込んでいく作業を続けた。トータル五百五十八分にも及ぶ『ロード・オブ・ザ・リング』の三部作は、なんと四十八秒にまで縮まった。比率にして〇・一四パーセントだ。ディズニーの『眠れる森の美女』のスピンオフで、実写による『マレフィセント』に見つかった有色人種の台詞は、名前のない隊長だかの出てくる場面だけで、総計十八秒だった。大人気ミュージカル『イントゥ・ザ・ウッズ』には、台詞のある有色人種の登場人物はいなかった。

やっていたことは単純だ。普遍的とされる物語を描いた映画作品を選び、そいつがデフォルトで白人たちのキャストによって進められている事実を暴（あば）いたのである。『ロード・オブ・ザ・リング』は指輪を巡（めぐ）る壮大な冒険の物語だ。『マレフィセント』は誤解された妖精の女王の話だ。『イントゥ・ザ・ウッズ』もやはり魔女を扱っていて、こいつがパン屋の夫婦に、魔法の森に分け入って、すぐにそれとわかるおとぎ話の登場人物たちから宝物を集めてくるようにと仕向けるのである。どれを取ったって人種の問題を扱ったりはしていない。逆に言えば、どれもが本質的に白人の物語であるわけでもないのだ。でも、すべては白人の役者たちを起用して描かれる。

ボクはこの一連のビデオを『一語一会（エヴリシングルワード）』と名付け、マイクロソフトのロゴをひっつけて、自身のユーチューブのチャンネルに上げた。すると、ほんの数週間であちこちから反応が起きた。最初は『スレイト』

の記事になった。それから『バズフィード』に『ワシントンポスト』と続き、さらには『オール・シングス・コンシダード』にも取り上げられた。ほぼあっという間に、映像は世界のそこらじゅうで見てもらえるようになった。

自分が寝室でせっせと作ったなにかしらが百万単位の視聴者に届いているなんて、最初は信じられなかった。しかも、言いたかったこともしっかり伝わっていた。映像作品に見られるあからさまな人種的不均衡について、みんながこう言ってくれたのだ。

「全然気づいてなかったよ」

いよいよボクは、多くの人々に届くものを自分の手で作り上げたのだ。ボク自身なんかよりもよほど大きなものに光を当てるなにかだ。ネットとはなんと民主的なものだろう。そう思えば身震いさえ起きた。

ソーシャルメディアには、門番なんてものはいないのだ。ボクと同じような一般ピープルが胸のうちを曝け出すのにも、誰の許可を得る必要もない。般ピーだって有名人と並び立ち、耳を傾けてもらうことが叶うのだ。こいつをずっと続けていきたいな、と切に願った。インターネットを使い、誰にでもアクセスできる場所で、社会問題を扱うのだ。よっしゃ。〝砂糖漬けケール〟作り続行だ。

皮肉にも、事務所の類から見向きもされなかった事実から思いついたこの企画のおかげで、今度は向こうからのアプローチが山とやってくるようになった。最終的に新たに我が代理人となってくれたケイトリンが、一件のオーディションを手配してくれた。新規に立ち上げる準備をしていたデジタルテレビのネットワークで、その日のニュースにコメントを加えた映像を、誰にでも観られる形で終日配信する予定でいるのだそうだった。

ボクはこのチャンスに飛びついた。これ以上自分向きの仕事なんてないくらいに思った。だって〈ネオ〉のために培った脚本書きの技術も、『夜の谷〜』がくれたネット上での知名度も、『一語一会』で築いた社会問題への関心という足場も、全部が全部役に立つ。実際ケイトリンから、仕事が決まったわよ、と言われた時には思わず泣いた。二週間後にいよいよ〈シリアスリーTV〉を訪れる頃にはもう、全身全霊を捧げる準備は万端となっていた。

初日は機材設備の見学だった。スタジオというのは貯蔵庫を改造した一室で、本物のテレビの世界出身の我が新しき同僚の皆様たちにはやや手狭に思えていたようだったが、前衛舞台あがりのボクからしてみれば、広大だった。カメラマンや編集オペレーターたちに紹介され、胸ときめかせながら握手した。番組の技術面を担ってくれるベテランたちだ。これからボクは毎日、朝起きては一連のニュースに目を通し、さて〝自分だったらこいつとどう向き合う?〟と自問することになるのだ。そう思えばほとんど夢見心地にもなった。しかもこの専門家のチームが一緒にこの問いに答えを出してくれるのだ。なんて素敵。

2 ルール

新たな我が戦線を把握すべく、ボクは固く決意して臨んだ。〈シリアスリーTV〉は基本ＦＢを主たる戦場として展開していた。『夜の谷〜』の知名度はいわば〝知る人ぞ知る〟といったカルト的なもので、片や『一語一会』の方は〈タンブラー〉を中心とした先進知識層にもてはやされていた。それらと比べれば、今度の戦いは、たとえるなら一分科会の小部屋で騒ぐのではなく、ネットの世界の全体に向け矢を放つようなものだった。

奇（く）しくも時は二〇一六年四月だった。大統領選予備選真っ盛りの時期だ。ニュースでは保守革新丁々発止の論争が入り乱れては咲き誇り、そして、ソーシャルメディアがその新たな舞台として台頭していた。この状況はボクにとっても好都合だったから、存分に利用させてもらうことにした。

この時にはすでに明確な目標も持っていた。社会問題に関わる対話をクローズアップし大衆を啓蒙（けいもう）し、社会的な軋轢（あつれき）を緩和するのに一役買おうくらいに考えていたのだ。そういうわけでボクは、脚本（ホン）の作業が一段落したつかの間や、ランチや電車での移動の時間なんかを目一杯使い、徹底的にネットについて勉強した。なんとしてでも望みうるかぎり多くの人々に自分の番組に目を向けてもらいたかった。

そのためにもっとも効率的なやり方は、はたしてどんなものだろうと模索した。だが、ソーシャルメディア上に噴出するやりとりというのはつねに姿を変えるのだった。不定形バブルとでも呼んでやるのがいいのか、さながら変形が仕様となっている〝機械仕掛けの雄牛（メカニカルブル）〟みたいなのだ。落っこちずに乗りこなすためには、精確な手綱捌（さば）きとか熟練したコツとかが必須に見えた。

ネットの場にはあらゆる問題に対するあらゆる意見があふれていた。しかもこれらがほぼタイミングを同じくして、同じ音量で流れこんでくるのだ。個人レベルの不平不満が、正義を請う切実な願いのすぐ隣に並んでいる。日常のなんでもない観察の合間に、触れればすぐ壊れてしまいそうな脆（もろ）い告白が顔を覗かせる。それらの隙間をさらにネタ映像（ジョークミーム）が埋めていく。慎重に取り繕った無関心とか、身内の恥の晒（さら）し上げなんてものも見つかる。上手くやるにはまず、その日一番関心を集めているトピックはなにかをきっちり見極めなければならなかった。

ボクは自分が誰に向けて言葉を発することになるのかをきっちり把握したかった。しかし、デジタルなる高速道路(ハイウェイ)とそこから別れた多種多様な脇道では、人々は終わりを知らぬ奔流のようにして押し寄せて、そのまま消えていくだけだった。そんな具合に、一瞬で見えなくなってしまう画素の一つ一つを個々の人間だと捉えることは、とてもではないが無理だった。

そこでボクは、これらの小さ過ぎてキメの粗い輪郭たちを、全部まとめて〝みんな〟と名付けて捉えてしまおうと決め込んだ。ボクの観客は最早、劇場の薄明かりの中でもそれなりにぼんやりと浮かび上がっていた、それぞれに顔を持つ個人でなどないのだ。ありとあらゆる場所からいつでも好きな時にこっちを覗くことのできる人たちなのだ。言うなれば、はてのない大講堂みたいなものだ。そもそもボクが立ってみたかったのは、まさしくそういう場所だった。

そのうえこの講堂はひどく喧(やかま)しかった。まずはこっちに耳を傾けてもらえる術(すべ)を見つける必要がありそうだ。〝**モウ一声**(ドウベター)〟と、ネット住人の皆様方はよく仰(おっしゃ)る。その一言だけを投稿したり、コメ欄に書き込んだり、まさに呟き(ツイート)と呼ぶに相応(ふさわ)しいこの短いフレーズを、ツイッターに書いたりもなさる。寸評ともいえないこのシンプルな批判の方が、練りに練った異論反論(オプエド)や、注意深くリサーチした記録なんかと比べると、よほど鋭く周囲のノイズを切り裂いて、ずんずん進んでいくようだった。

ならばボクもキャプロックキーを押したまま、画面上で思いっきり叫べばいいのだろうか。その方が注意を向けてもらえそうではある。〝**こいつに注目してくれないと困る**(ディス・ディマンズ・ユア・アテンション)〟とか書いておけば、どんな中身でも、たとえば御近所の困ったチャンの話から、制度的な正義の濫用といった事態にまで至る一切の中でも、埋もれずに目立つことができそうだ。太字の単純な命令文は、婉曲(えんきょく)的な問いかけや微妙な考察なんかと比較しても、より速く遠くにまで届くのである。

ある話題の孕（はら）んだ複雑性ときっちりと取っ組み合うのは、そりゃあ至極まともで素晴らしいことだ。だけど、アルゴリズムの大海に飛翔体を飛ばしてやろうと思うなら、白黒をはっきりつけた方がいいのである。これはよし。あっちはダメ。あんたが正しい。向こうがおかしい。そういうことだ。

ネットの世界で真に成功を収めようと思うなら、こっちも向こうの要求する姿に自分を当て嵌（は）めていかなくてはならない。ボクは人々があそこで語り合う熱気も大好きだったし、自分の考えに固執する頑（かたく）なさも気に入っていた。要は、誰もが自分の声を持っていた。声は合わされればコーラスになる。ツイートもコメントもビデオも、すべてはチャンスだ。いわば個人の広報資料（プレスリリース）だ。そこにはひょっとして、ボク自身も持っているかもしれない感情や考えが載っけられている。

さらに言えば、ボクはそもそも〝砂糖漬けケール〟作りをするべくここに来たのだ。だから自分の活動の場は〝見えなくてもそこにある力（ザ・パワー・ザット・ビー）〟によって端っこへと追いやられてしまったような人たちの声の集まる場所であるべきだと決めてもいた。ボクの立ち位置は、一応は、進歩主義と社会正義寄りである。だから、ここで論（あげつら）っている〝見えなくてもそこにある力（ザ・パワー・ザット・ビー）〟というのは、保守主義や、社会正義の考え方が自ずと帰結していく内容に反する一切だということにもなる。

いつかボクは我が身をダビデに準（なぞら）えていた。聖書に出てくる、小石で敵に立ち向かったあの彼だ。ほかのより小さなダビデたちのため、ゴリアテの軍隊と闘うのだ。

幸運なことに、ネットには毎日のように新たなゴリアテが見つかった。腐敗した社会制度とか、過（あやま）ちを犯した個人とか、とにかく討ち果たすべきまた別の敵勢力だ。たとえ相手がなんであれ、ボクと仲間のダビデたちには立ち向かう準備もできていた。ここまでの人生で、本当の意味でどこかに属するということなどついぞなかったこのボクが、今やいよいよ、間違いなく、明らかに自分自身より巨大ななにかの一部となっていた。軍隊だ。チームだ。つまりは味方だ。なにかが本当に変化する。そうした事態がまさに今にも手が届きそうな場所にある。そう思えていた。

そう考えると、敵の姿も鮮明に見えてきた。次から次へと目に飛び込んでくる一連のニュースは、破滅をもたらす災厄の轟音などではなく、むしろ、ひっきりなしにネタが降ってきてくれているようなものだった。不正を見つけるその都度ボクは、そいつを糺(ただ)してやる道筋を捜した。

ドナルド・トランプがヒラリー・クリントンに対し〝女の手札(ウーマンズカード)を切っている〟と批判した際には、同僚のメアリーと一緒に、この〝女の手札〟だかいう存在しもしない商品のコマーシャルを作っておちょくった。俳優のカーク・キャメロンが『クリスチャンポスト』誌上で〝妻とは夫を尊敬し、重んじ、従っていくものだ〟と発言した際には、ボク自身がカーク・キャメロンの擁護者を演じ、その妻が実は人形だったことが最後にわかるというコントを撮った。

そしてノースカロライナ州知事のパット・マクローリーが、トランスジェンダーの人々が自認している性別のトイレを使うことを禁止しようという、いわゆる〝トイレ法〟にサインした時、またぞろボクは例の自問を持ち出してみた。自分だったらこいつとどう向き合う?

不安を根拠とした法整備の多くがそうであるように、このノースカロライナの〝トイレ法〟もやはり、表向きは〝女性と子供を守るための配慮だ〟といった具合に装っていた。差別的法制というものは、大概は恐怖を根拠としているものだ。そして恐怖とは、相手が未知であるがゆえに生まれるものなのである。

で、ボクはこいつを引っ繰り返してやろうと考えた。そこで思いついたのが、毎週自分のトランスの友人たちに、彼らの性自認に沿った方のトイレでインタビューするという番組だった。シリーズのタイトルはまんま『トランスの人たちとトイレで喋ってみた』とした。そういうわけで〈シリアスリーTV〉のフロアにあった二つのトイレが急遽撮影スタジオへと化けた。

ゲストたちにはまず、こういう企画であれば当然予期される質問からぶつけた。外科的処置を決意したのはいつか、とか、どんなふうに性自認に至ったのか、といった内容だ。でも同時に、もっと普通の、他愛のない事柄を引き出すことも心がけた。好きなお菓子とか暇な時間はどう過ごすかとか、あるいは、大っぴらには言えないけど実は熱心に観ているバラエティ番組はなにか、といった内容だ。どのインタビューでも、例の法律で困ることについてはちょっとずつ炙り出すよう努めた。

同番組は最終的に十万回を超える視聴回数を記録した。〈シリアスリーTV〉では初の快挙だった。同時にメディアにちゃんと取り上げられた局で最初の番組ともなった。こうした視聴回数や記事に出てきた内容のすべては、おそらくはトランス忌避という傾向そのものが秘めている歪みのゆえなのだろう。そう考えることにした。だからこの輝かしい成功は、ボクが世界に持ち込もうとした〝善〟ときっちり結びついているはずだ、と。

この視聴回数を次の前進に直接結びつけたいと考えてボクは、同じ方法論をさらに押し進めてみることにした。だがその前にまず、自分のアキレス腱というものも把握しておくべきだった。思うにそれは、真摯さだった。ここまでのボクは、〈タンブラー〉上では『夜の谷〜』のファンたちに向け、打ち明けてくれた内緒話にコメントしたり、人種的に複雑な自分の身の上を扱ってみたりしていたし、『一語一会』では映画の世界のやはり人種的な壁について触れ、そのうえ、基本は笑えるはずの『トランスの人たちとトイレで喋(しゃべ)ってみた』でも、どこかでは、自分の正直な部分を曝(さら)け出す、といったことをやってきた。どれも基本真面目で真摯(しんし)な態度だった。

だが不幸にもボクは、より広いインターネットの世界では、こうした姿勢はむしろ挽回の効かない失態に繋がりかねないな、くらいに考えてしまった。事実この手の、たとえば〝読書が趣味〟とか〝大好きな人と一緒にいるのが幸せ〟といった単純な告白を記した投稿の前には〈**率直につき閲覧注意**(アーネストポストアラート)〉なんて煽(あお)り文句がつけられていることが多かったのだ。剝き出しの感情に触れますよ、と警告しているわけだ。

どうしてそういう理屈になるのかは、正直全然わからなかった。冷笑したり、嫌みったらしくしたり、あるいは皮肉屋を気取ったりする態度の方が、悪いニュースの猛攻撃みたいな日々の情報戦の世界には、よほど似つかわしいということだろうか。楽しんだり喜んだりといった告白は、社会や政治の混乱の苛酷(かこく)さを暴(あば)いていく行為の邪魔になるとでもいうのか。いずれにせよ、たとえ理由がなんであれ、この舞台での成功を維持したいボクとしては、どうやらここでは、あえて本当の自分自身を曝け出すようなことは慎んだ方がよさそうだった。

唯一受け容れられそうな前向きさについては、ボクはこれを〝そっとする肯定(グルーサムポジティヴィティ)〟と呼んでいた。たとえば〝週末は家族と一緒に楽しく過ごしたんだ〟なんて投稿は、とてもではないが特別だとは到底言えない。でも、一緒に過ごした相手が年来の宿敵で、しかも、それが思いがけずに楽しい時間になったとくれば、こいつは破壊力抜群となる。〝私この俳優さん大好きなんだ〟的発言は、それがどんなに本当でも、結局は凡庸だ。一方で〝叔父様、どうか私の首を踏んで〟とか書かれていれば、そこにはＳＭチックな自己破壊衝動が仄めかされ、たとえ本人が心底喜んでいたとしても、違うなにかに装われている気がするものだ。

　すなわち、なんとも逆説的なことに、ネットという場では、誠実さはむしろ不誠実さの現れに見えてしまうのである。嫌みったらしい方が逆にむしろ本当っぽい。もしこのまま成功し続けたいと思うなら、ボクだって自分のパンチを研ぎ澄ませておく必要があるだろう。トレードマークでもあるウールのセーターも、鋲(スタッド)つきの鎖帷子(くさりかたびら)かなにかに着替えておいた方がよさそうだ。

　そういった次第でその五月の遅い午後、まだ若い保守主義者の女性が自分と同じ世代を叱責するような配信動画に出くわしたボクは、こいつは自分の新たな武器である〝嚙みつくような舌鋒(ぜっぽう)〟を試してみる、まさに絶好の機会だと信じて疑わなかったのである。

　この、相当の視聴者数を誇っていた配信主(ヌシ)は、名前をアレクシス・ブルーマーといった。どこだかに駐めた車の運転席に座った彼女の緑色の目が真っ向からカメラを見据えていた。その場所からこの女性は、彼女本人とボクとがともにそこに属しているいわゆる〝ミレニアル世代〟たちが、先行する世代の基準を満たしていない理由を数え上げていた。

「私たちの世代は基本的な礼儀さえ欠いています。たとえば〝奥様〟とか〝お嬢様〟といった言い回しなんて、もう誰も使わない」

　彼女はそんなふうに説いていた。

「女性のためにドアを押さえておくようなこともほぼしませんね。もちろん、年配の方たちのために、といったことはなおさらです」

　思わず耳の穴をかっぽじっていた。この手の〝古き善き時代〟だかを慈しませようとでもしているような言説は犬笛みたいなものなのだ。ドナルド・トランプがぶち上げている〝合衆国を再び偉大な国にする〟というスローガンと絶妙に反響するようできている。

パターン青だ。新たなゴリアテの登場だ。だがこちらの武器だって、さらに一層研ぎ澄まされているのだ。かくしてボクは、我がデジタルの弩を手に取って、彼女の論点の一つ一つに噛みつくコメントを小石のごとく放ち始めた。

「私たちは自分の愛する相手を〝誰にも及ばない〟を略して〝ベイ〟と言ったりします」

画面の中の彼女が言った。

「そしてボクらは、その〝ベイ〟という言葉がただただ白欧中心的な風土から生まれたものではないという理由で認めようとしない連中を〝差別主義者〟と呼んだりもするんだよな」

だからボクは彼女の配信に、大急ぎでそんなコメントをタイプして投稿したのだ。

「どうやら私には、何故自分たちが〝Y世代〟と呼ばれることになったのかがわかってきた気がしているんです」

カメラに向かって彼女が続ける。

「そりゃあだって〝X〟の後から出てきて〝Z〟の前にいるからだよ。アルファベットが何故だかそういうふうにできているからね」

こうした反論をボクは、改めて自分のビデオにしようとたくらんでいたのだ。

翌朝ボクはスマホのカメラをまっすぐ見つめ、昨日自分が書いた内容を随時読み上げていった。真っ向からアレクシスと向き合っているようなつもりで、一層皮肉っぽい、まるで親が自分の子供に説教しているみたいな口調になるよう心がけもした。汚れ物でいっぱいの流しを前に、我が子に向け〝ちょっとお前さん、本当に皿洗いは済ませてくれたんだったかな?〟とか言っている、あの声だ。我が保守主義者の仇敵殿の想像上の立体映像に向け、火のような自分の反論コメントをぶつけていると、たぶん実際に対峙した場合よりも、切れ味はよほど鋭くなっていた。

この映像をアップすると、二十四時間経たないうちに、視聴回数が百万の大台を突破した。この記録もまた〈シリアスリーTV〉では初だった。画面の左下でロケットみたいに跳ね上がっていく数字から一瞬たりとも目が離せなかったものだ。

数字がどんどんと上昇していくにつれ、自分が単にアレクシス・ブルーマーに一発食らわせてやっただけではないような気がし始めた。この手の放った一撃は、保守主義そのものに届いたのだ。そう錯覚し始めたのだ。ボクの中ではその二つは最早同じものだった。アレクシスこそは保守主義で、保守主義こそはアレクシスだった。

増え続けていく視聴数の表示のすぐ下は、コメント欄になっていた。ボクのサポーターたちが優しい反応をくれていた。彼女をやっつけたな、と持ち上げて寄越しているものもあった。

「よっしゃあぁぁ。よくぞやってくれた。あの女のビデオはまさにゴミだった」

ボク個人のページに寄せられた中には、こんなのも見つかった。

「ずっとあいつがこっぴどくやり込められるのを見て草生やしたいなと思ってたのよ。とうとうあなたがやってくれたわ」

でも、この時初めてボクは、批判に晒されもしたのだ。そいつはものすごくたくさん押し寄せてきているように見えた。

「こいつのケツに現実ってやつをたたきつけてやりてえな」

そんなコメントも見つかった。ほかにはボクを〝へなちょこのちび売女（ビッチ）〟呼ばわりしているものもあった。ビデオのレビューには〝こいつってまさにガン（キャンサー）じゃね？〟なんて書かれていた。でもこの時はまだ、こうした批判もむしろ新鮮で、あまり攻撃されているという気はしていなかった。むしろ、自分にも憎まれることができるくらいの意味があるようで、ちょっと得意にさえなった。

大体この映像の数字的な成功は、最早動かしようのない事実なのだ。そこでボクは、ここまで自分のやってきたことを改めて仔細に検証してみた。違う見方で眺め、この成功を、いずれはさらに倍にしてやろうと考えたのだ。

より皮肉な調子を採用することでボクは、ネット上のほかのノイズに埋もれることなしにこの場所の言葉を扱えるようになった。すでに口コミになっている映像に反応するという手段で、ボク自身のビデオの妥当性を保証することもできた。彼女の映像も一緒に切り取っておいたから、一見（いちげん）さんでも背景まできっちり理解する必要はないようになっている。問題提起とでもいうのか、一貫して〝つかみとオチ〟といったやりとりになるようなパターンは遵守（じゅんしゅ）したから、敷居が高いということもないはずだ。だが今回のビデオが上手くいったより大きな要因は、なによりもまず、ボクにあからさまな敵がいたことだろう。視聴者たちには、その点が見世物的な面白さに繋がったに違いない。

実際アレクシスとボクとは、見た目からして見事に対照的だった。ブロンドの彼女は、伝統的に魅力的とされる、いかにもアメリカ娘という白人女性で、共和党のポスターに採用されても全然おかしくはない感じだった。一方でボクはといえば、肌は茶色で頭はモヒカン、耳には真珠のイヤリングをつけたゲイの青年である。タンクトップ姿で晒した上半身には〝ドッジボールのチーム分けではいっつも最後まで残ってたよ〟と赤裸々に書いてあるようなものだった。

ビデオの拡散に繋がっただろうと思われる要素をこんな具合に並べていくうち、迂闊にもボクは、この先の映像もここに準じて作っていこうというルールのワンセットを作り上げてしまった。攻撃的であること、流行りの話題に飛びつくこと、必要な要素は入れ込むこと、かつ単純にすること、そして、敵を作ること。しかも、こうした条項を規則と考えたことでボクは、インターネットを一つのゲームと見做すようにもなっていた。こういう視点で見たことで、その時はすべてが腑に落ちて思えたことも本当だ。

〝いいね〟もシェアも視聴回数も、ボクが追い求めていたものはすべて、いわば自分がゲットできる得点だった。目に留まった時事ネタはだから、クリアすべきイベントなのだ。それぞれのビデオでやっているのはレベル上げで、ボスキャラを倒せば次のステージへ続く扉が開くといった具合だ。

しかも、まさにビデオゲームと同様にボクは、アバターでプレイしていた。より嫌みったらしく、より攻撃的な、もう一人の自分である。ビデオの中のアバター君は、見た目はボクとそっくりだ。名前も同じだ。だが、全部が全部ボクだというわけでは決してない。彼が発する言葉は事前に書き起こされていたものだし、しかもその口ぶりも、歯切れよく聞こえるよう編集を施されているのである。そのうえ我がアバター君は無慈悲だった。だってゲームには必ず勝ち負けがあり、しかもこっちは当然勝つつもりでいるのだから、その方が断然都合がいいに決まってる。

そうやってボクは、いかにカッコよくゴールを決めるかに執着するようになった。不正とみればかまわず嚙みついたのだ。タイミングこそが肝心だったから、ボクは〝自分ならこいつとどう向き合うか〟とじっくり思慮を巡(めぐ)らすことをすっかりうっちゃり、代わりに〝こいつを今すぐにぶち壊すにはどうするのが一番面白いか〟とばかり考えるようになっていた。そっちの方が断然効率的だからだ。毎日がこの障害物競走の新たなスタートだった。昨日の得点記録を塗り替えるのだ。ボクはそれこそ躍起(やっき)になった。

二〇一六年の夏の間は連勝街道まっしぐらだった。ニュースの嵐の中からネタになりそうなものを拾ってきては、あてこすりをでっちあげ、ビデオを公開するたびに大量得点をゲットした。政府広報のパロディでは、保守派の理屈のねじくれ具合をいじくった。偽善を暴(あば)く短い文章を書いては、カメラに向かって読み上げた。共和党全国委員会(RNC)と民主党全国委員会(DNC)の両方に、局の特派員として参加しもした。

八月が近づく頃には、毎週一本自分で書いたコントを番組でやりたいな、という気持ちが強くなっていた。とりわけ〝開封の儀〟の人気っぷりに魅せられていた。これはユーチューブで流行っていたジャンルの一つで、配信主がカメラの前で新しく届いた荷物を開けて、中身を視聴者に披露するという形式の一連の映像である。

ボクはこいつをおちょくってやることにした。最新のスマホやゲーム機の代わりに、それがまるで商品ででもあるかのように、無形の主義主張の類(たぐい)を引っ張り出してみせたのだ。たとえば〝ネイティヴアメリカンへの不当な扱い〟と書かれた荷物を開けると、中からは修正液とセットになった地球儀が出てくる。〝お好きな場所の、すでにそこにいる人とか活況とか繁栄とか全部、こいつで消しちゃってください。そうすると、そこに乗り込んで自分のものだと主張して、地名も好きにつけちゃうこともできますよ〟というわけだ。〝男らしさ(マスキュリニティ)〟という荷物を開封する際には防護服にガスマスクという格好で挑んだ。中身から避けがたく発生するだろう毒素から身を守るためだ。〝警察暴力〟を開けた時には、ことさら大袈裟に、絶対に一緒に入っていなくてはならない逮捕状なり訴状なりが見つからなくて、戸惑（とまど）いあわてふためいている振りをした。

そんな具合に大体週に二本か三本というペースでビデオをアップしていくと、だんだんとこのゲームにも慣れてきた。〝いいね〟もシェアもコメントも、毎週のように積み上げることに成功した。視聴回数は天井知らずだった。そして同時に、どんなゲームでもそうだろうけれど、こいつにも失点というものがあった。それもわかってきた。

ビデオが人気を博していくにつれ、否定的な反応も同じように増えてきた。随所のアカウントにも鍵なんかかけてはいなかったから、あちこちでアンチに出くわしたし、難癖（なんくせ）つけてやろうと手ぐすね引いている連中が、新しいフォロワーの中に紛れ込んでもいたのである。

実際そこらじゅうで待ち伏せされているようなものだった。最初のうちこそ物めずらしさが先に立っていたが、侵食はあっという間に圧倒的になり、本能的にボクは、こうした悪意あるコメントやらメッセージやらツイートやらのスクショを、可能な限りコピーして蒐集しておくことを始めていた。デスクトップに直接作ったフォルダーには、まんまだが〈ヘイトフォルダー〉と名前をつけた。気が利いてるでしょ？　そうでもないかな。

〈ヘイトフォルダー〉に突っ込んだスクショのうちのいくつかは、まあ笑える。ボクの男性としての面をいじろうとしてくるものは大概そうだ。ボクを〝オカマ野郎〟呼ばわりしているコメントは、基本はむしろ歓迎できる。だってそういうのは、いわばクジラを〝クジラ〟と呼ぶようなものなのだから。そりゃあ〝クジラ〟呼ばわりなんて全然されたくないこの地球上のほかの哺乳類の方々にとっては、ひょっとしてグサっとくるのかもしれないけれど、ボク自身はこんな具合に受け止めてしまえばそれで済んだ。

「ああその通りだよ。ボクはそっちだ。なにか手伝えること、ひょっとしてある？」

あとは〝寝盗られ野郎（クック）〟なんてもよく呼ばれていた。これは元々フランス語でカッコーを意味する〝クッカルド〟を略したもので〝奥さんに裏切られた男〟を意味する侮蔑語だ。でもボクなんかはいっつも、どうしてこいつが自分への当てこすりになるんだろうかと、つくづく不思議に思っていた。たとえば仮にボクにも妻がいたとして、ボクだったらその仮装妻にはどんどん浮気を勧めるだろう。だって、ボクがあげられない肉体的な触れ合いを、そっちでまかなってもらえるわけだから。

それから〝非モテ野郎（ベータメイル）〟ともよく言われた。こっちはボス猿（アルファ）になれるだけの肉体的強さを持たない男たちを揶揄（やゆ）する蔑称だ。でも正直、ベータ（二番手）扱いなんてむしろ太っ腹だよな、くらいに思う。ボクを表わすんなら、ガンマやデルタまでいった方がよほど正確だろう。ここはキメ顔で言っちゃうが、なんたってこのボクが、社会が男性に要求する筋力の標準レベルの、その遥か下方で生きてきたことは揺るがぬ事実なんだから。バスケットボールを投げるたび、あるいは金槌で釘を打つたび、さもなけりゃ、なんであれ二キロ以上の物を運ばされるたびにこのボクは、自分ってのはそういう男性性の対極に位置する芸術系の存在の、そのまた小さな欠片でしかないんだな、なんてことを思い知らされてきたものだった。

もちろんボクがこんな具合に自嘲してみせたのは、こういうコメントに傷ついてなんて全然いないぞ、という振りをするためだった。悪意をぶつけられたその瞬間には、即座に反応しきっちり切り返すなんて芸当は全然といってもいいほどできなかった。

ヴァレンティンだかいう相手から〝お前は人間性への侮蔑だ〟まで言われた時には相当へこんだ。ある無名のアカウントからは〝こいつグリッズ（GRIDS）レベル1やん〟とまで書かれた。これは後天性（アクアイアド）のＡをオカマがらみ（ゲイリレイテッド＝GR）と置き換えた、ＨＩＶを表わした太古の隠語だ。〝ディランマロンってどんだけオカマなの〟というコメントには、ジョークで応じることもできなかった。ただ悲しくてこんなことを文字にできる人間がいることに慄（おのの）いた。シンプルに〝ホモ豚〟とだけ書かれたメッセージには、どう反応すればいいかもわからなかった。

ネット上での憎しみ（ヘイト）のぶつけ合いというものは、相対的には極最近の現象だといっていい。だからどう対処するのが最善なのかは、今のところまだ誰にも、本当のところはわかってないのだと思う。ボク自身も、どうすればいいかといった部分に関しては、ほとんど手がかりさえ見つけられない状態だった。

最初のうちは一切誰ともその話をしないといった態度を採った。所詮は些細で、いわばそれこそ有名税みたいなものなのだから、結局は放っておくのが一番いいと決め込んだのだ。でも、とうとう一人では抱え切れなくなったところで、今度は真逆の方向に走った。聞いてくれる相手がいれば誰であれ、延々この話ばかりまくしたてるようになったのだ。

ちょうどパートナーのトッドが州三つ跨（また）いだ場所にあるロースクールに入学したばかりの時期だった。これはすなわち、新規に追加になった〈ヘイトフォルダー〉の中身についてボクが彼に話せるのは、授業と授業の合間の休み時間を狙って大急ぎで電話をかけるか、でなければ、週末に直接会った時にぶちまけるしかないということを意味した。彼はいつだってちゃんと時間を確保しボクのガス抜きにつき合ってくれた。もう何度繰り返したかもわからないような、同じ入り組んだ小理屈なり観察なりを一気にまくしたてるボクに、きっちり耳を傾けて、そして最後には決まって優しくこう呟くのだった。

「そいつは可哀想だったね、ディラン。どうすれば助けてあげられる？」

でも、ボクにも答えなんてわからなかった。

飲み会の席では、直近で追加になった中身のうちから、ボク自身が一番ウケたやつを声に出して読み上げた。場を盛り上げると同時に自分のセラピーでもあったのだと思う。もちろん誰も投稿主の肩を持ったりなんてしなかった。

「アラシ(トロル)なんてクソ食らえだよ」

ほとんどムキにまでなりながら、彼らもそう言ってくれた。

「どうせ憐れむべきボッチ連中だろう」

そしてみんな揃って、最後には同じ対抗策を提案してきた。

「だからネットなんて見るなってば」

しかしこの処方箋ばかりは、ちょっとだけ試してみるという程度がせいぜいで、すっかり身を委ねてしまうわけには到底いかなかった。だってボクは基本ネットで仕事をしているのだ。まるっきり触れないなんてことはできない。そのうえゲームはまさに進行中で、しかもボクは勝利を収めつつあった。どうすればやめられるって言う？

〈ヘイトフォルダー〉がその場所にあることを鼻で笑いながら、同時に目を逸らすこともできなくなった。まったく矛盾してる。話題にしないことはなんの役にも立たなかった。でも、ネタにしてみても結局は同じだった。こんな苦境の中、慰めとなりそうな手段は一つきりだった。それはすなわち、発言の向こう側にいるだろう相手に、思い浮かべられるかぎり優しげな人物像を当て嵌(は)めてみることだ。

　この手の口撃は主にＦＢ(フェイスブック)経由で来ていたから、クリック一つで発信者本人のページへと飛べた。そこには本人の写真やほかの投稿があった。しかし、連中の方はそのことまでちゃんとわかっていたのだろうか？　つまり、ボクに向かって〝パヨク(リブタード)〟呼ばわりしてくれれば、ボクの方だって、お前らがどの高校で英語を教わったかまでわかっちまうんだぞ？　そこ、本当に理解してたか？　ということだ。〝お前さんが死ぬべき理由〟とか書いてある三ページ先に、叔母さんだかの大好きなバンドのことが書かれている記事だって見つけられちまうんだ。だから、ネットで絡んでくるということは、とりわけそれがＦＢだったりすると、脅迫状に自分が撮った写真や雇用主の住所と名前までひっつけて郵便で届けているようなものなんだぞ。家系図だって、一部ならわかる。で、ボクはこういうのを材料に、我が〈ヘイトフォルダー〉の住人たちそれぞれの、極力具体的立体的な背景を、逐一構築していったのである。

　つまり、そんな具合に手の入れられた情報を頼りにボクは、プロフィール欄だけではわからない彼らの人物像の詳細を埋めていったのだ。たとえばある誰かのページに、親族の集合写真と、さらに最近自分で修理したという車の画像があったとしよう。するとボクはこの二枚を組み合わせ、きっとこいつはこの改造車で親族の集まりに出かけたんだろうな、なんて想像をたくましくしていったのだ。

　会場の誰だかの家に到着するなり彼は、従兄弟たちから盛大に歓迎される。車の記事に〝いいね〟を置いていっていた面子だ。やはり写真の記事のリンクからたどれた叔父だかの一人が、とうとうやったな、とか言いながら、彼の肩をバシバシ叩いているなんて構図まで浮かべることができた。まあこういうことを考えていくと〝てめえの面は殴りやすそうだ〟なんて言って寄越した相手のことも、多少は穏やかに思い描くことができた。

　こうしたいわば、連中がデジタルデータとして日々残していく雑多な細部を材料にフランケンシュタイン的怪物を組み立てていく作業を重ねるうち、彼らの生活をより鮮明に想像できるようにもなれた。架空の平凡な日常の、そのさらに些細な一瞬ってところだ。ボクが正気を保っていられたのは間違いなくこの手続きのおかげだった。

　彼らだって感情を持つ、それぞれの場所で育ってきた、ただの普通の人間たちなのだ。正体不明の怪物(トロル)じゃあない。そう自分に言い聞かせることができるようになると、そこまでの怯えはなくなった。

　だからボクは、こういった経緯で本書の冒頭にいた場所へとたどり着いたのである。上司の部屋の出口の前で、見知らぬ誰かさんのプロフィールページをせっせとスクロールしている場面だ。この時の誰かさんは名前をジョシュといった。

3 ひとやすみ

　デスクに戻ったボクは音を立てて椅子に落っこち、改めてジョシュのプロフィールを、今度は自分のパソコンへと引っ張り出した。ここまでいったいどれくらい彼からのメッセージを読みなおしたかすら最早よくわからない。全文そらで言えてしまうだけの回数だ。

「お前ってさ、マロンじゃなくて間抜け(モロン)だよな。お前みたいのがいるからこの国が分断してくだ。お前がビデオで言ってることは私見に杉ない。それも最低の部類に入るやつだ。ここは念を押しとくぞ。だからとっととやめちまえ。あとな、オカマだってのはそれだけで罪だ」

杉ないって、と胸の中でそこだけ繰り返した。ここだけ見ているうちにメッセージの毒がいくらかでもやわらいでくれないもんかな、なんてことまで考えていた。でもそうはならなかった。

それでもこのジョシュにはちょっとだけほかと違う手触りがあった。基本我が〈ヘイトフォルダー〉の住人の皆様方が、身バレに繋がるようなことをＦＢに書くのは本当に稀(まれ)だったのだ。おかげで空欄埋め作業にも相応の努力が要ったのだけれど、ジョシュのＦＢへの書き込みは、ほとんど四六時中といってよかった。おかげでこっちも、労力なんてまるで使わずに済んでいた。気がつけばことこのジョシュという相手に関しては、頭の中で想像上の誰かさんをでっちあげているというよりはむしろ、すぐ目の前にいるよく知った人物を眺めているような気分にもなっていた。

たとえばボクは、彼が自分のページ上で、民主党全国委員会(DNC)の会場にいるヒラリー・クリントンが、紙吹雪の下で恍惚とした表情を浮かべているネタ動画をシェアしていたことを知っている。こんなキャプションがひっついているやつだ。

「こいつはマジで紙吹雪なのか？　シュレッダーにかけ終わった三万通のメールではないのか？」

さらにスクロールしていくと、聖書の一節を切り貼りした投稿がシェアされていた。

「思い違いをしてはいけません――男娼となる者、男色をする者はみな――神の国を相続することができません」

ほかの投稿では彼は、学校でのお芝居のための資金作りに奔走(ほんそう)していた。誕生日のケーキと一緒にポーズをとっている写真なんてのもあった。ある写真には〝俺作セレブランチ〟なるキャプションがついていた。この投稿に残っていた友人のコメントから、彼が学校でやるミュージカルのキャストに選ばれたこともわかった。

三つ目に見つけた普段の投稿は位置情報(ジオタグ)つきだ。映画館だった。どうやら彼はここで『ファインディング・ドリー』を観たらしい。

「力尽くで泣かせにこられた。気に入った！」

この映画はトッドとボクも夏に観ていた。そして、ボクらもやはり全編泣き通しだった。

どうやら彼は親切で優しくて、繊細でもあるようだ。しかも、ネットに蔓延(はびこ)る〝本音は晒(さら)すな〟的訓示には、徹底抗戦しているようだ。むしろ自分の感じるまま、そうした思いを誰かと共有したがっているみたいに見えた。

「誰か夜更かしつき合わないか？　金曜の夜だし、ベッドに転がってテレビ観るだけで終わらせたくないんだよ」

別の投稿で彼はそう書いてもいた。思わずかつて過ごした自分のいくつもの〝金曜の夜〟が思い出された。どっか行かないか、という誘いを待ち侘(わ)びていた。まあそんなもの結局はどこからも来なかったんだけどね。

「淋しいんだよ」

そう告白している書き込みもあった。思わず、もし十代の頃自分が感じていたことを全部どこかに記録していたらどうなっていただろう、とまで考えた。きっとまるっきり同じ言葉を書き残していたに違いない。それも複数回。

スマホをタップして時刻を確かめ、自分が午後中をまるまるジョシュのページに費やしてしまっていたことを知った。これもまた憎しみ（ヘイト）どもの厄介（やっかい）な点だ。いつのまにか洒落にならないくらいの時間を持っていかれているのだ。二時間もしないうちに新作コントを披露しなくちゃならないというのに、手元にはまだ材料さえない。

ボクはピン芸人（スタンダップコメディアン）ではないからこそ、逆に伝統的な喜劇の系統に自分の立ち位置を見つけなければな、と腐心していた。時には自分で書いた笑える文章を舞台で読み上げるようなこともしていたし、人口音声を準備して、視聴者をダンスパーティーに招待しよう、なんて企画もやった。けれどこういうのには、原稿を書いたり音声を合成したりと、それなりに時間と手間のかかる準備が必要だった。今日はそんな余裕はない。切羽詰まったところでなにかを捻り出すというパターンもけっこう好きではあるのだが、でも、今夜の舞台のプロデューサーは友人のニコルだった。彼女の仕事をそんなふうに済ませてしまいたくはなかった。とにかくなにか使えるアイディアを、大至急で出さなくちゃ。

とはいえ今日の公演については、ネットでの公開予定はなかった。つまり、百万単位の視聴者の目に触れるわけでは決してないということだ。舞台は劇場だったから、せいぜいが数十人単位の、週末の夜の十一時に、コントのライヴでも楽しんでやろうかとやってくる強者（つわもの）たちの目にしか触れないのである。

すなわち、今夜なにをやるにせよ、例のゲームで次のレベルに進むといったことにはならないのだ。だって得点を稼げる場面なんてない。不思議なもので、そう考えたことで俄然やる気が漲（みなぎ）ってきた。〈ニューヨーク・ネオ・フューチャリスト〉の公演で短い芝居を書いていた時代が思い出されて、自由に創造できていた当時の記憶が、甘い郷愁とともに甦（よみがえ）ってきた。考えてみればあんなペースで仕事をできていたのは至極贅沢なことだった。あの頃は自分の心に浮かんだものをじっくり見つめ、それが自分にどう作用したかを見極めて、そこからなにかを創り上げていた。

今自分の頭にあるものならば、これ以上なくはっきりしていた。ボクは改めてジョシュのプロフィールへと目をやって、それから彼のメッセージをもう一度読みなおし、その後、再びプロフィール欄へと目を戻した。そうしてまた〈ヘイトフォルダー〉を開け、なお増え続ける同地の住人たちを上から下まで順次眺めた。そうするとあの質問が、まるで古い友人みたいにボクの肩を叩いて寄越した。

自分ならこいつとどう向き合う?

ネットでハラスメントをやらかした連中が炎上にまで至った顚末ならば、もう何度も目にしていた。確かに表面上は〝正義〟ってやつが為されたかのようでもあった。でも、なんとなく後味がよくなかった。はたしてハラッサー諸氏を仕事ができなくなるほどまでに追い込んで、それで受けた側の傷はなくなるのか? それに、仕事を辞めさせさえすれば、その人物はもう二度と嫌がらせをしなくなったりするものだろうか? そうなのかもしれない。わからなかった。でもまあ、時間は足早に過ぎていたから、そろそろ現場に向かわなくちゃならなくなっていた。やらなきゃならないことは大急ぎでやらないと。

ジョシュのプロフィールへと戻った。〝勤務先:ベストバイ〟とあった。家電量販のチェーン店だ。この情報は彼の住んでいる町の名前のすぐ下に書かれていた。もう一回ポチっとやってグーグルさんのお力を借りると、はたして〈ベストバイ〉のどの店舗が彼を雇っているのかもわかった。

よっしゃ。アイディアが出た。

「ようこそお運びくださいましたぁ」

ステージ反対側に設置済みのラップトップ目指して舞台袖から歩き出しながら、ボクはまず、その夜の聴衆たちに挨拶した。そして自己紹介を終えたところで、いきなり客席に質問をぶつけた。ネット上で意見を表明した際に得られるものはなんだと思います？　疑問文が投影された画面の上で、矢印を一つクリックすると、スライドが次へと切り替わる。

「答えはアラシ(トロル)どもです!!」

そう叫んだボクの背後には、薄気味悪い人型(オーガ)の化け物たちの姿が映し出されている。客席には首を縦に振ってくれる姿がぱらぱら見つかった。

つかみはどうやらオッケーみたいだ。さらにもう一度クリックし、選んでおいた〈ヘイトフォルダー〉の中身のいくつかをスクリーン上に引っ張り出して、それらを自ら音読した。

「もしエイズが喋(しゃべ)れるとして――」

画面の文字をそれだけ読んで、そこで一旦客席へと向きなおり〝もしボクがエイズの立場に成り代わって発言してもいいのなら、それはとても光栄なことですよね〟とか混ぜ返したりもしてみた。

「それにしてもとんでもない髪型だな」

このコメントには〝この髪は亭主が切ってくれたんだぞ、余計なお世話だ、どっか行け〟とかスクリーンの文字に突っ込んでみせた。客席が喜ぶ。さらにポチッと。今度の画面はこれだけだ。

「オッカマちゃぁぁぁぁん」

ドノヴァンだかいう相手からもらったこのシンプルなメッセージも、ボクはせいぜい大きな声で読み上げた。特に、五つもある〝ぁぁぁぁぁ〟のところには極力感情を込め、節回しまでつけた。くぐもった笑いが起きた。さあ次行ってみよう。

続いて投影されたのはジョシュのメッセージだ。これも朗読した。一字抜けはきっちり強調し、例の杉・の誤変換もわかるように読んだ。オカマの頭の太字も、それが伝わるようにした。客席はその都度しっかり吹き出してくれた。さてお次だ。

「死んじまえオカマのクズ。警官でも連れて出かけて、誰かさんの車を貧民窟にでも引っ張り込んで、そいつのフロントガラスにア・ソ・コを押しつけて見せた最初のクソ野郎にでもなればいい」

ケヴィン某がくれたこのメッセージも情緒たっぷりに読み上げた。特に〝ア・ソ・コ〟の部分に関しては、大袈裟に過ぎるくらいもったいぶった。次。

そんな具合にスライドショウを続けながらも、ミスタイプについては逐一明確にすることを心がけた。〝そこで（ゼア）〟が〝彼らの（ゼア）〟になっているところとか、コンマの打ち忘れでぐだぐだ続いちゃってる文とか、あと文法的な破綻（はたん）とか、そうした一切だ。反応は予期していたより相当よかった。気に入ってもらえたみたいで嬉しかった。

「お前さんは生まれつきの売女（バイタ）なのか？　それとも育（おが）ってくうちにそうなったのか？　とにかくてめえはオカマ野郎だ」

ブライアン某の送ってくれたこのメッセージを復唱した後ボクは、どうやらこのブライアン殿がタイプの直後に指を滑らせてしまったらしいことを指摘した。だってこのテキストの最後には、サムアップの絵文字👍が置かれていたのだ。これも聴衆には大ウケだった。そして、自分でも予期していなかったことだけれど、こんなふうに〈ヘイトフォルダー〉の中身をスライドショウにして公開したことには、どうやらある種の浄化に似た効果まであるようだった。目の前に突き刺さってきた矢を抜いて、笑いに作り替えている手応えがあった。

「アラシ(トロル)なんてしょうもない。だよね？」

まるで決起集会にでもいるみたいな勢いで、ボクは客席にそう叫んだ。

「異議なぁし」

お約束通りのシュプレヒコールが返ってきた。さてお次だ。今度はギアを入れ替える。

「では、ここで先ほどのジョシュ君のＦＢを晒(さら)してみることにしましょう」

まずはジョシュのさっきのメッセージをもう一度スクリーンに投影しなおした。思い出しておいてもらうためだ。次のクリックで、映像は例のヒラリーネタの記事に変わる。客席がしんとする。さらに次の操作で出てくるのは聖書の引用の継(つ)ぎ接(は)ぎだ。

「ところが、なんですねえ――」

そこでボクは少しだけおどけてみせた。

今度画面に登場したのは、ジョシュの『ファインディング・ドリー』に対する感想だった。客席が笑って喜んだ。さて、再びポチッとな。画面には次の投稿が現れる。

「誰か喋(しゃべ)りたいやついない？　暇なんだよ」

いきなり空気が変わった。ため息ともつかない、ああ、といった響きがあちこちから聞こえてきた。さらにクリック。

「淋しいんだよ」

次の書き込みはこれだった。会場は今や完全にジョシュの味方になっていた。変化に気づいて一瞬たじろぎもしたけれど、さらに続けて画面を切り替えた。

「もちろんボクらは友人でなどありません。でも彼は、自分がボクにメッセージを送ったせいで、ボクの方からも彼のFB上での投稿にフルアクセスできるようになったのだ、という事態をどうやらわかっていないようなのです」

そう切り出してボクは、さらなる方向転換へと観衆を誘導した。

「たぶんプロフ欄にこんな情報まで載っけていて、それをボクが見ていることも、わかってはいないんでしょうね」

お次の画面に切り替える。

「さて、ジョシュ君はどうやら〈ベストバイ〉でバイトをしているようです」

反応を確認してからさらに続けた。

「で、どこの〈ベストバイ〉かを特定してみました」

次にスクリーンに投影されたのは、該当の〈ベストバイ〉の店舗の電話番号だ。そこでボクが電話機を取り出したものだから、客席の何人かがまた変な音を漏らした。なかなか察しがいい方々だ。ボクはその番号を入力し、スピーカーホンにして、それをそのままマイクに向けた。

「お電話ありがとうございます。〈ベストバイ〉です――」

回線の向こうから聞こえてきたのは、録音のメッセージだった。

「現在は営業を終了しております」

オペレーターに繋いでもらうべく、ボクは0ボタンを押した。だが反応はなく〝〈ベストバイ〉です、現在は営業を終了しております〟と、同じ声が繰り返されただけだった。このスライドショウを準備するのに大わらわだったボクは、店がいつまで開いているのか、そして、彼らが留守電を受け付けてくれるかどうかを確認し忘れていたのである。

「ハハ、ちょっと思い通りには行かないみたいです」

やっちまった、と思いながら聴衆に向けそう言った。

「でもまあ、予定ではここの〈ベストバイ〉の留守電に、みんなでこういうメッセージを残してもらおうというつもりだったんですよ」

そう言ってから次のスライドを表示した。会場に揃って読み上げてもらって留守電に吹き込んでやれ、と考えていた内容だ。優しいこの夜の観客たちは、この状況でも一斉に唱和してくれた。

「こんにちは。そちらの従業員ジョシュ君に、みんなで愛を贈ります。彼っていい人よね。だからほら、〝情けは人の為ならず〟っても言うから、できれば意見の合わない相手に対しても、敬意を持って、愛情を示してあげてねって、どうぞ彼にお伝えください」

客席に御礼とおやすみなさいを口にした。舞台を降りる時には拍手が起きたものだから、ボクも少なからず昂揚した。〝いいね〟やシェアの数を稼げた時とはちょっと違った興奮だった。もっと穏やかで、しっかりした別のなにかだ。帰ってきたな、とさえ思った。より誠実で熱意もあった、かつての自分を取り戻したような気がしていたのだ。そういうのはもうずいぶんと前に、自分をある種の型に嵌める目的で、削りとってしまっていた。

明日になればボクはまたあのゲームへと復帰する。流行の変遷のスピードに合わせ、そいつと並走し、出てくるニュースに速攻で反応することを続けていく。皮肉屋のアバター君の仮面をつけてカメラに向かい、たとえゴリアテどもがどんな姿で現れようと、怯まずに立ち向かってやっつけていく。

だがそれも全部、明日のことだ。今宵のボクはこの満足にすっかり浸り、まるっきり昔みたいに遅い時間の地下鉄に乗り込んで、街の下に掘り巡らされたトンネルを抜け我が家へと帰るのだ。たとえ数十人とはいえ、あそこにいた現実の人々と、なにがしか本物の絆を築けたんだよな、と噛み締めながら。

4 勝利

十月が進んでもこなすべきイベントは発生し続けたが、こっちもクリアしてステージを進める準備は万端だった。同時にスライドショウの夜に見つけた、もう少し穏やかで真摯な自分の声に戻っていくことも心地好かったものだから、やがてボクは、支配構造というものを標的として、焦点を定めるようになっていった。十一月の大統領選がいよいよ間近に迫ってくると、倒さなくちゃならない中ボスクラスが続々と出てきて、戦うためにはこっちも形振りなどかまっていられなくなった。でも幸い、ボクの方もずいぶんと慣れてきていた。脚本はかなりタイトになったし、攻撃のキレも増していた。なによりすばやさが上がっていた。

加えてインターネットの読み方にも熟達してきた。さながら経験豊富な経済評論家が発生の一ヶ月前に市場の崩落を予測するように、どの話題がどっちへどう転がっていくかを予見できるようになったのだ。ニュースの興亡は相変わらず扱いにくい機械仕掛け（メカニカル）の雄牛（ブル）みたいだったけれど、ボクは振り落とされもせずに乗りこなし続けた。もちろん、ニュースのどこに噛みつくかを見極める速度も上がっていた。

でもなにより重要だったのは、ボクのビデオがさらにウナギ登りで視聴者を増やしていたことだった。〝いいね〟がついてフォロワーが増え、あっちへこっちへと映像がシェアされ拡散していくにつれボクは〝自分は大衆を啓蒙（けいもう）しているんだな〟と盲信してしまった。保守派の掲げる綱領（アジェンダ）に牙を剝き、切れ味鋭いジョークと有意義な映像とを武器に、増え続ける我が信者たちを歴史の正しい側へと導いているのだ、くらいに考えていた。

アバター君の声で喋（しゃべ）ることにもすっかり慣れた。こいつは最早第二の天性みたいなもんで、衣装というよりはもう新たな皮膚だった。あいつの声はボクの声だ。我は壮大なる瓦解を完遂しつつある。いざ正義の進軍太鼓を高らかに鳴らせ。あの歓声に負けぬほど。

一つまた一つと道標（マイルストーン）をクリアしていくそのたびに、耳元ではコインの山の上にさらにコインが落ちてくる軽やかな響きが鳴りわたった。ドーパミンがぶわっと出る感触さえあった。スロットで大当たりが出たあの感じだ。ビデオ三本連続で視聴回数百万超え達成！　チャリーン。FBの〝いいね〟が三万に到達！　チャリーン。こっちのジョークにゃ〝いいね〟が千！　チャリーン。一流の賞にノミネートされたぞ！　チャリンチャリンチャリンチャリーン。

そしてとうとうボクは本鉱脈を掘り当てた。ネットカーストの頂点へと昇り詰めたのだ。権威の証（あかし）たるブルーチェックマークを拝領したのである。青くて丸っこいこの紋章（エンブレム）は、FBにツイッターにインスタグラムで、ボクの名前のすぐ隣に堂々と掲げられた。この称号こそは、ボクがずっと欲しがっていたものだった。紺碧(こんぺき)の王冠は今、いよいよこの頭上に授与された。

新たなレベルにようこそ。この先にも行っていいよ。

でもコインが積み上がっていくにつれ、同様に〈ヘイトフォルダー〉の中身も増えた。コメントは今や敵意剝き出しで、一層暴力的だった。比べてしまえば以前のメッセージが大人しく見えてくるほどだ。ジョシュのメッセージを最初に受け取った時には相当へこんだものだったが、それが今、こんなのと肩を並べているのだ。

「なあ、おフクロさんとおんなじ格好をして、おフクロさんと同じようにどっかの野郎のアレしゃぶってくるってえのはどうだ？」

あとはこんなの。

「てめえの親父はもっとてめえをぶん殴っとくべきだったな」

反動でボクは、集まってきたコインの方を一層慈しむようにもなった。たとえるなら天秤の反対側の分銅みたいなものだ。押し寄せる憎しみの断片たちを受け止めるには、そうしたものが必要だったのだ。

それでもボクは、大したことなんてまるでない振りをしようとし続けた。十月が十一月に変わってもボクは、こうした一切にもちゃんと意味があるんだと思い込もうと、なお足掻いていた。もっと大きなもののため、自分はこの憎悪の奔流をも耐え忍んでいるのだ。それも来たるべき火曜(チューズデイ)には報われる。さあ、十一月八日がやってくる——。

いよいよ選挙の週になった。

日曜日：PCが鳴る。イーサンからの着信だった。

「君がこういう目に遭っていることには同情しているよ」

メールはそんな具合に始まっていた。

「簡単な解決法があればいいとは思う。結局君は、ある種の人たちが耳にもしたくないと思っているような物事の、いわば象徴みたいになっちまったんだろう。連中の反応からみるに、私見ではあるが、たぶんそれぞれが〝自分への個人攻撃だ〟みたいに受け取っているんだろうな。だから個人攻撃し返してくる。対話みたいなことができる機会があるといいんだが」

先日のオフィスでのやりとり以来イーサンは、実にマメにボクの様子を気にかけてくれていた。従業員がネットでのハラスメントの標的となってしまった場合、では雇用主はどう対応すべきか、なんてことを定めたルールブックはまだ存在さえしていない。先例と呼べるものが見つからないくらいには新しい事象だからだ。今彼は、その先例の一つとなるべく最善を尽くしてくれていた。

火曜日：ついに投票日となった。ボクはいつも通りに投稿を重ねた。

投票所には母と一緒に行った。現場では、ちゃんとステッカーが写り込むような角度を探して二人で自撮りした。〝更新（リフレッシュ）、更新、更新、更新〟一〇六五〝いいね〟。チャリーン。

局の『選挙特番（エレクションナイト）』のライヴ配信のリハーサルの合間にもボクは、ドナルド・トランプと自分とが同じ投票所を利用したという証拠を確保すべく、ツイッターのあちこちを追いかけていた。神様ってやつはちゃんといた。

「トランプとボクは同じ投票所で投票した。ボクらの票は対等だ。やつの一票をボクの一票が打ち消せることを今こそ胸を張って御報告したい。民主主義万歳！」

まずはそうツイッターに上げ、次にはそのスクショをインスタグラムとFBに貼った。ハッシュタグは〝更新、更新、更新〟だ。一八〇〇〝いいね〟。チャリーン。

速報が入り始め、まずテキサスが青く塗られた。すなわち民主党が取るとの予測が出たということだ。

「テキサスだ。やっぱ青が似合ってる。だからこっちに乗れって言ったろ？　#選挙特番」

そうツイートした。〝更新、更新、更新〟四九〇〝いいね〟。チャリーン。

ボクはこれらの〝いいね〟の数を、まるで正当な報償みたいに受け止めながら順次積み上げていった。これは絶対こっちの勝ちだな、くらいに考えていた。自分のソーシャルメディアという限定された枠組みの中での出来事を、この大いなる国政選挙の先触れだ、みたいに考えていたのだ。

でも夜が深まっていくにつれ、事態は思ってもいなかった方向へと進み出した。ドナルド・トランプがリードし始めたのだ。ボクがしたさっきのツイートからだって、それほど時間が経っているわけではなかった。周囲でも人々は混乱を顕（あら）わにし、空気はずしりと重たくなった。だけどボクは、そうした肉体的存在としてすぐ隣にいる人たちと言葉を交わす代わりに、我がデジタルの演台へと歩み出て、自分の声明を待っているに違いないとボクの方が勝手に思い込んでいる数え切れない聴衆へ向け、心配はないとでも言わんばかりに努めて落ち着いた口調を装いながら、こんな具合に口にしていた。

「たとえ誰が勝ったって、ああ同志諸君、明日もまだちゃんと仕事はあるさ」

そしてまたスクショし、そいつをインスタグラムとFBに貼った。〝更新、更新、更新〟一四九七〝いいね〟。チャリーン。


水曜日　早朝：選挙の夜の、深夜二時二十九分だ。ドナルド・トランプが二〇一六年の合衆国大統領選挙の勝者となった。

「どうかしたんですか？」

疲れ果ててすっかり意気消沈したボクが、後部座席へと体を引きずって潜り込んでいる合間にも、タクシーの運転手はそう訊いてくれた。

「うん。彼が勝っちゃったからね」

そう吐き出した口調がどうにも重苦しくなった。

「ああ、そうですね」

応じた彼の声もボクと似たような調子だった。車が走っている間もそれ以上の会話はなかった。シートでボクはツイッターを開いた。だけどボクの親指は、画面の少し上の場所をただうろつくだけだった。マンハッタン橋を過ぎたけれど、なにか言えそうなことなど頭には一つとして浮かんではこなかった。当然〝いいね〟もなしだ。大当たりのファンファーレのあった場所に今響くのは、底知れぬ沈黙と、その背後で低く鳴り続けるタクシーのエンジン音だけだった。

水曜日　午前：目は覚めたけれど、ボクはなお、この大番狂わせが紛れもない現実なのだということをきちんと受け止め切れずにいた。何故こうなると予見できなかった？　ほとんどなにも考えられないままボクは、我が〈ヘイトフォルダー〉を開け、そこに並んだスクショたちを見るともなく眺めていった。一つを開き、そのままページダウンキーを押しっぱなしにすると、コメントとメッセージの群がパラパラ漫画(フリップブック)みたいにスクリーンの上を流れていった。投稿の主たちに自分が勝手に思い描いていたそれぞれの背景も、同時によぎっていた。改造車。一族の集まり。学校。友人関係――。

ひょっとするとこのフォルダーは、自分が思っていたよりよほどこの国の縮図に近いのかもしれない。いつのまにかそんなことを考えていた。だってここの住人の大部分がたぶん彼に投票しているのだ。連中のことをまとめて扱えば、腹も立ったし傷つきもした。でも一方で、彼らをそれぞれの個人として捉え、その背後の物語を織り上げたりしている間には、ボクにも彼らが自分と同じただの人間なんだな、ということが理解できた。彼らの日常がボクのそれとはかなり違っているだけだ。

いつしかボクは、この二つの事実の間を行きつ戻りつしていた。彼らのことをわかった気持ちになり、でもすぐさま、いや、こいつらは恐るべきトランプ支持者の軍団なんだぞ、と思いなおし、だけどやっぱり、この人たちもきっとボクと同じように、権力やら流行やらに振り回されているんだよな、とか改めて考えて――。

だけどこんなことはいずれなにかの役に立つのか？　わからなかった。

金曜日：一日休みをもらうことにした。そうすれば、いきなりトッドの学校まで行って彼を驚かせることもできるよな、と思ったからだ。そこでボクはボストン行のアムトラックの列車に乗り込んで、背中を丸め、自分の座席に収まった。窓の外を眺めていると、晩秋のニューイングランドが見る間に後方へと飛び去っていった。ボストンが近づくにつれ、さっぱりと裸になった樹々の姿が増えてきた。でもボクは渾(こん)沌(とん)としたままだった。頭には脈絡もなしに雑多な思い出たちが甦(よみがえ)っては消えていた。

中学の頃、父に連れられロスに行ったことがあった。ずいぶん前から計画していて、期待の方も相応に高まっていた。メインは映画スタジオの見学ツアーだった。複数のコースに参加したのだが、ガイドは誰も彼もが熱血漢で、行く先々で撮影上のトリックにまつわる話をいろいろ聞かされた。

たとえば映画に出てくる雨は、実は水に牛乳を混ぜて降らせてあるのだそうだ。水だけではスクリーン上であまり見映えがよくないらしい。また、時にはシナリオ一頁分を撮るのに一日かかることもあるのだとも教わった。登場人物の住んでいる家の外観と、屋内撮影用のセットとが、実際には数キロ離れているなんてこともざららしい。でも中に一つ、いかにもこの日のボクの気分にどんぴしゃな挿話があった。

そこに実際に大観衆がいると思わせなければならない場面があるとしよう。そうだな、たとえばデモのシーンなんかだ。でもこの撮影に、実際に二万ものエキストラが必要になるわけではまったくない。コンピューターグラフィックも不要だ。数十人の人間をフレームの中にぎっちぎちに詰め込んで撮影すればそれで済んでしまう。そうすると観る者の心の方が、見えていない部分を勝手に補ってくれるからだ。

たとえば二十人のエキストラが、それぞれにプラカードを掲げ、肩をぶつけ合いながら画面を埋め尽くしているとしよう。するとボクらの心ってやつは、こいつらの周りもやっぱり人の海が取り囲んでいるのだろうな、と頭から思い込んでしまうのだ。

ひょっとしてネットの中でも、実は似たようなことが起きているんじゃないのか？　ボクはだから、千の〝いいね〟を全世界みたいに思い込まされていたんじゃないか？　ボクはおそらくここまでこの幻術にすっかり囚われてしまっていた。ちゃんとみんなと対話していると信じ込んでいた。実際には幾ばくかの相手に向け、一人語りしていただけだったのに。

もしそのある映像が、すでに意見を同じくする人々にしか届いていないのだとしたら、たとえどれほど啓蒙（けいもう）を気取っても、実際にはそんなことには全然ならない。自分で思っていたほどの影響力なんてボクには全然なかったんだと気づかされてしまえば、穴があったら入りたいくらいの気持ちにもなった。ビデオなりツイッターなり、あるいは写真の投稿なりでボクが向き合っていると思っていた聴衆は、大講堂なんて場所ではまるでなく、むしろ狭い一室に閉じ込められているような状態だったんじゃないのか。自分が今まさに切り拓いていると思っていた対話も、所詮はすでに意見を同じくしている同志との馴れ合いみたいなものでしかなかったのだ。

ネットという場所では、ハリウッドと同様、本当は矮小（わいしょう）でしかないものを、見る角度によって巨大に見せることが可能なのだ。せいぜいが数十人単位のエキストラが、きっちり計算された構図の中に詰め込まれて映っていれば、ボクらは容易（たやす）く、周りにも人の海が広がっていると信じてしまう。同じように、フォロワーが三万いてシェアが二百にも達すれば、いつしかそれが全世界にも思えてくる。じゃあ、そのサイズをより精確に把握したとして、あのゲームでの得点ってのはいったいどういうものなんだろう？　あのコインたちには、現実にはどれほどの価値があるっていうんだ？

ボクの創った映像だけでは、進歩的な思想を十分に広めるといったことなど決してできない。もしボクがこうした対話に多くの人々を、それも、日頃からボクが俎上に載せている、たとえば権力による矯正（ポリシング）とか性的少数派に対する忌避傾向（トランスフォビア）とか、無自覚的差別行動（マイクロアグレッション）といった問題が存在することすら知らないような人々までをも巻き込みたいと願っていたとして、はたして成功したのだろうか？　むしろ自分で作った狭い一室での反響を〝バズった〟とか騒いでいただけだったのではないのか。だから、事実は数多くの自称ダビデ君らと一緒に古代イスラエル兵のコスプレをしているようなものでしかなかったのに、自分たちはゴリアテを倒したと思い込んでいたのではないか、ということだ。

実はこの頃までにはボク自身も、時折は〝活動家（アクティヴィスト）〟なんて呼ばれるようにもなっていたのだけれど、はたして自分がその称号に価するのかどうかも最早よくわからなかった。ボクはずっと、どの問題を自分が取り上げるかを、ネット上でなにが一番話題になっているかを根拠にして決めてきた。これで活動家になんてなれるのか？　結局はネットという世界で流行りの話題にただ乗っかるやつがまた一人増えたってだけのことだったんじゃないのか？　それも、あのチャリーンの響きが聞きたいがためだけに。微妙なさじ加減を生け贄（にえ）として差し出して、その対価にわかりやすいコインをもらい、複雑さを単純さへと貶（おとし）めて、それでボクは社会正義の代弁者になれたのか？　いや、自分ではそのくらいにも思っていたが、結局はネットの住人に加わっただけだったんじゃないだろうか？

我がアバター君は今やボク自身のパロディだった。二分法でしかものを考えられないし、言うことは乱暴なくらいに単純だ。本物のボク自身とほとんど区別がつかないくらいだ。なのにこいつは、人気を博したことで今やボクの制御すら無視し始めいた。そのうえ長く身につけ過ぎたせいで、衣装だったはずのものが皮膚と分かちがたくまでなっている。こいつの舌鋒鋭く攻撃的な口調こそが、ネットのほかの雑多のノイズどもを切り裂いて進んでいくのだと、ボクはそう信じていた。でもボクもやつも所詮はむしろ、そのノイズの一つに新たに加わっていただけだった。ようやくそれがわかった。

イーサンのメールにあった一文が思い出されていた。

「対話みたいなことができる機会があるといいんだが」

〝共通点〟という言葉が浮かんだ。そいつがなにかしらの時代精神を反映しているような気もしたものだから、書き落としてみた。そして、まあ多少は穏やかな掲示板かどこかで、トランプ支持者たちと一緒に共通の話題探しなんぞをしてみる自分を思い浮かべた。だけどそんなのただのクソだ。さらには共和党員と同性愛反対の宗派の教会のメンバーたちを前に講演している自分の姿まで想像した。ボクのことを大っ嫌いな連中。親指がメモ帳にそう打ち込んでいた。

創造性を武器に生きてやれ、と考えてボクは、ここまでたどり着いたつもりだった。でもこいつはたぶん、目指していたものとは真逆の位置にあるなにかだった。

土曜日：なにかを足掛かりにしてとにかく一歩でも踏み出さないと、と考え、友人の中でも一番保守的な人間であるマットに電話してみた。ここで〝一番保守的だ〟と言っているのは、この相手は機会があるなら必ず共和党側の候補に投票する人物だ、ということだ。

「よ、ディ、ラァァァァァァーンじゃねえか」

電話口で相手はまずこうのたまった。マットは大学の新入生時代から頑なに、ボクのことをこんな具合に呼んでいた。

マットとボクが言葉を交わすのは、予備選真っ盛りの時期以来だった。ほとんど一年ぶりだ。その時にもビールを飲みながら彼は、ボクとトッドに、たとえどんな状況になったとしても自分がヒラリー・クリントンに投票することは絶対にない、と宣言していたものである。そこで、きっと彼からなら、何故人々がドナルド・トランプに票を投じたのかを省察するヒントをもらえるのではないかと考えたのだ。

「冗談は言っちゃいかんぞ。誰があいつに投票なんぞするものか」

でも、そんなふうに訊かれるのすらショックどころか心外だとでも言わんばかりの口調で彼はそう答えて寄越した。ほっとしもしたが同時にちょっとがっかりもして、どうにも中途半端な気持ちになった。彼ならばちゃんと一本筋を通していそうだったから、ボクはきっと、それを納得していく課程で、自分の思想的ネットワークも決して今そう見えているような狭い廊下みたいなものじゃなく、きちんとした広がりを持っているんだと信じなおせるんじゃないかと期待していたのだ。

挨拶を交わして受話器を置きながら、ふと、これは自分がネット以外の場所で、しかも実在の人間と政治の話を、さらには観客なんてものはいないところでしているという、実に稀有(けう)な機会だったんだな、と気がついた。悪くはない手触りだった。

電話を切ってほどなくして、FBに新しくメッセージが来ていることに気がついた。

「やあ同志。こちらはトランプ支持陣営の者だ。君のビデオはずっと観ている。一度話し合ってみるってのも悪くないかなと思っているんだが、どうだろう。叫んだり喚(わめ)いたりといった行為一切なしの論戦というのは、双方にとって有益ではないかと思っているのだが」

なにかがつかめそうな手応えがあった。この男をスタジオに招き、ボク自身でインタビューしてみるっていうのはどうだ？　そんな想像もした。でも実際にＦＢをたどってみると、相手はプロフィールにほとんど情報を出していなかったものだから、結局怖さの方が勝った。ひょっとしてこういう手口の新手の詐欺かもしれないじゃないか。そもそも対立陣営との対話なんて、所詮絵空事に決まってる。

日曜日：ニューヨークへと戻る列車の中でも、電話ででもマットと話せたことはよかったな、という気持ちが消えなかった。でも同時に、メッセージをくれたトランプ支持者だかの提案については、ボクは死ぬほどビビったままだった。これ以上関わるなんてとんでもない、くらいの感じだ。そもそもそっち側に属する知り合いなんて基本いないのに、どうやって〝対立陣営〟と話すなんてことができるという。こっちに手を伸ばしてくる他人なんてのは、むしろただキモイだけだ。

今までの人生で出会ったトランプ支持者の中に自分が話したいと思う相手を見つけようとしてもみた。でも、頭が真っ白になっただけだった。

6　険路（あいろ）

選挙が終わった後の二ヶ月間も、ボクはビデオを作り続けた。以前と変わらぬ形で得点を重ねもしていたのだが、当然ながらそれに伴い〈ヘイトフォルダー〉の中身の方も順調に育っていった。どこかではちょっと進路変更をしたいなという気持ちもあるにはあったのだけれど、でも、まだ壊れちまったわけでもないものを修理する必要なんてあるか、という思いもあった。コインはなお積み上がっていたし、仕事そのものも至極順調に思われていた。

十二月の三十日だった。その夜もまた、ボクは舞台に立つ予定になっていた。今回は友人のジョシュ・シャープの制作による番組だった。呼ばれこそしてはいたが、いったいなにをやればいいのかについては当初のメールからでは今イチさっぱりだったので、その点も問い合わせしなおしていた。

「今年〝よかった〟出来事ってやつを漫画にしてみせてくれるか、さもなきゃ喋ってくれるだけでいい。お気楽な『ゆく年くる年』みたいなやつにしたいんだ。五分から七分くらい埋めてくれると助かる。ユーコピー？　じゃあヨロ。ジョシュ」

よかったことねえ。思いながらボクは我が兵器庫を渫い、ジョシュの準備した今夜の舞台の謳い文句に相応しい銃弾弾薬はどれだろうかと精査した。けれど浮かんでくるどのアイディアも、結局はジョシュのところに戻っていくようだった。これはもう一人の方のジョシュ、すなわち〈ヘイトフォルダー〉のジョシュである。

あのスライドショウをもう一度だけやるとしたら、今夜こそはその絶好の機会なんじゃないかという気がしていた。そしてもし本当に最後にするのなら、今度は是が非でも彼の勤務先の〈ベストバイ〉の上司なり責任者なりにたどり着かなくちゃならない。それに、これっきりにするのであれば、やっぱり収録もしておかないと。

いよいよこの〈スライドショウ〉のネタをメディアに流すことになるんだなと思ってボクは、細部を注意深く磨いておくことにした。名字の類が映像のどこにも残っていないことを確認し、個人情報にはきっちりとマスキングを施し、顔の類は全部ぼかした。ただし、ジョシュの勤め先が〈ベストバイ〉であることだけはあえて隠さないことにした。だってあそこには全米で十二万五千人もの従業員がいるのだ。そこで働いていることだけなら、晒し過ぎってことにはならない。実際に同店舗の〈ベストバイ〉の店長クラスの人間にたどり着く方法もいろいろ考えた。当然ながら、まだ同店が営業している時間にかけてみるというのがもっとも手っ取り早い手段の一つだった。

「お電話ありがとうございますっ。〈ベストバイ〉です」

日中の電話に応答してくれたのは、肉声だった。

「あ、ど、ども——」

本当にそこに働いている相手と繋がってしまったんだと思えば少なからずビビり、思わず噛みそうにもなった。それでも、ちゃんと録音ができていることは急いで確認した。これで今夜の公演にこの音声を使うことができる。

「ええと、その、なんてことのない伝言を、お宅の従業員の方の一人に残してもらおうと思って電話したんだけど、かまわないですかね。ええと、その人の名前は、たぶんジョシュっていうんです。ですからお願いってのは、その、だから、この前お店で彼に助けてもらったんですよ。だからその、いい人だなと思って、ほかの人にも親切にしてくれるといいな、とか考えて、ですから、それを伝えてもらえれば嬉しいな、とか思って」

「そんなお話をうかがえるとは、こちらも非常に光栄ですな」

やはり店長だったのか、受話器の向こうの相手がそう言った。

ようやく店とちゃんと連絡を取ることに成功したわけだが、気がつけばどこか釈然としない、至極奇妙な気分になっていた。おそらく自分がここにこんな電話をすることは、これで最後だ。だからなのか、ボクはすでに、ジョシュのことを懐かしく思い出しているような気持ちになっていた。会ったこともなければ、ボクのことを間抜け呼ばわりしてきた相手である。そればかりか、こっちの性的嗜好を捕まえて〝罪〟だとまで言い切った。

舞台はちゃんとやりおおせた。〈スライドショウ〉ネタは前回と変わらないほどにはちゃんと受けた。笑ってもらおうと思ったところで笑いを誘えたし、ため息をついてほしい箇所ではそうなった。ジョシュのプロフィールをイジる部分では、同情の声だって引き出した。そして年が明けた一月の二日、ボクはこの映像をFBとユーチューブとにそれぞれ上げた。

タイトルは『アラシ（トロル）を哀れむうた』にした。アップロードのボタンを押し、ボクは我が映像をいよいよ世に解き放った。じゃあな、ジョシュ。そう考えていた。店長殿が伝言を伝えてくれた時の君の顔が、死ぬほど見たかったよ。

その夜遅く、携帯の方に通知が届いた。

FBに新着メッセージがあります。

まっとうなFBユーザーであるボクは、メールからそのまま自分のページを開いた。

「てめ、マジで俺のFB漁（あさ）って俺がメンタル落ちてる時の投稿晒（さら）すのが面白れえとか思ったのか？　貴様どっかで〝愛と平和の伝道師〟とか気取ってなかったか？　こっからわかるのはなあ、お前が偽善者だってことだけだぞ」

固まった。ジョシュだった。

どうして彼があの映像を観られたんだ？　まずそう自問した。そして、自分がそんなふうに呆気にとられていることにかえってさらに唖然とした。そりゃあ観るだろう。いったい全体どうやって彼には観られないとか思えたんだ？　〉自分。

ボクはゲームそのものに仕掛けられていた罠に嵌ったのだ。システムの設計者がそもそもは思ってもいなかったような、ぐるぐる回る、出口のない袋小路だ。この一連の間ボクはずっと、それどころかあのスライドショウをある意味で一緒に作り上げながらでさえ、ジョシュが実際に生きている人間で、呼吸もすれば感情もあるのだということをきれいさっぱり忘れてしまっていた。『アラシを哀れむうた』を演じ切ることにすっかり心を奪われていた。その程度の認識はきっちり我がものにしておくべきだった。

でも彼の方だって、一番初めに例のメッセージをボクに送って寄越した時には、ボクが実際に生きている人間で、呼吸もすれば感情もあるのだということなど、考えもしなかったのではないのか？　人間性みたいなものに対する視点は、彼の方にだって欠けてはいなかったか？

そしてこの隘路にはまり込んだことで、ボクにもいよいよ、それまで目に入っていなかったものが見え出していた。選挙以後、自分が格闘していた相手の姿があからさまに目の前に現れていたのだ。すなわちネットによって歪められた現実だ。ボクだけでなく誰も彼もが欺かれている、その正体だ。

あの場所でボクらは、互いの姿がくっきりと見えているように錯覚している。だがそんなことは全然ない。毎日目の前に現れては消えていく人々の数はそれこそ圧倒的だ。それゆえボクらは、そこで出会った全員を、一番単純化した形で認識せざるを得なくなっている。プロフィール欄の写真と、バイオとして提示されているわずかな情報で構成されているなにかしらだ。

そしてボクらはオンラインで出会った相手のことをちゃんと知っていると思い込む。でも、やっぱりそんなことは全然ない。プロフィール欄の向こう側にある彼らそれぞれの日々の生活などわかりようがないからだ。たとえどれほどの時間をかけてそういう部分を想像したとしても、結局そこは変わらない。

さらにボクらは、ネット上でも自分を曝け出したつもりになっている。でも、これもまた、全然そんなことはないのである。あそこでは、実際そうであるより格段に有名であるように見せることもできれば、そうしようというつもりよりも俄然精力的であるように見せかけることもできてしまう。本当は気になって仕方ないのに、洟も引っかけていないような振りさえできる。

すなわちネットというものは、ボクたちを自分自身のパロディと化してしまうのだ。ある特徴を大げさに誇張した線画だ。それがほかの一切を隠してしまう。

やがて、そんなこと全然ないのにボクらは、自分がすべてを見渡せたようなつもりになってしまう。でも実際にボクらが目にしているのは、得体の知れないアルゴリズムが選別処理を施した、その結果でしかない。こいつがボクらに、こっちが見たいと思っているだろうと判断したものを、撒き餌みたいに放って寄越しているのである。しかも、得てしてこの選別基準は、ボクらが日々関わっていることと、権力の側がボクらにも示しておきたいなと考えるものという両者の織りなす、複雑怪奇な力学の上に成り立っていたりするのである。

ボクらは世界中のみんなとつき合っているような気になっている。でも、本当に見ているのは、ハリウッドの防音スタジオで撮影された、フレーム一杯に詰め込まれているたかだか数十人のエキストラでしかない。ボクらの心がそこに大群衆がいると勝手に錯覚しているだけだ。

あのゲームの中でボクは、自分の声は、あそこにあるひずんだ音を切り裂いて届いていると思い込んでいた。でも実際には、ノイズの一つに加わり、そいつを増幅していただけだった。自分で決めて盲従していたルールのどの一つも、結局はネットそのものの歪みに貢献していただけだ。

流行りの話題たちを躍起になって追いかけることでボクは〝集団思考〟とでもいうべきものを加速していた。短いつまみ食いサイズのビデオを作り続ける間も、必要な文脈を取っ払い、骨格だけの、シェアされやすい形にすることばかりを考えていた。攻撃的で嫌みったらしい声音を目指していく中で、偽りの自分なんてものさえ創造していた。そしてそうやって生まれた底意地の悪いアバター君が、もともとのボクの本物の声というものをすっかり覆い隠してしまった。

自分には同意できない意見の持ち主たちを敵と見做すことでボクは、彼らのことを、ただ一番基本の考え方だけで判断するという癖をつけてしまった。さらにまずいことには、ボク自身が、彼らと一番話し合わなければならない問題から、ほとんど力尽くで彼らを遠ざけるまでしていたのだ。コメンタリーなんてことをコンスタントにやりながら、ボクは本当には誰の言葉にも耳を傾けてなどいなかった。ただ演壇の内部の空洞にこもったノイズの一つに加わっていただけだ。

こうした一切の影響でボクは、二分法的思考法から抜け出せなくなっていた。あまりに単純化され過ぎた世界観は、異者間の、ニュアンスと複雑さとに富んだ対話というものの存在を、指の隙間からこぼしてしまっていたのだ。ボクらはもう〝個人〟なんてものではなかった。ボクら自身が盤面に送り出した立体映像に過ぎなかった。それも、換金なんて決して叶わぬ、偽物の得点を競い合うだけのゲームの盤上だ。

　ネットというものは、軋轢（あつれき）を緩和してくれるような仕様にはそもそもなってはいないのだ。ようやくそれがボクにもちゃんとわかりつつあった。むしろ現実には、軋轢を存在せしめ、在り続けさせるために作られているかのようでもあった。ボクはでも、そこで行われる点の取り合いというゲームにすっかり没頭し〝これに勝つことが対話へと続く道なんだ〟くらいに思い込んでいた。

　でも、ボクが戦っていた相手の人間性といったものを目隠ししていたのは、実はネットそれ自体だったのだ。あとはボク自身の傲慢（ごうまん）も多少はあるが。とにもかくにも、かくしてここに至ってボクは、ボク自身の人間性までなくしてしまう羽目になったのだ。

　しかも、そんなことすらわかっていないままでボクは、かつて自分を傷つけたからといって、その相手をこの手で傷つけたのだった。今やボク自身がゴリアテだった。

　再びボクは、例のやつを自問した。

「さて、自分ならこいつとどう向き合う？」

二章

会話はダンス

いやいやいやいやいや、ないないないない、絶対ないでしょ。頭の中にはしばらくの間その程度の、言葉にもならない断片しか浮かばなかった。ＰＣのキーボードの上で指が震えていた。指示待ち状態ってやつだ。ところが指令中枢の方はといえば、渾沌にどっぷりと首まで浸かり、抜けられそうな気配もなかった。

失せろ、と思った。お前と話すつもりなんかないぞ――。

だが脳ミソからまっとうな指令など来そうもないことを把握した指先部隊は、いよいよ自身の判断で行動すべく決断した。

「やあジョシュ――」

指兵君たちが音を立ててキーを叩き、そう綴った。秒で画面に吹き出しが現れる。ジョシュがタイプしているのだ。三点リーダーの三つの点がそれぞれに飛んだり跳ねたりする、その様子をしばし見守った。滑らかでリズミカルなその動きは、さながらこれから始まる彼のメッセージの前説でもしているかのようだ。会場を温めておいてやろうってか。あばらの内側で心臓がばくばく音を立てていた。そしていよいよ吹き出しが消え、満を持して彼のメッセージが舞台に姿を現わした。

「よおディラン、調子はどうだ？」

正直に答えるべきなのか？　ちょっとばかしパニックになってるよ、と向こうに教えてしまってもいいものか。だってとっくに〈ヘイトフォルダー〉にしまいこみ、もう大丈夫だぞ、くらいに思っていたまさにその相手が、今その古井戸からぞろぞろと這い出してきたんだぞ？　君があのビデオを見るなんて思ってもいなかったんだ、と率直に告げてしまっていいものか。それも、自分でネットに上げておいて？　ありがたいことに指たちがまた主導権を握り、自分で勝手に動いてくれた。

「ボクは上々だ。むしろ連絡をもらえて喜んでる。マジだ」送信。

「君から連絡が来るなんて、そりはびっくらしたが、マジ嬉しかった」送信。

自分のミスタイプにはすぐ気づいたが、訂正はせず、そのまま続けた。

「あのビデオで傷ついたって？」送信。

「そういう意図は全然なかった」送信。

再び吹き出しが現れた。点たちの宙返りがこっちを揶揄（からか）ってでもいるかのようだ。

「返信を寄越してくれたことは――」

彼が切り出した。

「評価に価する。そこは認める。その通りだ、あのビデオについて話したいなと思って連絡した。でもそれほど傷ついたりはしちゃいない。赤っ恥かかされたな、と思ってるだけだ」

「誰だかわからないようにはしたはずだけど、それでもか？」

尋ねはしたが、どこか消し忘れでもやらかしてたか、と不安にもなっていた。

「そこはわかってる。仕上がりには敬意も払う」

ええと、なんのことだ？　ボクは解読を試みた。彼はなにがわかっていると言っているのか。誰だかわからないとわかったってことだろうか？　でも、それじゃあ全然繋がらない。そこでもう一度テキストを読みなおし、彼がボクの一つ前の投稿に答えてくれているのだと把握した。〝傷つける意図がなかったことはわかっている〟と言っているのだ。

「でも、厳密に絶対誰だかわからないようにまではなってなかった」

ジョシュは続けていた。

「俺もあのビデオの存在は、ほかのやつからメールで教えてもらった。俺だと気づいて俺にチクったやつがいるってことだ。ほかに気づくやつねんていねえとか、誰にダン言できるって言う？」

「削除した方がいいってことだろうか」

お詫びになりそうなことで思いついたのはそれだけだったから、その通りにタイプした。

「マジわからん。たぶんあの映像には大事なことがある。俺も目を見開かれた気がしてる。俺もな、俺ンとこに来たメールみたいのは二度と受け取りたくねだよ。ゴリゴリ敵意剝き出しだった」

気づけば申し訳なさで胸がいっぱいになっていた。ボクがアラシコメントを扱ったビデオを公開したことで、どうやら今度はジョシュ本人が似たようなクソリプを受け取る羽目になってしまったのだろう。ネット上では憎しみが絶賛配布中らしい。キャンペーン終了の気配はない。

「君んとこにアラシが行くなんて――」

ボクは綴った。

「本当に、君だとわかるはずは絶対にないと思ってたんだ」

それから、ビデオ削除の件に戻って続けた。

「答えを出すのは時間をかけてくれていい」

「答えって、なんの？」

返事はそうだった。当惑しているみたいだ。ボクらのやりとりは、足並みなんてまるで揃ってはいなかった。慎重かつ熱心にタイプするあまり、ある質問への答えを返信する時にはもう、次の質問が送信されているという事態が重なっていたせいだ。

「君がビデオを削除してほしいと思うかどうか、だ」

改めてボクは説明してから続けた。

「そっちに任せる。そして、たとえどちらでも、喜んでそうさせてもらうつもりだ」

そう打っている間に、指の動きがややぎこちなくなり始めた。脳との接続を取り戻し始めているような手応えだ。

「一つ提案していいか？」

ジョシュがそう言って寄越したが、ボクはまだ、ジョシュのページが荒らされたという事実の衝撃に囚われたままだったものだから、そのまま突っ走ってしまった。

「今となっては皮肉めいてもいるけれど、ビデオを見てくれてわかっただろう通り、ボクは相当の嫌がらせを受けている。だから、君がそういうのに晒(さら)されてほしいなんてことは全然思わない。そんなの、オエってなる」

そこまで書いて、ようやく彼のコメントに気づいて反応した。

「わかったよ。提案してくれ。是非聞きたい」

「できる」

ええと、なにができるって？　提案ができるってことかな。

「自分の言葉を思い返して、めったクソひどい気分になった。間違っていたな、と思ってる」

ああそうか。ビデオを見たから、ボクが嫌がらせの標的になっていたことも理解できたと言っているのか。そう了解した。まったく。このやりとりには翻訳機が必要だ。

「そんなにへこまないでほしい」

続けてこう申し出てみた。

「君が謝罪してくれるんならこっちもすっかり受け容れる。その準備はある」

そして、さらにこんがらがり続けていく自分たちのやりとりの織り糸をどうにか元に戻すべく、直前の話題に戻っておいた。

「(提案とやらも待ってるよ)」

また吹き出しが現れた。さて、提案とはいったいなんだろう。もう一度〈ベストバイ〉に電話をかけろってことだろうか。職場のリサーチが実は十分じゃなかったとか？　それとも、まさか解雇されたりしちゃいないよな？

「削除する代わりに、俺と一緒にもう一本新しいビデオを作るってことを検討しちゃくれないか。スカイプ経由でいい。そうしたら俺も、自分が言葉にしなくちゃと思っていることを言えるかもしれない」

「異議なし。完璧に」

反射的にそう返信していた。どうやって、とか、どこで、とか、いつ、とかは、まったく考えもしなかった。ただ同意を伝えていた。二〇一六年の大統領選の衝撃の後、延々頭の中で生焼けのままだった〝見世物としての対話〟とでもいうべきアイディアや、あるいは〝対立陣営を前に一席ぶつってのはどうだろう〟といった曖昧(あいまい)なイメージの類(たぐい)が、いきなり目の前で具現化したかのようだった。

「あとそいつはイエスだ」

彼がまた続けた。イエス？　なにがだ？

「あんな言葉は本当に申し訳なかったよ。あんたはたぶん偉大なオカマだ」

ああそうか。ちゃんと謝るよ、と念を押してくれたんだな。なんていいやつ。するとまた別の吹き出しが現れた。

「マジか？」

うーん。このこんがらがり具合は上級者向けパズルに匹敵しそうだな。

「君だって大したタマだと思うぞ、ジョシュ」

まず〝偉大なオカマ〟にそう返してから、次の中身に移った。

「ああ、マジだ」

「やるならいつがいい？」

「今週中がいいと思う」

ビデオを作れる機会があればすぐ飛びつくような訓練がすっかりできてしまっていたものだから、この時もボクは、できるだけ早くやろうと考えてしまった。

「そりゃ俺にも好都合だ。五時以降であればいつでもいい。その前の時間はミュージカルのリハーサルがあるんだ」

知ってるよ、とタイプしようとも思ったが、でもすぐに、今は控えておこうと思いなおした。

「ビデオにする前に――」

彼が訊いてきた。

「一回君とちゃんと喋ることはできるか？　スカイプでも電話でもいい。打ち合わせもなしにいきなりビデオ収録ってのは困る」

「もちろん。望むところだよ」

ボクは応じた。

「仕事でビデオを作っている以上、いつも相手とはまずちゃんと話すようにしてる」

いよいよ時間を決める前に、またジョシュの方から質問が来た。

「だけどよ、あんだけ来てるアラシコメントの中で、俺のやつのいったいどこが引っかかったんだ？」

「送り主についてはいろいろ確かめてみることにしてる。コメントには本当に背筋が冷たくなるようなやつもあるからさ」

自分で言いながら改めて、あの〈ヘイトフォルダー〉の住人の一人を、自分がそいつに対処するためにやっているビデオに招くなんて、なんて現実離れしてるんだろう、とも考えていた。

「それで君がコメントをくれた時にボクは、君が学校でミュージカルに加わっていることも知ったんだ。ボクもやってたんでね。こんなふうに考えたことを忘れてないよ。ああ、でもこの子はカッコいいし、いやつっぽいよなって」

「俺の投稿からあそこで出すやつを選んだ基準は？」

もちろん〈スライドショウ〉でボクが晒した投稿のことだ。誰か遊びに行くやついないか、と探りを入れたり、映画館にいるよ、と言ってみたり、あるいは、淋しさを吐露したりといった一連だ。

「自分のことを思い出したからだよ。だから、あれでボクは、君が現実に存在していて、たぶん間違いなくいいやつで、本当に物事を感じることができる人間なんだなとわかったんだ」

「これだけは言わないとならないから言うけどよ、『ふぁいんでぃんぐどりー』はマジ力尽くで泣かせに来るぞ」

彼が言った。

「なあジョシュ、ボクダッテアレニハめんたまシボリトラレルクライ泣カサレタ。だからマジなんだ。ボクが気に入った投稿はだから、ボクらが似てるってことを示してるんだ」

「ならよ――」

ジョシュが言った。

「電話は明日の何時にする？」


時計は五時五十五分を指していた。あと五分だ。同僚の最後の一人がオフィスを出ていくのを今か今かと待ちかまえていたボクは、その間もずっと、ＰＣモニターの時刻表示から目を離せないままだった。

目の前に一枚だけ貼り付けたポストイットには、ジョシュの電話番号が書いてあった。万が一にも彼のメッセージを削除しちまうなんてことが有り得ないとも言い切れなかったものだから、念のためサインペンで書き留めておいたのだ。

「じゃあまた明日」

しんがりとなった相手にそう告げたボクの声は、緊張を隠そうとしたせいでかえってやや張ってしまった。ジョシュと電話することについては、まだトッド以外の誰にも打ち明けてはいなかった。ネットを離れた彼がいったいどんな人間なのかなど、皆目見当もつかなかったから、ちょっとだけ怖かった。でも同時にワクワクもしていた。自分たちがどこへ向かうのかを思い描けば希望に似た感情さえ湧いた。

大統領選以来というもの、ボクは努めて、自分の仕事のやり方や、人前で話す時の声の出し方についても考えなおすようにしていた。同時に、自分とは意見を異にする人たちとも接触してみたいなと考えてもきたわけだけれど、どうすればいいのかがわからないままでいた。でも、たぶんこれが最初の一歩だ。

五時五十九分。ボクはデスクから立ち上がり、小さな打ち合わせブースへと足を向けた。この電話のために一応押さえておいたのだ。途中で一度、クライマックス直前のアクション映画のスターよろしく、両手を挙げた格好で壁にピタリと張りついたりもしてみた。執念深いヘリの目を逃れ、摩天楼を跳んで渡ってやろうと目測でもしている感じだ。もちろん今のボクのミッションは、原子炉の爆発から世界を救おうなんてものではまったくない。ただ電話をかけようとしているだけだ。

落ち着けよ、ディラン。

いよいよ目的地に着いた。いつも自分のビデオを、すなわち、ジョシュが〝私見に杉ない〟と形容した映像たちを撮影している局の収録スタジオの真正面の、少しへこんだ壁の中みたいな場所だ。毛足の長いビロード張りの、ボクの席よりはよほど高級な椅子に収まると、たちまち不安が押し寄せた。ひょっとして自分はだまされているんじゃないのか。ジョシュってのは実際本人の言葉通りの人間なのか？

　そんな思いが呼び水になり、また別の考えがさらに浮かんできた。そもそも彼は実在するのか？　だってそろそろボット（BOT）が辞書に載ろうって時代だぞ？　すると頭の中は、ジョシュというのは本物の人間でなどまったくなくて、実は人間に見えるよう精緻に複雑に組み上げられたコード体系を有するプログラムなんじゃないか、といった疑念が頭を埋め尽くした。御丁寧にもミスタイプもやらかせば、実在しない感情も感じられるようにまでなっているんだ、きっと。

　だけど、まさにこんな具合にビビってしまったがゆえにボクは、トランプ支持者殿と対話できていたかもしれない機会をみすみす逃してしまっていたわけだ。選挙の後ボクにメールをくれていたあの人物だ。もし自分が心底あの反響室（エコーチェンバー）から出たいと望むのなら、この同じ恐怖に再び尻込みして逃げ出してしまうわけには絶対にいかない。

　再びボクは我が指君たちを徴発し、彼の電話番号の最初の三つを押すように命じた。かつてかけたこともない市外局番だった。ボクが一度として足を踏み入れたことなどない町のものだ。そのまま最後まで彼の番号を入力し、待った。

　呼び出し音。心臓が喉元まで迫り上がる。

　呼び出し音。気がつけば手汗が彼の番号を書いた紙をしわくちゃにしている。

　呼――

「もしもし？」

　回線の向こうで声がした。高校の最終学年の男の子としてボクが予期していたものよりも、ずいぶんと低い音だった。

「ジョシュかい？」

間違い電話とかやらかしてないよな、と確かめながらそう尋ねた。

「もちろん」

声が応じた。

「そうか。うん、そいつはよかった。やあジョシュ。ええと、だから、こっちはディラン・マロンだ。その、えと、都合は大丈夫だったかな。つまりあれだ、話せるタイミングになってるかなってことだ」

「もちろん」

また声が言った。ここまでボクは、最初の〝もしもし〟を別にして、彼の口からは同じ言葉を二回聞かされただけでしかなかったが、それだけでもう、相手が十分に落ち着いた大人である気配を感じとっていた。短い沈黙が回線に載っかった。その沈黙が〝お前の番だぞ〟とボクに言っていた。だけどなにを話せばいいのかが皆目わからなかったものだから、いわゆる普通の会話みたいな振りをすることに決めた。友人同士の近況報告的なあれだ。

「それで、最近はどんな調子なの？」

まるで放課後にジョシュと話すのなんて全然いつものことだ、みたいな感じで言ってみた。自分は必ずそこにいて、宿題を始める前にはなにも言わずにお菓子を準備してあげているとでもいった調子だ。だけど、こいつは少々やり過ぎたかな、と、内心ビビっていたことも本当だ。

「まあまあだな」

「ならよかった」

そのまま続けてボクはこう口にした。

「君と話せて嬉しいよ」

ほんのこれだけのやりとりで、徐々にではあったけれど、気分は楽になり始めていた。声同士が少しずつお互いを嗅ぎ分けられるようになった、とでもいうべきか。彼の学校でのミュージカルのことを少し話題にし、ボクの方からも、自分が高校時代にお芝居に加わっていたことを打ち明けて、でもミュージカルには正直手こずっていたことも告白した。歌の才能がない部分は、前借りした自信と、あと、大急ぎで習得したタップダンスとで埋め合わせたんだ、なんてことも口に出した。それから改めて〝『ファインディング・ドリー』はマジに力尽くで泣かせにくる〟といったことを確かめ合った。トッドと自分が二人とも劇場で泣いたことも喋(しゃべ)った。

ボクらはまだ、本当の意味では新しい場所に踏み出してなんぞいなかった。昨夜FBのメッセージ欄で交わしたやりとりを改めてなぞっていただけだ。でも、今回はキーボードの代わりに自分たちの声を使っていた。おかげで彼が言葉を切る、そのタイミングがよくわかった。不安を煽(あお)ってくることしかしなかった吹き出しの宙返りに比べれば、そうした間はよほど多くを教えてくれた。彼がやや強張(こわば)ったり、あるいは自信に満ちたりするその様子が逐一伝わってきたからだ。

しかも相手の南部訛(なま)りが、ボクを彼の故郷へと誘(いざな)ってくれるかのようだった。引き伸ばされた母音を聞いていると、彼の住む場所へと飛んできてしまった気さえした。慎重なまでにゆっくりな言葉のテンポは間違いなく彼自身のものだろう。いつもひりひりと焦(あせ)っているようなボクの話し方とは実に対照的だ。跳ね回るようなボクの言葉に比べ、彼の声はどこかくつろいででもいるようだった。

加えて、ただバックスペースキーを打ち合っているうちは隠されていた、うん、とか、ああ、とか思わず漏らしたり、あるいは、途中まで言いかけて言い淀んだりといった一切も共有できた。なにより最高だったのは、はちゃめちゃにずれていく質問と答えの行き違いを、もう逐一追いかけて補正したりしなくていいという点だった。ようやくボクらはお互いにリズムを見つけ出したのだ。

本人の声を聞いたことでボクも、より鮮明に彼の姿を思い描けるようになっていた。そうなってみると相手は最早、天と地ほども立場の違う仇敵（きゅうてき）などでは全然なく、変な話ではあるけれど、まるで新しくできた友人みたいに思われていた。ひょっとしてボクが〈ヘイトフォルダー〉の住人に関して織り上げてきたでっちあげの物語に欠けていた要素とは、肉声ってやつだったのか。プロフ欄の二歳の時の写真と一連の投稿とを結びつけてくれる鍵とは、あるいはこれか？

さらに話を続けながらボクは、レスリー・セルツァーという生物人類学者が主導したある研究について以前に読んだ内容を思い出していた。電話での会話とハグとには、ある程度までだが、コルチゾールとよく似た働きがある、というものだ。コルチゾールというのは、アドレナリンなどに続いて分泌され、いわゆる〝火事場の馬鹿力〟を引っ張り出してくれる、ストレスに対抗するためのホルモンだ。

セルツァーはさらに、電話とハグとは同様に、オキシトシン分泌の契機にもなるのだと書いていた。こっちは〝愛情ホルモン〟なんても呼ばれ、陣痛を促（うなが）したり多幸感を増したりするらしい。当然といえば当然かもしれないが、セルツァーは十代にならない少女たちとその母親とを被験者として、こうした研究を進めていた。

でも、今こうしてジョシュと電話しているボクは、あたかもセルツァーのグループの新たな実験対象にでもなったみたいだった。たとえどれほどしょうもない話だとしても、同じ現象が、かつてはネット上での敵同士だったボクたちの間に働いていたのだから。

「学校は好き？」

ボクは尋ねた。

「ええと、この場では悪態ついても大丈夫なものなのか？」

彼は質問に質問で返してきた。ボクも最初は冗談だろうと思ったのだが、彼が笑っていなかったものだから、どうやら本当に許可を求めているらしいと理解した。そこで、かまわないさ、と返事した。

「地獄だね」

続いて聞こえてきた声には、ただ沈んでいくような悲しみがまとわりついていた。テキストだけのやりとりからは絶対にわからなかったものだ。

「ええと――」

沈黙を埋めるべく、とにかく急いでそれだけ声に出した。

「俺さ、相当のイジメに遭ってるんだよな」

一拍おいてジョシュがいよいよ吐き出した。

「どういう感じかは、たぶんボクも知ってる」

そう応じながらボクも自分自身の嫌な記憶がフラッシュバックしてくるのをどうにもできないでいた。高校のスペイン語の授業の時だった。ノートを取っていると後ろから頭に本が飛んできた。上の学年の生徒が投げたのだ。誰がやったのかと振り向いた時、そいつは頬を膨らませ笑っていただけでなく、隣のやつと机の陰でタッチまでしていた。狙い通りってことだったのだろう。そんな場面の影像をどうにか振り切り、ボクはジョシュへと気持ちを戻した。

再びの沈黙がわだかまった。そこでボクは、今こそはジョシュのメッセージの最後にあったあの一文に触れておくべきタイミングだろう、と決意した。

「だけど君は、オカマは罪だと考えてるんだよな？」

「そうだ」

彼は言った。

「そこは疑ってはいない。でも、教会が教えているような意味とも違う。それと、傷つけたことについてはちゃんと謝る」

いったいどう返せばいい？　もし今のボクが、ビデオでいつも演じているアバター君のボクであったなら、考え方それ自体を容赦なく切り刻んでやるところだった。練り上げた鋭い舌鋒で逆襲し、ジョシュも同性愛への偏見も両方とも、灰も残らないくらい徹底的に焼き尽くしてしまっていただろう。

でも今のボクは、あの太く黒光りしたカメラのレンズを覗き込んだりは全然していなかった。数え切れない我がサポーターたちに向かって語りかけているのでもない。ジョシュと直接繋がっている電話機に向けて喋っているのだ。しかもその相手は、ボクがそれこそ焼き尽くしたいと考えている、まさに同じ経験を味わっていた。彼は最早抽象的概念などではなく、保守主義や同性愛に対する偏見や、さもなきゃカビ臭いキリスト教教義の凝り固まった代名詞なんてものでも全然なかった。ただそういうことを刷り込まれて育ってきた一人の個人だった。

　ここには観客はいなかった。撮影もされてはいない。この演目はボクら二人だけのものだ。ボクは人気者で皮肉屋のアバター君ではなかったし、彼の方も、こっちを間抜け呼ばわりしたプロフ欄の写真ではなかった。今の彼は、生の声だった。ついさっき、自分は高校でイジめられているんだとボクに教えてくれたその声は、ボクに自分自身の過去を思い起こさせもした。

　もちろんボクらが似ているからといって、彼の暴言が正当化されるわけではまったくない。でも、ボクにはこの場で彼が人間である事実から目を背けることなど到底できなかった。だから、彼が誰で、どんな経験をしていて、ボクに向けてどんな言葉を放ったかという彼にまつわる事実の一切は、すべてまとめて考えられなければならない種類のものだったのだ。いったいどう返せばいい？

「うん――」

　まずそれだけ言ってから先を続けた。

「今の言葉を聞けてボクは、すごく嬉しいんだ」

　それからやっとこう振ってみた。

「ボクのパートナーってのが、一時期神学校に通っていたことがあるんだ。真剣に牧師を目指していたもんでね。だから、世の中には、クリスチャンでかつ性的少数者（クィア）っていう人々で構成されている社会ってのもあるんだ」

「さっきも言った通り、こいつは俺の信念だ」

「ああそうだね――」

応じた自分の声は思いがけないほど穏やかだった。デジタル空間のどこだかに閉じ込められたアバターのディラン君が、ジョシュに鉄拳制裁を加えようとしないボクにいきり立ち、頭から煙を上げていた。

「そうだ、忘れないうちに訊いておくことにするけど――」

話題を変えることにした。

「〈ベストバイ〉の君の上司はボクの伝言をちゃんと伝えてくれたんだろうか？」

するとジョシュは小さく吹き出し、それからため息みたいな音を吐き出した。

「これも正直に打ち明けとくけど、俺、本当は〈ベストバイ〉で働いてなんかいないんだよな」

「なんだって？」

言いながらこっちも吹き出した。頭にはあの店長氏だかが、電話を切った後で頭を掻き毟っている様子が浮かんでいた。

一連の会話はボク自身にとっても驚きの連続だった。そしていつのまにか、是非とも次のレベルに進んでみたいものだな、とも考えさせられていた。ジョシュと互いに面と向かって話してみたい。そしてそいつをビデオに収録してみたい。得点が稼げるからじゃない。今ここで起きていることをほかの人たちにも目の当たりにしてほしいからだ。この電話がひどいものなんかじゃ全然なく、むしろ希望めいたものを備えていることを、なんとかして多くの人に知ろしめしたかった。

昨夜のＦＢでのメッセージのやりとりの最中、ジョシュからビデオを作りたいと言われた時にボクは、ほぼ反射的に、やろう、と答えていた。でも、それがいったいどんな感じに進むのか、本当にわかっていたわけでは全然なかった。けれど今それが見えていた。

「ジョシュ――」

ボクは切り出した。

「君はまだボクと一緒にビデオを作りたいと思ってくれているんだろうか？」

「やあ、ディラン・マロンだよ。今日はボクのページを荒らしてくれた人物と一緒に、またぞろしょうもない〝戯言(ブルシット)〟を封じ込めちまおうってつもりでいるぜ」

まっすぐにカメラを見つめながらボクは言った。撮影スタジオには、収録用のスポットの光が熱いほどに降り注いでいる。〈シリアスリーTV〉でいつも一緒にやっているスタッフのダスティンが、カメラの後ろで沈黙を守って立っている。目は色彩調整のモニター画面から微動だにもしない。ADのアリソンは背筋を伸ばしてスタジオのソファに収まって、一切の段取りが上手く進むよう見守っていた。

二〇一七年の三月だ。ボクとジョシュが初めて直接電話で話した日から、すでに二ヶ月が過ぎていた。当初は電話から数日後のところで収録をやろうと話し合っていたのだが、準備を進めるうち、彼の方が尻込みしてしまった。

「ビデオの件は一週間か二週間ペンディングにしてもらった方がいいと思う。もう少しいろいろな角度から検討したい」

彼からそうメッセージが届いたのは、もうスタジオを押さえた後だった。ひょっとしてボクがあまりに夢中になったせいで引かせてしまったのだろうかと懸念しながらも、十分に準備してもらえるだけの時間をおいた。ようやくまた動かせるようになったのは、それからさらに一ヶ月ほどが経ってからだった。

今回はいつもの手順とは違い、もうちょっと根っこの部分をあらかじめ詰めておく必要もあった。いわばボクらの会話の位置づけといった部分だ。最初のうちは〝一度かぎりのトークショウ〟みたいな感じでいいだろう、くらいに考えていた。タイトルは『ディラン、アラシ(トロル)と喋(しゃべ)る』といった辺りになりそうだ。だけど今自分がやっているインタビューシリーズの一本にした方が、より多くの人々に見てもらえるだろうことも同時にわかっていた。

この時期ボクは『戯言(ブルシット)をやめさせろ!!』なるシリーズを毎週金曜に更新していた。進歩的活動家やアーティストといった有名人を毎週それぞれゲストに招き、時代に逆行するような思想や概念を解体処理してやろうとでもいった番組だ。槍玉に挙げていたのは、大体は保守的な凝(こ)り固まった考え方だ。

「代名詞とか、実際どうでもいいよね」

ノンバイナリー、つまり〝男とか女とか、区別なんて必要ないよ〟という性自認を公表しているゲストを迎えた時には、そんな具合に背中を押した。この時は相手も、そういう辛辣(しんらつ)な扱いを自分たちがしばしば受けていることを、非常に上手く紹介してくれた。

「神様ってのはきっと、ストレートでシスジェンダーの白人男性なんだろうね」

革新派の僧侶との対談ではそんな発言をした。これには相手もまず笑い、その後は、包括的でしっかりしたキリスト教というものがどんな姿になるべきかを語ってくれた。

「どんな命だって大事だよね」

この問いかけには、その日のゲストの活動家氏もやっぱり苦笑し〝確かに理想郷(ユートピア)ではそうだ、だが生憎(あいにく)我々はまだ理想郷で暮らしてはいないんでね〟と返答した。

だからこのシリーズでは、タイトルそのものに、赤裸々に主題が明かされているわけだ。すなわち、ボクとそれからよく似た思想の持ち主たちは戯言（ブルシット）だと思うけれど、ほかの連中はそうは思っていないものたち、ということになる。だがボクとジョシュの場合には、最初の段階から戯言（ブルシット）だと思うものが違っているのだ。さて、そういう相手をいったいどういう方向に導いていけばいい？

悩んだ挙げ句、最終的にボクは、一番わかりやすい方針を選んだ。彼のメッセージを一文ずつ抽出して取り上げ、何故書いたのかを本人に説明してもらうことにしたのだ。そのままスケジュールの細かな調整を済ませ、いよいよボクはこのスタジオへとやってきた。今にもジョシュに電話して、いよいよ彼の顔を見られるのだと思えば胸は高鳴った。

前振りを終えたところでボクは、すぐ前のスツールに据えてあった自分のＰＣに向かい、彼のハンドルネームにカーソルを合わせ、発信キーを押した。舞台上のスクリーンにも、今電話がかかっていることを告げる例の波形が現れた。けれどそれが一瞬にして動かなくなった。

接続失敗（コール・フェイルド）。画面にはそうあった。

「あーらあら、どんだけー」

冗談めかし、節回しをつけながらそう言った。カメラの後ろではダスティンが、笑いながらまたレンズを調節し始めた。ワイファイの状態を確認しているアリソンもまだ笑顔を崩してはいない。ライヴ配信でなくて助かった。このシーンはあとから編集できる。

もう一度同じキーを押した。幾何学的模様が、また同じように動いて止まった。

接続失敗。不安になりながらボクはＦＢを開き、ジョシュにメッセージを送った。

「やあジョシュ、さっきから回線を繋ごうとしてるんだが、そっちの準備はオッケーかい？」

「カメラは止めるぞ」

ダスティンが言った。アリソンが椅子から立ち上がり、エアコンをつけて戻ってきた。

ＰＣ画面に一旦吹き出しが現れて、そのまま消えた。おいおいおい、ここでバックれられるのか？　そう思った時ようやくメッセージが着いた。

「ちょい待ち。なおす」

返事はそれだけだった。ボクは返信した。

「よかった。なら大丈夫になったら教えてくれ」

そのまままた、時間が過ぎた。

「ダメだな、こりゃ」

次のメッセージはそうだった。

「気にするな。どうすればいい？　そっちから呼んでみるか」

「もう一回ちょい待ちだ」

その彼の返事を読んでボクは、アリソンに向け力なく笑った。ダスティンは辛抱強く再びカメラを回すタイミングを待っていた。さらに数分が経った。

「状況は？」

辛抱し切れずに訊いた。

「動きゃない」

すぐに、いや〝か〟だ、とミスタイプの訂正が届いた。

「電話の方にスカイプは入れていないのか？」

「くそったれッ」

どうやらボクらは喜ばしくもないことに、行き違うメールのやりとりへと戻ってしまったようだった。

「スカイプが使えるＰＣはないのか？」

「ない」

「わかった」

そう書いて、そして、すっかり落胆しながら残された選択肢を提案した。

「なら音声だけでやるってのはどうだ？」

本当は一瞬だけだが撮影そのものを取りやめてしまおうかとも考えた。ジョシュの顔が見えない、すなわち二人が初めて顔を合わせる場面を聴衆に見せることができないとなれば、続けることの意義などすぐにはわからなかったからだ。電話でならもう我々は一度話しているのだ。また音声だけのやりとりが、はたして価値のあるものになるのだろうか。

それに、ここまでのインタビューはすべて実際に対面して行ってきた。だから、ビデオ通話で、というのも、実は譲歩の末の選択だった。相手が三千キロも離れた場所にいる以上、現実的に可能な唯一の手段だったからだ。

だが今やそれもほぼ実現不可能になってしまった。なによりも、やりとりに例のあの沈黙が割り込んできてしまうことが嫌だった。空気が死んだようになると、打つ手がなくなる。けれど、やめてしまおうと決意する瀬戸際でボクは、クエーカー教徒にまつわるある挿話を思い出したのだった。

クエーカー教は合衆国では今や息絶え絶えの信仰だ。昔からずっとそんな具合だった。かつて隆盛を誇ったということもまったくなく、むしろ逆に、十八世紀頃の信者数は現在より格段に少なかったほどである。ああ、いや、ここはボクがクエーカー教の学校に通い始めた二〇〇〇年の段階と比べても、と言った方が正しいのかもしれないが、いずれにせよこの少なさのせいで、同じ名前のシリアルメイカーのロゴでしかクエイカー教徒の姿を見たことがない人がいるという、一連のジョークが成立しているのである。

学校では一番最初の手解きの段階で、クエーカー教徒たちが実践している〝静粛礼拝（サイレントミーティング）〟なるものについて教わった。あるいは〝感話（ミーティング・フォー・ワーシップ）〟という名称の方が通りがいいのかもしれない。なるほどこっちの名前の方が、こいつがいったいどんなものかはよくわかる。黙って座っている集団が、いずれ一体になるという儀式なのである。

十代にもならないガキどもだったボクらは、この静粛礼拝の時間ともなれば、目を剝いて呻（うめ）き抗議の声をあげたものだった。だって二十分もじっと黙って座っていなければならないのだ。それよりひどいことなんて、この世にあるか？　成長ホルモン全開でつねにはっちゃけまくりだったボクらは、日に日に変化していく自分の体と取っ組み合っていた。それを〝身動（じろ）ぎするな〟と言われるのだ。そんなの、ほぼ拷問と変わらない。

だけどもう少し大人になると、徐々にではあったが、この時間の神聖さというものがわかるようにもなった。自分の属している社会の構成員たちと一緒に、沈黙を守ったまま、あえてなにもしないで過ごす時間というのは、そもそもそれだけでそうそう見つかるものではない。

しかもより正確に言うとこの儀式は、ただの〝沈黙〟でなどまったくなかった。参加者の全員が、その時に心に浮かんできた言葉を立ち上がって口に出し、その沈黙を打ち破ることを許されていたのだ。だから、まずは〝心を無にしなさい〟ということだったのである。もう少し宗教的な色合いを帯びた言い方だと、この礼拝の参加者たちは、神がそうしろと囁きかけたところで口を開いているのだ、といった感じになる。まあでも、世俗にまみれたボクたちは、自分が喋りたいと思ったところで喋り出していいんだ、くらいに受け止めていた。なんとも太っ腹なこの儀式は、聖俗どちらの立場の人物にも分け隔てなく、発言の機会を与えてくれていたのである。

発言者は、心に浮かんできたことならなにを言ってもかまわなかった。たとえば立ち上がった一人は、朝教会に来る時にあった極普通の出来事を話す。次の発言者はだが、長年自分がひそかに耐え忍んできた苦痛について打ち明ける。いよいよ声に出してもかまわないな、と感じられるようになったからだ。三番目の人物は、今まさにその場で自分が感じている啓示を正確に説明しようと試みる。

たとえそれまでの沈黙がどんなにぎこちなかったとしても、こうした発言者が一人でも出てくれれば、そういう空気もたちまち霧散した。この光景はいつだって美しかった。なにもない時間の敷居を超えて現出した、告白の宝玉とでもたとえるのがいいのだろうか。一時の居心地悪さを我慢したからこそ得られる輝きだったのだ。

こうした作用が上手く起きた場面では、ボクらもまるで、自分が宇宙的ドミノ倒しに加わっているような気持ちになった。ある誰かのなにかしらの言葉がほかの誰かの全然無関係な考えの引き金となっていることがわかったからだ。ちょっとしたアイディアや経験や、あるいは秘めた物語たちが、その場所で星座を作り上げていく光景を目の当たりにしているようだった。星たちが集まって銀河になるのだ。

クエーカー教徒たちの教会で起こる、みんながじっとして、静寂がボクらを覆い、そしていよいよ訪れる、今喋(しゃべ)っているのが誰なのかさえちゃんと確かめられないままに他人の言葉に耳を傾けている時間というのは、たとえるなら全員で、確かにそこにはあるけれど、決して耳から聞こえてくることはない種類の音楽に合わせそっと身を揺すってでもいるかのような経験だった。

だから、あの〝静粛礼拝〟みたいなものだと思えばいいんだ。ジョシュの番号を改めてスカイプに打ち込みながらもボクは、自分自身に重ねてそう言い聞かせていた。そして発信ボタンを押し、待機した。

「もしもし」

ジョシュが出た。よっしゃ。

実は彼の声を耳にするのも二ヶ月前の最初の電話以来だった。それでも今彼のことを、あのクエーカー教の教会の、自分に何列か後ろの席にいて、発言を始めた誰かだと考えようと決めたおかげで、今回の収録は顔を見ながらはできないのだな、という落胆は消え去ってくれていた。なるほど姿は見えない。けれどボクらは今しっかりと繋がれている。

「やあジョシュ、調子はどうかな？」

「上々だ。そっちは？」

「問題ない。それでジョシュ、早速だけれど、君にボクへの最初のメッセージを書かせることになったのは、ボクが上げたどの映像だったかってのは覚えてる？」

「忘れやしないさ。〝開封の儀〟のシリーズだった」

「その時ボクはなにを開けた？」

「〝警察暴力〟だ」

「なるほど、そいつは素晴らしい」

そこでボクはトーンを替えた。一連のシリーズで、必ず口にしているあの一言を言うためだ。

「ならばジョシュ、今夜は君も、ボクと一緒にやつらの戯言（ブルシット）をやめさせてくれるかな？」

「いいとも」

考えていた通りにボクらは、彼のメッセージを一文ずつに腑分けして俎上に上げていった。それぞれの行が、言うなればあの教会に流れていた、聞こえない音楽の一小節ずつだった。

お前って間抜け（モロン）だよな。

こいつを足掛かりにまず、何故警官を批判したビデオに彼が、自分が攻撃されたように感じたかを掘り下げて、その説明を受け、最終的には撤回してもらった。

お前みたいのがいるからこの国が分断してくだ。

ここの箇所では、聞こえないリズムに合わせ、メディアの偏向から〝自分だけの反響室（エコーチェンバー）〟といった界隈の話題を行き来した。

とっととやめちまえ。

ここについてはお互いに少し牽制（けんせい）し合いながら様子見をした。するとそのうち、ちょっと面白いことがわかって空気がなごんだ。ジョシュは実はボクについては、実際より十倍くらい有名なのだと思い込んでいたのである。

「俺、お前さんのことをハリウッドのセレブと同じくらいに考えてたんだよな。だから、まさか本人が読もうだなんて思いもしてなかった」

オカマだってのはそれだけで罪だ。

この箇所を巡(めぐ)っては、聖書の文言や同性愛者忌避に関する考え方に切り込んでいかざるを得なかった。

ジョシュはこんなふうに言った。

「他者への敬意は持たなければならないものだし、彼らの考えが俺自身の人生にそこまでの影響を与えるわけではないということは、俺もわかってはいるんだ」

「だけどさ、君が絶対に首を縦に振ってくれないそいつが、実際にはボクという存在の一番の核でもあるんだぜ?」

ボクは反論した。

「そういう場合、互いの敬意ってのはどういうふうに働けると思う?」

「お前さんの方がこの手のキッツい質問にもよほど慣れてるんだろう。そうじゃないのか?」

PCの画面から響いたジョシュの声は割れていた。

「いや、本当に好奇心から訊いてるだけだ」

「つまり、一人の人間としてオカマたることを選んだからという理由で、俺は君を忌み嫌うべきではないってことだろう」

ジョシュがそんなふうに妥協点を探ってくれた。でもボクは言い返した。

「同性愛者であるってのが選択の結果だと、君はそう思っているんだね？」

「そりゃそうだろう」

意見の一致などまるで見られこそしなかったが、なおボクらはまだ同じリズムの上にいた。あと一つだけボクは、以前の電話でのやりとりを蒸し返しておきたかった。そうすることでジョシュが居心地悪くなったりしなければいいな、とも思っていた。どうかテンポが乱れたりしませんように。

「では次で最後の質問だ」

ボクは言った。

「君は、自分がボクに送って寄越したメッセージのようなやり方で、こんな具合にイジメに遭ったという経験はあるのか？」

一瞬だけすべてが凍りついたような沈黙が降りた。もし答えたくなかったら答えなくてもいいんだからね、と、そう念を押すことも考えたけれど、少しだけ待った。やがて彼の声が聞こえてきた。

「毎日だ」

そこで挟まった今度の沈黙は、最前よりも長かった。

「――どこで？」

ボクが尋ねた。

「学校へ行く。家に帰る。いつも一人だ。つるめるような友だちがいないんだ。それとな、実は俺は、それこそ数え切れないくらい〝オカマ〟呼ばわりされてる。脱色剤を飲まされそうになったことまである。あいつらそういうのを面白がるから」

「そんなふうに扱われるなんて反吐（へど）が出る。だよな？」

この質問でボクは、次の段取りへと入っていった。

「そりゃそうだ。で、あれだ。次は俺に、なんでそういうことを自分でしたんだって訊くつもりなんだろう？　それくらいわかる」

会話の主導権を握ったジョシュがそのまま続けた。

「それはたぶん、俺がそういうものにすっかり慣れてしまっていたせいだ。ああいうことを言われたり送って寄越されたりしながらもそのまま生きていける、ということに、だな。そして世界に腹を立て、そいつを全部お前さんにぶつけたのさ」

ここまでにやってきた、どのカメラの前の、どんな相手とのインタビューとも全然違う手触りだった。アバターのディラン君など最早どこにもいなかった。その武装を失ったボクには、自分とは違うジョシュの意見を迎え撃つなんてことは、土台無理なんだと認めざるを得なくなった。それがどんなに自分の根本の部分だったとしても、である。

いつもであれば、カメラに向かっての一人語りみたいな勢いで、舌鋒（ぜっぽう）鋭く悪意剥き出しで迎撃弾を繰り出して見せていたはずだった。なのに今、この電話のせいで『戯言（ブルシット）をやめさせろ!!』のほかの放送回ですら、さながらお気楽な卓球のラリーだったみたいに思えていた。あんなの〝同意〟だとか書かれているボールをただ暢気（のんき）に打ち合っていただけだ。今ボクらがやっていることはそれとはかけ離れていた。それくらい複雑だった。

もうゲームなんかじゃ全然なかった。勝利によって手に入るものなどなにもない。ここでの成否を決めているのは、場を支配するかどうかではなく、結びつけるかどうかということだった。ジョシュはもう敵ではなくむしろ共同作業者だった。ボクらは同じリズムをキープしながら同じゴールを目指していた。

お互いを知りたいという欲求で一つになったボクたちは、あるいはその時だけだったのかもしれないけれど、いずれにせよ、対立の外側にまで踏み出すことができていた。そうやって、よりよくすべてを見渡せる、同じ場所へと立っていた。これこそ本当の会話だ、と思えた。あのクエーカー教徒の礼拝への回帰だ。ゲームとは真逆のなにかだ。ダンスだ。そしてボクにはもう、最後の音符への準備もできていた。

「今日のことで、君が誰かにメッセージを、それも辛辣なやつを、ネット上でいずれ送りたいと思うような気持ちになにか変化は起きただろうか。どう思う？」

「間違いなく、だな」

彼がそう返事をくれた。

「この先はたぶん――だからそういうことをやってやりたいという衝動に駆られた時には、俺はきっと、自分がお前に同じことをして、それをきっかけにして起こったこの一連を全部総浚えで思い出して、そうしておそらく、考えなおすんだと思う」

「カッコいいじゃないか」

もっと相応しく優雅な言葉もいっぱいあったろうに、口を衝いたのはそれだった。

「本当にどうもありがとう。次に会うのはネットかな？」

「おう、あそこで会おうぜ」

「じゃあね」

電話を切ってもなおすぐには立ち上がれなかった。息を整える必要があった。

無言のダスティンがカメラをそっとオフにした。アリソンが大丈夫かと覗き込んできた。ボクらは三人で、同じ無言の時を共有した。いよいよ声を発したのはダスティンだった。

「マジでか」


「もう上げたか？」

二日後にジョシュからそうメッセージが届いた。時刻は二時五十三分だった。投稿するよとボクが予告していたタイミングからもすでに一時間が過ぎていたから、彼がせっついてくるのも無理はなかった。

「すまん、まだなんだ。通信に問題が発生してる。完了したらすぐにリンクを送るよ。約束する」

正直に返信してボクは一旦電話機を置き、ダスティンとやっていた作業の続きへと戻った。何度も同じエラーが出てくるものだから、彼もとっくに苛々していた。編集の段階から押しまくったうえにこの憂き目だ。もう何度アップロードを試みたかもわからない。

九七％。九八％。九九％。完了。

「ようやく行ったな」

そう言ったダスティンが音を立ててテーブルを叩き、もぐもぐとまたソフトウェアに文句を言ってからこう締めくくった。

「煙草を吸わせてもらってくるぜ」

ダスティンがコートに手をかけた辺りでビデオが視聴可能になった。確かめたボクは、早速リンク先をジョシュのFBに送った。

「すげえな」

観終わったらしいジョシュから早速メッセージが来た。

「時々やりとりは続けたいと思ってる。君はいいやつだから」

そう送信した。返事が来た。

「こっちもお前さんと喋（しゃべ）るのは楽しかった。またああいう機会があるといい」

彼ならきっといずれそれを作ってもくれるだろう。ありがたいことだ。

彼との会話がボクの胸にも一粒の種子を蒔（ま）いていた。自分のデスクへと戻ったボクは、改めて〈ヘイトフォルダー〉を開き、中身をスクロールし始めた。そうしながら胸のうちでこう自問していた。

さて、この中でほかに一緒に踊ってくれそうなのは誰だ？

三章

なんでもアリの嵐

「やあみんな、ディラン・マロンだよ。そしてこの番組は『やつらがボクのことなんて大っ嫌いだってあんまりいうから、とりあえず直で電話して話してみた件』っていうタイトルだ。トーク番組だね。この場でボクは、自分がネットを通じて受け取った、悪意たっぷりで心底否定的なクソリプの送信主のことをもっとよく知ってやろうと企んでいるのさ」

そこでボクは一つだけ息をついた。

「さて、今回のゲストはフランクだ」

ボクはくすんだ灰色をした、背もたれが翼みたいな格好になっている、肘掛けつきの椅子に収まっていた。隣にはイケアのベッドサイド用の棚が立っている。いつもはトッドのベッド脇に置いてあるものだ。その棚の上には今、ボクのラップトップPCが、画面をこちらに向けて鎮座し、スカイプを開いていた。

キーボードの上方では、L字型のスタンドに支えられたマイクが鶴よろしく首を伸ばして、やはりこちらに向いている。PCから伸びた複数のケーブルは、絡み合いながら食堂のテーブルの上に急場凌ぎでこしらえられた音量調整ブースへと繋げられている。こっちはほぼ毎晩、トッドとボクとが、ルームメイトのシャーロットにヨシ、さらには入れ替わりで顔を出す友人たちと一緒に、手ずから調理した夕食を取っている場所だった。とはいえトッドは今、卒業試験の真っ最中でボストンだったし、シャーロットとヨシは、撮影のために快くこのアパートの一室をボクに明け渡してくれていた。

実際数時間前までこの場所は、もう五年もボクが暮らしている、ただ普通に居心地よさげなブルックリンのシェアルームでしかなかった。しかも、ほんの二、三時間のうちには再び本来の姿を取り戻す段取りになっている。けれど今この場所はボクの収録スタジオだった。ポッドキャストの新番組の初日である。ボクがなんとしてもやりとげなければならないと自分で決めた、社会学上の実験の場だ。


ジョシュとのビデオを公開したひと月後、苦渋の決断の末ボクは〈シリアスリーTV〉を去ることにした。ある意味それは、ネットで繰り広げていたゲームから一旦手を引いてみようという決意でもあった。より厳密に言うなら、そこにちょっとした分科会(ブレイクアウトルーム)的なものを設けてみようといったつもりだった。

ジョシュとの会話の直後から一時期すっかりハイになっていたボクは、さらに我が〈ヘイトフォルダー〉のほかの住人たちとのやりとりを思い描いてみることをやめられなくなった。また別の、未知の他人たちとの新たなダンスだ。アンチとして一括(くく)りに片付けてきた人々だ。頭に浮かんでいたのは、毎回〈ヘイトフォルダー〉の異なる占拠者たちを相手どり、ボクが鋭く切り込んだ会話を繰り広げていくという番組はどうだろう、という発想だった。

この社会的実験に相応(ふさわ)しいタイトルは『やつらがボクのことなんて大っ嫌いだってあんまりいうから、とりあえず直(ちょく)で電話して話してみた件』以外には有り得なかった。わかりやすいでしょ。かくしてボクは来る日も来る日も、さて次の対戦相手はいったい誰がいいだろう、と、目の前の選択肢を吟味していくことに時を費やしていった。

最早数え切れなくなっていた候補者たちを順番に検討した。オーストラリア在住の十代君がくれたコメントはこうだった。

「あんたってさあ、僕がここまでの人生で見てきた中で一番みじめっぽい人間存在だと思うんだけど」

二児の父親だという相手からはこんなのが来た。

「ああオカマ君、変化が見たいというのなら、まずは我が身をそのように律してみればよろしかろうに。だからなぁ、警官の採用試験にでも応募してみろってことだ」

こうした相手のそれぞれと、自分がまず取っ掛かりとして交わせそうなチャットを想像してみることもした。たとえばこちらの中西部のオバさまに向け、ボクはいったいどんな話から振ればいい？ 彼女はこんなメッセージをくれていたのだ。

「ワレのーすだこたデ起キテル事ナンテナンモ知ランヤン。おかまは黙っとき」

このリプはボクがダコタパイプライン建造計画の一時凍結を称賛する投稿をした際に届いた。同設備は太古からの神聖なる水源地帯をぶった切って通される予定になっていたのだ。

こんな具合に潜在的ゲストたちのそれぞれを掘り下げていけば、また新たな宝玉を見つけたような気分になることも頻繁だった。たとえば、いかにも優しそうな見た目の人物がこんなふうに書いていた。

「お前死ぬほどバカだなお前のオフクロお前みたいな無知のケツの穴野郎ひりだしちまう九ヶ月前にちゃんと飲んどきゃよかったのに」

かように彼のメッセージには句読点というものが一切なかったわけだけれど、ボクはそれでも、向こうの提案はきっとこういうことだろうなと解読した。すなわちここで彼は、ボクの母はボクの誕生日から九ヶ月前の段階で、きちんと〝飲み込んで〟おくべきだったと言っているのに違いない。つまり察するにどうやらこの人物は、オーラルセックスでは妊娠に至らないという事実を知らないらしいのだ。

であればボクらの会話では、政治信条の違いを巡る丁々発止のやりとりと同時に、性の基礎知識についても取り上げなければなるまい。まずはキャベツやコウノトリの話から始めることになるのかな。

もちろん彼らのプロフィール欄も逐一ためつすがめつした。安心してダンスフロアに誘っても大丈夫な相手かどうかを見極めようとしたのだ。確認項目は三つだ。

一、自分のページを使ってボク以外の他の相手ともやりとりしているか？

二、本人と思われる写真を載っけているか？

そして三つ目は、まったくこういう心配をしなくちゃならないのは実に世も末だよなあとも思いはするのだけれど、こういうやつだった。

はたして彼らは実在の人間か？

でも、結局は直感でなにかを決断しなければならないような場面では、やっぱりこういう感触が一番基本になるものだ。そしてその次の段階では、この最初の検証を通過した人間たちを現在進行形の我が社会的実験のゲスト候補と見做し、彼らによる投稿のスクショを〈ヘイトフォルダー〉から抽出してＰＤＦに落としていった。

政治信条を異にする人物だけを相手にしている形にはならないようしたいな、とも思ったものだから、主義主張こそボクと共有しているけれど、個人のレベルではどうにもボクと相容れないといった、〈ヘイトフォルダー〉においては小さいながらも強力な派閥を形成している党派の幹部クラスたちも候補に入れるようにした。こっちの小委員会に、ボクよりも年配のゲイの男性がいた。彼は非公開にもせずにこんな投稿を残していた。

「大体の場合ディラン・マロンの言っていることにはおおよそ同意はするのだが、それでもタイムラインにやつのビデオが流れてくるたび、あの独りよがりの偽善者面を思い切りぶん殴りたくなっちまう」

　アトランタ在住のちょっと変わった前衛芸術家も候補に入れた。マシューという名の彼が送ってきたコメントはこうだ。

「マロンって野郎はさあ、リベラリズムの一番よろしくない側面を体現しちゃってる感じだよね」

　プロフ欄にマンガのキャラ絵を貼っていた別の一人は、さらにあからさまに、しかも真っ向からボクに向けてこう言い放っていた。

「あたしねえ、あんたの顔が死ぬほど大ッキライなの。あんたに〝LGBTを代表してます〟みたいな顔で喋(しゃべ)ったりなんて絶対してほしくないわけ」

　淡々とこれらのPDFを積み上げていく作業を重ねるうち、改めてボクは〝この〈ヘイトフォルダー〉って、実は宝の山じゃんか〟みたいな気持ちになっていった。ソーシャルメディアの窓を通じて投げ込まれてきた、ぞっとしないデジタルの小石のコレクションなんてものでは全然ない。だって見方を変えればどれもに可能性ってやつが迸(ほとばし)っている。

　たとえば中西部のオバさまからの例の投稿は、今や面倒くさい憎しみの威嚇的発露なんてものではまったくなく、むしろ、古来土着の人々の土地に新規入植者どもが押しつけようとしている暴力的な施策をボクたちが語り合えるようになる、その手がかりだった。魅惑的なことこのうえない。

ボクを〝オカマ君〟呼ばわりし、さらには公権力への加入まで勧めてくださった二児の父親は、ひょっとすると警察撤廃とか再編成とかいった物事について、ボクととことん語り合いたいと思ってくれているのかもしれないではないか。

さらには〝あの独りよがりの偽善者面を思い切りぶん殴りたく〟なると仰(おつしや)っていた先輩ゲイの男性のプロフィールを眺めていた時には、同じ少数派社会に属するであろうボクらが世代間ギャップについて語り合えるなんて、こいつは実はすごく貴重な機会じゃないか、とまで考えた。

最終的には〈ヘイトフォルダー〉の住人たちのうち、計二十六名の選抜されたエリートたちがPDF化の栄誉に浴することになった。かくしてある雨の降る春の午後、ボクはいよいよ我が候補者たちに番組への御招待のお知らせを送信し始めたのだった。

最初の週に声をかけた二十人のうち、数人が即素っ気ない断りの返事をくれた。ボクに入水自殺を勧めてくれていた某男性は〝いや、遠慮しとくわ〟ということだった。

「率直に言うけど俺、そんなふうに時間を使ってまで話したいと思うようなましな意見なんてこれっぽっちも持ち合わせてねえからよ」

こっちはボクのことを〝途轍(とてつ)もないおバカ〟で〝死ぬほど哀れ〟だとまでのたまっていた、熱烈極まるメッセージの送信主からの返信である。

また〝笑える域にまで達した歩く矛盾〟なんて大層な二つ名をボクにくださった自由主義者(リバタリアン)氏は、互いに話し合おうというこちらの考えを〝斬新だし、実に刺激的だな〟とも言ってくれて、最初のうちは超乗り気だった。ところが驚いたことに三日後になって、こんなメッセージが届いてしまった。

「どうにもいい気持ちがしない。絶対八百長クサい」

そこでまず、とりあえずのリアクションをしようとしたのだが、すでにそれすら叶わなかった。ブロックされていたのだ。

〝少し考えさせてくれ、返事は追って必ずするから〟と言ってきて、以後音信不通になった相手が何人かいたし、最初から完璧に無視された場合も複数あった。それでも最終的に、十一人が〝出てもいい〟と言ってきてくれた。ところが時は矢のように過ぎ、ボクがその辺りを全部十分把握できる前に、撮影の初日が訪れてしまった。

部屋をスタジオに仕立て上げるため、撮影隊の全員がやってきた。エグゼクティブプロデューサーのクリスティーは、片手にコーヒー、もう一方の手には照明スタンドという出で立ちでの御登場だった。音響技術者のヴィンセントが、自分のミニバンに積んできたお高い録音機材の一式を抱えて昇ってきて、部屋に広げた。番組責任者のアレンは前乗りですでに部屋にいて、万事にトラブルがないかどうかのチェックに逐一忙しくしていた。ＡＤのアリソンも準備万端でさっき到着した。

この日だけでまず四件の通話を収録する予定になっていたから、やるべきことは山ほどあった。それでも、この無敵のチームの手にかかれば、家具は見る間に配置しなおされ、ケーブルの接続もあっという間に完了し、マイクのテストまでとっとと済んでいた。この輝かしき新たなる試みの、まさに初っぱなの数本の電話の様子については、一応映像でも押さえておこうかという話にもなっていたものだから、カメラも最初から入り、とっくにスタンバっていた。さあ、いよいよ開幕だ。

ところが、最初の通話相手になる予定だった人物のファイルが、記録メディアをあっちへこっちへと移しているうち、あろうことか、きれいさっぱり消えてなくなってしまっていた。さらには二番目の電話は繋がることがなかった。予定していたゲスト君は、当初ボクに〝もちつけバイタ〟だかするよう命じ、さらに〝ネガキャンダダ漏れきんもー〟とか不可解なことを言って寄越していたのだが、彼は約束の時間の十五分前になったところで煙みたいに姿をくらませてしまった。

予測してもいなかった惨事が重なって、とにかく諸々一切が三番目のゲストにかかってきてしまった形になっていた。名前をフランクというこの相手は、ボクが接触するなりもうその場で、この話に乗ってくれていた。

こういった次第で今ようやくボクはこの時を迎えることができていた。今にも彼の番号を発信するほんの数秒前だ。どうか今度こそ上手くいきますように。神様お願い。祈ります、拝みます――。

カメラの向こうにいるはずの未来の視聴者たちをまっすぐに見据えながら、ボクは続けた。

「さて、今回のゲストはフランクだ。もう数週間も前のことになるが、ボクはこのフランクから、こんなメッセージを受け取った」

そこでピンク色のフリップを取り出した。もちろんそこには、力作とでもいうのがいいのか、いくつもの段落からなる、おそらくは怒り心頭状態でＦＢに書き込んだであろう、彼のメッセージの全文が転記してあった。ボクはそいつを声に出して読み上げていった。

「警察がまだその場にいないから、まずは自分たちみたいな意識の高い若い連中が乗り込んだ、とでも言いたいおつもりかな？　お前さんひょっとして、自分のところに届いたコメントに目を通したり、あるいは〝いいね〟の数とそうでない方の反応との割合のチェックとかも、一切してないんじゃないのか？　俺はそう思わざるを得なかったぞ。悪いがここまでおつむの弱そうな野郎も滅多に見ない。たぶんあんたは、全部が全部シスでストレートの白人男性のせいにしとけば済むだろうくらいに思っているのかもしれないが、もうちょっとよく周りを見てみろ。あんたを嫌ってるのは実は、あんたが持ち上げようとしているまさにその手の連中だぞ。要はな、お前さんが今やってることは悲惨どころじゃ済まねえぞって話だ。前見た方がいいと思うぜ」

　さすがに次のパラグラフに行く前に、この辺りで息継ぎが必要だった。

「あんたがイスラム教徒の女と話しているビデオがあったよな。あれに一番最近ついたコメントを読んだか？　こっちが悲しくなっちまったぞ。あんた彼女に〝イスラム教徒の登記制度については十分な議論が為されていない〟とか〝でもジョージ・ブッシュの時代には実際にイスラム教徒登記制度というのがあったんだ〟とか、そんな話をしてたよな。なあ、お前さんの言ってることは全部大嘘になっちまってるぞ。あれじゃあ連中を無駄にビビらせるだけでなく、あんた自身だけが〝社会正義のために戦う兵士（ソシアルジャスティスウォリアー）〟で、アメリカ人の男どもはみな化け物だ、とか思わせようとしてるみたいにしか見えないぞ。だからお前さんは、クソのそのまた欠片だって言うんだよ。いい報せはな、お前のひり出したクソなんぞ誰も見ちゃいねえってことだ。言ってること全部、事態を悪くする方にしか作用してねえ。こんな間抜けも久々だ。それも全部〝自分は徳が高いんだ〟とか見せようとしてやってるんだから救いようがねえ。大事なことだからもう一回言うが、お前の・クソ・なんか・マジで・誰も・見ちゃ・いねえぞ。まあそれでも、ビデオ一本につき十ドルくらいは稼げてるんだろうけどな」

ところでボクの方はといえば、ことこのフランクとの会話に関しては、ほとんどなんの準備もなしにこの日を迎えていた。だってそんなの、必要なんて全然なさそうじゃないか。話のタネになりそうなものならこのメッセージからだけで山と見つかる。賭けてもいいが、ボクとフランクが途中で話題に困るなんてことは九分九厘起きない。

加えてここまで散々だった今日のこの日を思い起こせば、とにかく会話が始まりさえしてくれれば、それが誰相手のどんな中身だとしても、ボクとしては、十分成功に数えてかまわないくらいの気持ちにまでとっくになっていたのである。

ジョシュの時とは違って、フランクとは、ここまでにも一度として実際に話してはいなかったものだから、やりとりがどんな感じで進むのかについても手がかりはなかった。それればかりか、彼がどんな声をしているのかさえまだ知らないままだった。

「さてさて――」

自分の意識をフリップからカメラへと戻しながら切り出した。

「というわけで、今からこのフランクに電話してみようと思いまぁす」

そして、フランクからもらっていた電話番号を入力し、発信ボタンを押して待った。

呼び出し音の後、もしもし？　と男性が出た。太い声で、ボク自身にも馴染みのあるロングアイランド訛りが相当に色濃かった。今のたった一声で、高校時代に人気のあった代用教員の一人を思い出してしまったほどだ。どこかが小さく安堵した。

「ええと、フランクで大丈夫でしょうか？」

「ああ、フランクだ」

「こんにちはフランク。こちらはディラン・マロンです」

自分もちゃんと自己紹介しなおさないと、と思いながらそう返事した。

「そちらはどんな調子でしょう？」

「問題ない。お気遣い恐縮だ」

回線の向こうからは、奥の方で犬が吠えている声が聞こえていた。

「しかしなあ、ちと忙しい日になっちまってるのは本当だ。車の掃除に、洗濯機の修理までやらなくちゃならなくなっちまった」

「あらまあ」

思わず声がわずかながら上ずった。こんなふうにこのフランクの、いわば、日常の只中に飛び込めたことが嬉しかったのだ。

「犬をどっかにやる。ちょっとだけ待っててくれ」

その後には、たぶん受話器を手で覆った彼が命じている声が、くぐもった音で聞こえた。

「こらシナモン、自分の小屋（ボッサャズ）へ行けっ！　行けったら」

笑みを抑え切れなかった。デジタル空間で電算的に変換されてやりとりされた罵倒以外には、ボクとはどんな接点も一切持たない、しかもそこでボクのことを〃クソのそのまた欠片〃呼ばわりしていたこの相手は、シナモンという名の犬を飼っているのだ。いやはや、と胸のうちだけで呟いた。

ボクがもう一度、今度はフランクに向け、本人の書いたメッセージを読み上げて聞かせると、受話器の向こうからは割れた笑い声が返ってきた。

「いやこの時はな、カクテルを二杯かそのくらい飲んじまった後だったんだ。だがこいつはしっかり言っておくが、大体のところ、この発言の多くは私自身の立場通りだな」

なおどこか笑ったような声のまま、彼の告白が続いた。

「君個人をどうこう言っている部分は別だ。だがな――」

そこで彼は言葉を切った。

「〝社会正義のために戦う兵士(ソシアルジャスティスウォリアー)〟どもについては一切譲るつもりはない」

ネットではもう〝ＳＪＷ〟という略し方が定着しているけれど、この〝社会正義のために戦う兵士〟というのは読んで字のごとく、社会の不正と戦おうとしている人たちのことだ。高潔な響きの言葉ではあるが、しかしこの語は今や、ほぼ否定的な、半ば嘲(あざけ)りの意味合いで用いられることが一般的だった。

たとえばユーチューブでは、一連の『すくむＳＪＷたち』というネタ動画(ジョークミーム)が大人気だったりする。これは要は、進歩的と称されている人たちが期せずしてカメラの前でうっかり大きな感情的リアクションをしてしまったシーンを繋いだものである。抗議集会に参加していたり、Ｖログで熱烈に平等を説いていたり、あるいは単に普通に喋(しゃべ)っている中で、と、シチュエーションは様々だが、とにかくこうした映像の作成者が〝あ、こいつビビってる〟と思った瞬間が繋げられているわけだ。

ボク自身がこう呼ばれることも、過去には少なからずあった。でも気にしなかった。もし自分の大切なものを捧げるとして、その相手が〝社会正義〟ならば十分にまっとうだ。もっといい理由がそうそうあるとも思えない。

だから、このフランクの〝社会正義のために戦う兵士〟に対する見解についてなら、ボクはただちに飛びかかり、噛みつき返すことも余裕でできたのだ。でも言葉を返そうとしたその瞬間、とりあえずは彼に話させてみようと思いなおした。そうすることでまず、ボクらのリズムが見つかるはずだ。その点には確信があった。だからボクは、後で彼と一緒に掘り下げたいなと思う事柄を、当座は頭の中にリストアップしておくにとどめることにしたのである。脳ミソに〝SJWイズム〟とだけ書き落とした。

フランクはさらに、このSJWたちがどれほど気に食わないかを詳しく続けた。

「ある種の連中は、些細な問題を解決するために国中をひっくり返しちまおうとする。一例を挙げれば〈LGBT〉の社会だな。L―G―B―T―まで来て、そっから先もなんでもアリになっていく」

おいおいおい勘弁してくれ。お約束の〝最早文字が多過ぎますよね〟ジョークじゃないか。悪いけど、まだ呼吸している性的少数者はほぼ全員、親戚の集まりとかSNSとか、でなければとにかくほかの人類と会見した際には、必ずこいつを聞かされる羽目になっているんだよ。〝文字多過ぎ問題〟と、またぞろ追っての話題予定リストにつけ加えるだけして、そのままフランクに喋(しゃべ)らせ続けた。

「同性愛者というのはいつだっていたものだし彼らは概してそれぞれの人生とちゃんと折り合っている。それにな、私は同性婚も支持しているんだ。だが、権利のリストを並べ立てる必要まではないだろうと思ってもいる。最早彼らは、性的少数であることとは関係のない、ただの大衆になっているんだ。〝赤毛の人間にも権利を〟とか〝左利きの人間を平等に扱え〟とか言っているのとまるで変わらん。私には全部バカみたいにしか見えん。連中が〝社会正義〟とか言いたがっていることは大概全部そうだ」

今の、少数派が〝それぞれの人生とちゃんと折り合っている〟という部分で、彼はいったいなにを言いたかったのだろうか。実際どれくらいの数のＬＧＢＴの子供たちが、家を追い出された後ホームレス状態で過ごしながら大人になっていくか、この相手はちゃんと知っているのか。二〇一七年という今になってさえなお、いくつかの州では、同性愛者であることを理由にした解雇が合法のままだ。そういうのは知っているか？　トランスジェンダーの人々が日々どれほど暴力に怯えて生きているか。そういうことは想像できるか？　この手の問題についてここですぐに持ち出せる統計的資料があればいいのにな、とも考えた。一つでも思い出せないものかと足掻きながら、一方で、これもちゃんとリストに並べておかないとな、と自戒した。

〝折り合うとはどういうことか〟〝ホームレス化の件〟〝同性愛者の就職と解雇〟〝トランスジェンダーたちの恐怖〟──。それだけ全部脳ミソにメモった。

「それから私は〝ブラック・ライヴズ・マター〟みたいなものにも与(くみ)したりはしない」

ところが社会正義の話が一段落ついたところで、フランクがさらにそう広げ始めたものだから、途端に胃が締め上げられるような気持ちになった。頭には南アフリカ共和国の著名な神学者デズモンド・ツツによる、有名な一節も浮いていた。

「不正が明らかな状況でなお中立を標榜(ひようぼう)しようとするのは、あなた自身が抑圧する側でいようと選択したということにほかならない」

ここでまだ黙ったままでいたら、未来の視聴者にどう言われることになるだろう。自分は抑圧する側を支持するつもりなど決してないことを明確にしておくため、ここだけは反論することにした。

「〝ブラック・ライヴズ・マター〟の運動そのものが問題だとまで言われてしまえば、さすがに聞き捨てなりません。だってこれはある特定の人々の生命にも価値はあるという事実に立脚しているわけですよ。そこも同意できないということですか？」

彼が、いいや、と言ってくれることを期待しながら訊き返した。

「いいや、そうではないよ。その点に異を唱えたいというつもりではない」

ああよかった。

「だが、彼らが一心に目を向けているのは、矮小化された殺戮なんだ、という指摘はしておきたいんだ」

〝矮小化された殺戮〟だって？　脳内には悲鳴が響き渡っていた。非武装のまま警官に殺された黒人たちの名前を挙げ、こう詰め寄ってやりたかった。

「こういうのがあなたにとっては矮小なんですか？」

今すぐにでもこの相手に、黒人たちが日々直面させられている、国家的権力の濫用による暴力の発生比率の、目を覆いたくなるくらい絶望的な数字を突きつけてやりたくてたまらなくなった。ミシェル・アレグザンダーの『新たなるジム・クロウ』に書かれていた数字の、どれか一つでいいから思い出してやろうと頑張ったのだが、叶わなかった。

しかし目を背けたくなるデータが今ここにはないのであれば、この際ボクはなんとしてでも、今の声明に対してはきっちりと言い返し、むしろやり込めるくらいの一言を見つけなければならなかった。ところがまたしても頭が上手く働いてくれなかった。思わず、ビデオを編集したりツイッターに書き込んだりといった慣れ親しんだやり方が懐かしくなって、ホームシックみたいな気持ちになりかけた。あの場でならば十分なリサーチをしてから挑んだり、脚本を推敲なり彫琢なりしたり、さもなければ、公開前にリアクションをやりなおしたりといったこともできた。その程度にはぬるかったのだ。

だが残念ながら、この会話は今リアルタイムで起きていた。気づけばボクは、その一瞬をただ指をくわえてやり過ごすことしかしていなかった。

「差別主義者(レイシスト)と呼ばれた経験はおありじゃあないですか？」

そう尋ねながらもそっと〝矮小化(わいしょうか)〟を脳ミソにメモし、さらに片隅のどこかで、確固たる数字でも、さもなきゃ目の覚めるような切り返しでも、どっちでもいいから勝手に頭に湧いてきてはくれないものかしらと虚しく願った。

「ネットではほぼいつもそうだな」

応じた彼はこともなげだった。

「しかし私は自分を差別主義者だとは思ってもいないぞ」

「だけどあなたは――」

「思うにほとんどの人間がな、本当の意味での差別主義者などではないんだ。だから、誰にだってそういう部分は多少なりともあるものなんだよ。だがなあ――」

〝遺伝的差別的態度〟〝白人至上主義〟。また大急ぎでのこの二つをメモった。

「やっぱり私が思うに、ではあるが、多くの差別主義者が、いわゆる案山子(かかし)論法の使い手なんだ。ごはん論法とか、いろいろ言われるみたいだが、要は、相手の言葉を婉曲(えんきょく)して引用しそこに反論するってスタイルだよ。たとえばだな〝ああ、ＫＫＫならアメリカのファシスト連中だよな〟といった話題になった時、そのＫＫＫとはいったい誰だ？　南部にいるピックアップトラックを所持している三十人の白人か？　だから案山子だっていうんだ。そんなものは実在しない」

「いや、三十人ってことはないと思いますよ。悲しい事実ではあるけれど」

言いながらボクは、以前に南部貧困法律センターで見つけた地図のことを懸命に思い出そうとしていた。そこには確か、なお現存している至上主義者たちのグループが、はたしてどこにいくつくらいあるかが示されていたのだ。

「そこは仰る通りかもしれん」

ここだけは半ばの同意が得られたようだ。そこでボクらは互いに、ほかの話題の可能性を多少なりとも探り合った。今まで俎上に載った中身とはあまり関係ないものがよかった。

「確かに不法移民には、もっと相当悩まされているだろうな」

フランクはそこでふざけたように〝いや、こいつは黒人をけなそうというつもりでは全然ないぞ〟ともつけ足した。

「なんたって連中はアメリカ人だからな」

ボクは我がリストに〝外国人恐怖症〟と書き加えた。

「しかしなあ、このまま誰でも彼でもアメリカ人にしちまったら、いずれアメリカ人であることの価値そのものがなくなっちまうだろうに」

不法移民への態度を少しやわらげフランクは淡々と続けた。〝排他的愛国心〟とボクはメモった。

「いや連中は、今や全員大金持ちだぞ。全員がカジノのオーナーじゃないか」

ネイティヴアメリカンの話題になった時も、彼はやはりそんなふざけ方をした。

〝植民地主義〟〝原住民間における貧困問題〟――。

「私は化石燃料の大ファンだぞ」

これはダコタアクセスパイプラインに関する意見を訊いてみた時の返答だ。正直こんな言い回しを本当に口にする人間など、今まで一人として知らなかった。〝水砕工法〟と脳内にメモりこそしたが、その言葉がどういう意味だったかは、いまいち上手く思い出せないままだった。

ちらりと時計に目をやると、すでに会話に入り込んでから三十三分が過ぎていた。使える予定時間のうちの半分がすでに終わってしまったことになる。

まずは今まで出た話題のどれか一つに集中してみようと考えながら、ボクは例の脳内リストを浚った。でも、思っていたよりよほど多くの話題が出ていたんだな、とわかっただけだった。ええと、リストを作り始めたのはどこからだ？　最初の取っ掛かりにするのはどれがいい？　やっぱり白人至上主義か？　それとも性的少数者のホームレス化問題の方がいいだろうか。あるいはもうちょっと遠巻きに、植民地主義を巡る議論辺りから入り、移民間の階層序列かなにかに触れようか――。

だがボクはもう、どうやってどれを選べばいいのかさえすっかりわからなくなっていた。どの一つの話題も、前後を挟むどっちと比べても、さも〝今採れたてです〟みたいな鮮度を誇って見えたせいだ。

「不正が明らかな状況でなお中立を標榜しようとするのは、あなた自身が抑圧する側でいようと選択したということにほかならない」

デズモンド・ツツの声は、今や歴史のトンネルを通り抜けて反響し大音量でボクの耳元に迫っていた。脳裏には彼が首を横に振る姿まで見えていた。そんなの許されるべきではない、とでも言いたげだった。

性的少数者のホームレス化と〝ブラック・ライヴズ・マター〟と水砕工法の全部を同時に、しかも片手で軽々と扱えるような魔法の言葉を懸命に探した。でも、ほんの一瞬前には準備万端の話題を揃えたバビロンの宝物庫みたいに思えていた自分のリストが、今や頭上直上に浮いた、論点の熱帯低気圧でもあるかのようだった。有り得そうな会話のどの一つも胸高鳴る感じにはほど遠い。むしろ乱気流の群だ。

しかも、それこそ通常は無害の物体でも、竜巻の手にかかればたちまち殺傷能力抜群の弾頭へと姿を変えてしまうように、今やカオスと化したボクらのやりとりが起こした突風は、普通ならなんのことはない短い自問を、出口の見えないウサギの穴みたいにしてしまっていたのだった。

ボクはどこから始めればいい？

ボクらが話すべきことを全部俎上に載せようと思えば、今度は時間的制約があった。おかげでさらに、まずどれから取り上げればいいのかが、まるっきり五里霧中といった感じになった。そんな具合であるうえ、そのどれもに、直近の事件や社会的病理なんて要素がまるで各種交付金みたいにぐっちゃぐっちゃくっついているものだから、ボクは最早ほぼお手上げ状態だった。

顔を上げても目に入るのは、話すべき、そして自分が話せる話題が全部一緒くたになった、重い灰色の雲だけだった。ソーシャルメディアという空に浮かんだそのどれもが〝おいこっち向けや（ディマンズ・マイ・アテンション）〟と書かれたプラカードを掲げていた。ここまでに思い出せそうになってきた統計的数字に、見事に切り返され、でもその上手さに思わず笑ってしまったツイッター上の一言。覚えているようないないようなニュースの見出しの数々に、夜中のテレビで見たコント。最早曖昧（あいまい）にしか甦（よみがえ）ってこない模糊（もこ）とした映像記憶たち――。

ああ、こいつなら知ってるぞ。予定なんて一切入ってなかったのに、結局はなにもせずに終わっちゃうような一日には大抵そこにあるやつだ。あと、ネットフリックスでなにか観ようと座った時も、こいつに捕まることがある。三十分の時間を潰すのにあまりにも候補が多過ぎて、しまいにはスクロールに飽き、気がつけばもう何度観たかも数え切れないような同じ番組をまた流しちゃってる時にまといついてくる、あのあれだ。

こいつの引力の前ではボクはたちまち無力になる。たとえば新規に作ったワードのファイルなんかを前にした時だ。あの真っ白な画面こそは〝なんだって書けるんだぞ〟という証(あかし)でもあるわけだけれど、同時に〝自分にはまるっきりなにも書けないんだよな〟という気持ちにもさせられる。

こういうのを〝なんでもアリの嵐(エヴリシングストーム)〟という。で、ボクは自分たちをこの、まさにこいつの台風の目の位置へと運んできてしまっていたわけだ。

話せそうな話題が分厚い滝みたいに次々と注いできていたものだから、ボクにはその向こう側にいるフランクの姿さえ、本当はちっとも見えてなどいなかったのだ。わかっていたのはおぼろげな輪郭だけの、それでも自分と意見を異にしていることだけは確かな相手がそこにいるらしいということだけだった。

彼は最早ＫＫＫなんてものは存在しないと信じている。でも、どうしてだ？　彼は、婚姻に関する以外のＬＧＢＴＱＩＡプラスの権利については理解しない。でも、なんでそんな混乱が起きる？　彼が化石燃料ファンになったのは何故だ？　彼は誰だ？　彼を突き動かしているものはなんなんだ？

可能性であふれていたはずの一日や、映画の選択、あるいはワードの新規ファイルといったものにつきまとい、追い詰めていくのと同じようにして、この〝なんでもアリの嵐〟というやつは、会話というものさえ標的にし、襲い掛かってくるようだ。ようやく今、ボクにもその事実がわかってきた。

ああそうか、だったらどうにかしてここから脱出しないとならないな。

「ではフランク――」

まずは、二人ともの体を傘の下に収めることから始めてみよう。

「どうもボクたちの間には、考え方が徹底的に相容れない部分というのがものすごくたくさんあるみたいです。違いますか？」

「そのようだな」

「だとすると、あなたみたいな人とボクみたいな人間が生産的な会話を交わす方法などあるものなんでしょうか。どう思います？」

「そうだな――」

そう彼が口を開いたのは、考え込むような沈黙がようやく通り過ぎた後だった。

「だが私としては、今まさに、そういったまっとうな会話をしているつもりでいるぞ」

彼の返答は真摯で心からのものに響いた。

「かもしれませんね」

向こうがそんなふうに思ってくれたことに感謝しながらボクも答えた。

「市民的であることによって、つまりその、あれだ――」

フランクがさらに繊細な部分へと踏み込んでいく。

「だから、私が最初に君に対しメッセージとして送ったような言葉を決して使わないことによって、我々の会話は――」

そこで彼は笑い出し、文は途中のままになった。でもそこには、なにかが刷新されたかのような手応えがあった。たぶんここまでの彼の認識みたいなものだ。ここに至って彼の方でもようやっと、自分たちが本当の意味での剝き出しの言葉をやりとりでき始めていることを理解し、しかも、その事実を喜んでくれているように響いた。

彼は間違ってはいなかった。僕らは怒鳴り合うようなこともしていなかったし、互いをただ悪し様に言うようなこともしてはいなかった。ただしボクとしては、市民的であることだけが、さっきの嵐に覿面に効いたのかどうかについては留保したい。ボクからすれば、市民的であることはつまり、気温が適温になったとでもいった感じの事象なのだ。確かに好天の基本的な要件ではある。だが好天そのものではない。気温が二十二度あったって、台風は台風だ。

「市民的云々の部分についてはこちらもまったく同意します――」

ボクは切り出した。

「ただ、一つだけ言っておきたいことがあります。それはですね、おそらくボクの物事に対する見方というものが、あなたの人生に直接の影響を及ぼすといった事態は、きっと起こらないんですよね、という点です。ですから、ボクの視点なり意見なりによって、あなたが御自身の日常を変えることはきっとないだろう、と」

「その通りだろうな。そんなことには決してならん」

集中しろ、ボク。

「でしたら、今ここで、さっきまでにあなたが持ち出していた話題の一つを、改めて二人で俎上に載せてみたいんです」

いよいよボクは切り出した。

「ＬＧＢＴＱＩＡプラスの社会の話なんですが――」

フランクが笑った。またさっきの〝どこまで並べりゃいいんだ〟ネタを蒸し返されてはたまらないと、ボクはあえて声を大にして叫んだ。

「さっきのあれですよ。例の、頭文字だけとって繋がれた文字列の話です」

「あれがどうかしたか？　もう一度持ち出せば私でも間違えずに言えるようになるとか、ひょっとして言いたいのかな？」

「ああ、なるほど。それもアリですね」

再びボクは、相手の本気の興味に驚いたとでも言いたげにはしゃいでみせた。

「じゃあ行きましょうか、最初はＬ、Ｇです」

そう言って、どこかおろおろした振りをしながら、改めて自分で並べ始めた。

「Ｌ、Ｇ、Ｂ、Ｔ――ああやばいです。なんだか自分が間違って覚えている気がしてきました」

「そいつはひどく難しい並びになってるからな。仕方ないだろう」

フランクがのってくれた。ボクは呼吸を整えてもう一度、今度は普通にやりなおした。

「ＬＧＢＴＱＩＡプラスですね」

慎重に、注意深く、極力ゆっくり声に出した。そうしていると、性的マイノリティーの全体が物事を糺(ただ)してほしがっているその願いのすべてが自分の肩にのしかかっているような気持ちにもなってきた。

「Q、I、A、プラス、だな」

フランクもあえてきっちり復唱してくれた。まるで今しがたボクが教えた電話番号を確認してでもいるような感じだった。実際に書き留めていたのかもしれない。

「ならこっちも訊くがな、IとAとプラスとは、いったいなにを表わしてるんだ？」

「そこを訊いてほしかったんですよ」

あえてボクも念を押した。やはり全然知らないんだな、と半ば驚きもしていたが、同時にそれを嬉しく思いもした。この先の話が組み立てやすい。

「Iは〝インターセックス〟、つまり中性性ということで、Aは〝アセクシュアル〟で、こちらは無性性などと言われています。そして最後のプラスは、ボクら自身もまだ全体像を把握の途上なんだ、とでもいったことを表わそうとしているんです。まだ十分に定義さえできていないような人々のことも〝プラス〟という言い方をしておけば、ここに含むことができるだろう、ということなんです」

「なるほどな。わかったよ。だがなあ、昔はこんなふうに言っていたんだぞ」

フランクが続けた。

「異性愛者の男、異性愛者の女、同性愛者の男、同性愛者の女、だ。まあだから、時代に追いつかせてもらえたよ。特に異議もないぞ」

性別（セクシュアリティ）と性自認（ジェンダー）とは別物だ。ボクはまた頭にそう書き込みもしたのだけれど、さすがにこいつばかりは、今にも彼方（かなた）に雷鳴でも呼び起こしそうな気配だったものだから、慌てて消去した。だって今の話題になって、ようやくボクらは〝自分たちのリズム〟と呼べそうなものをつかみかけることができたのだ。ボクはさらに前に彼自身が口にしていた内容へと話を引き戻した。

「さきほどあなたは〝もちろん大事なことは山ほどあるが、我々がそれを話さなければならない必要もない〟といったことを仰いましたよね。あれはいったいどんな意味だったのでしょうか」

「さっきも言ったかと思うが、同性愛者の権利云々というのは、左利きの人間の権利がどうとか、右利きならどうで、赤毛の人間はこうだとかいうのと変わらんのだよ。いつもいつも考慮していなければならないことでもないだろう――」

けれど不思議に彼の声は、先に行くほど小さくなった。

「で、君はどの権利の話がしたいと言うんだ？　結婚する権利については私も理解していると、そこはすでに言ったはずだ。ああそうか。トイレの問題ってのもあるか。そういう問題が生じるだろうな、ということもわかるさ。しかしお前さんだって〝こうした権利を獲得する闘いなんだ〟とか声高に叫ぶやつらを見ているんだろう？　でも、ここまでに連中がもらえた権利だっていっぱいあるんじゃないのか？　なら我々は、今どの権利について話せばいい？　やつらが口にする権利とはいったいどれのことだ。なあ、ゲイの連中にとって必要で、まだやつらが持っていない権利ってのは、いったい全体なんなんだ？」

なにを取り上げればいいかと考えれば、途端にまた例の〝なんでもアリの嵐〟が起きてきた。ボクの脳ミソのガラス窓にピシピシとひびが入り始める。論点たちがシナプスの河に押し寄せて、今にも決壊寸前になる。突っ込み方なら知っている。気の利いたネタも、視覚的記憶として残っている内容もいっぱいある。そういうのが出番を求めて大騒ぎになりかける。

いや、まずはただ彼の質問にちゃんと答えることだ。ボクは我が身に言い聞かせた。

「もちろんお望みなら、お教えすることはできますが――」

「是非教えてくれ！」

懇願みたいな声で彼が言った。好奇心で興奮が抑えられないみたいだ。

「仮にボクに好きな相手と結婚できる権利が与えられたとして、それがただちに、たとえばボク自身がヘイトクライムの犠牲者となったような場合でも、立法がボクを守る方向へと動いてくれるということには必ずしもならないんですよ」

極力慎重に、落ち着いて聞こえるよう注意しながらそう切り出した。

「こうした問題については、なによりもきちんと話すことが大事なんだろうとボクは思っています。時に人々が自分自身を規定している、その根っこの部分に作用する問題というものがあるからです。この点には異論はおありでしょうか？」

「あるな。あるが同意もする。その理由を説明しよう。いかんせん犯罪というものは実在するんだ」

そう言って彼は続けた。

「そして、ここからはゲイの男性の側にも社会ときちんと手を取り合って行けるだけの準備があるものとしての話にはなるが、結局政府には、何故そういうものが起こるかを言明まではできないんだ。まずは社会そのものが変わる必要がある。そして、実際それは変わりつつもある」

「あなたはゲイの男性ではありませんよね？　そうですよね」

彼のプロフ欄を覗いていたからとっくにわかってはいたのだけれど、あえて訊いた。

「違う。私はシスジェンダーの、ストレートの男性だ。自由主義者（リベラリスト）で環境保護主義者の最愛の妻と連れ添って、もう二十年になる」

これ以上驚かされることなんて、ありそうには思えなかった。だって彼の奥さんという人は自由主義者(リベラリスト)で、しかもフランク本人は、ボクの前で〝シスジェンダー〟という術語を二度も使ったのである。最初はボクに寄越したメッセージで、そして今二度目は、自分自身のことを説明する言葉として、だ。

いや、だから集中しろ、ボク。

「今の質問をあえてしたのは、ボク自身がゲイの男性であるからにほかなりません。それに、法が犯罪からボクらを守るべく機能していることも理解しています。でもね、ボクとパートナーとは、通りで手を繋ぐこともできないんですよ。それでどんな目に遭わされるかわからないから」

「しかも、少なくともこの分野においてであれば、君の意見の方が私の言葉より多分に説得力を持つ。だからこの分野についてなら、私にだって君の言葉を拝聴する準備はあるさ」

ええと、陽射しが差してきたと思ってもいいんだろうか？　遠くには鳥の鳴き声も聞こえてきていると？　ここまでボクは必死になって二人の傘を支えてきたつもりだったが、今ようやっと、嵐が去る気配が見え始めてきたかのようだ。風の咆吼(ほうこう)は止み、彼の声をよりはっきりと聞くことができた。彼の抑揚、声の高さ。譲歩に興奮。もう足が滑ってしまう心配はなくなり、ボクらはやっと、自分たちのダンスを始められたのだ。

新たに太陽が姿を現わしてくれたことで、また別の活路も見えてきた。そこで、少し前の話題を引っ張り出してみることにした。

「今この分野においてはボクの意見の方が説得力があると言ってくださいましたけれど、同じ寛容さを、さっきの〝ブラック・ライヴズ・マター〟の話にも応用していただけるという可能性はありますか？　あの運動が黒人の人たちにとって――」

「吝(やぶさ)かではないぞ」

ボクの話に割り込むようにしてフランクは言い、それから続けた。

「ただしな、それほど多くの人々が、それに間違いなく大部分の黒人が、決してブラック・ライヴズ・マターの動きを支持しているわけではないという点は言わせてもらう。黒人の中にもドナルド・トランプに票を投じたのはそれなりの割合に上るはずなんだ。そりゃあ全員ではないだろう。半分にも満たないかもしれない。しかし私にはな、ブラック・ライヴズ・マターの運動が、黒人の社会の全体に目を向け、耳を傾けているとも思えないんだ。全然そうは思わない」

雨滴の名残が再びボクの頬を打つ。ボクは後ろめたくそれを甘受した。この電話でのやりとりだけで彼の心を変えることなど、ボクには到底叶わないのだろう。

「御自身を保守主義者だと自認するようになったのはいつ頃ですか？」

仕切りなおしてそう尋ねた。会話を個人の経験のレベルにまで一度引き戻そうというつもりだった。

「もうだいぶ年が行ってからだな。ふむ、ならお教えしよう。かつては私も自由主義者(リベラリスト)だったんだ。生粋の中絶権利擁護派(プロチヨイス)だったよ。実際まるっきりの左派で、それを公言してはばからなかった。だがそれも大体三十五歳くらいになるまでだ」

切り出したフランクはさらに続けた。

「実際私はその頃も、相当熱心な中絶権利擁護派(プロチヨイス)だったよ。だからこそ、子供や懐妊を扱った科学書もかなり読み込んだ。それがいつから始まるのか。心臓が鼓動を打ち始めるのはいつか。脳波が確認できるようになるのはどのくらいの時期か。それでわかったんだ。命とは妊娠の時に始まるんだ、とね。命とは妊娠の瞬間に始まるものなんだ」

頭の中で彼にぶつけてみたい質問がビービーと音を立て始めていた。でもそれは、さっきまでの焦点の定まらない〝なんでもアリ〟状態とはまるで違っていた。この新たな疑問たちは、ただただこの相手をもっと知りたいという欲求にのみ結びついたものだった。

三十五歳のフランクとは、いったいどんな人物だったのか。その頃には、自分を支えている主義主張の全体がどんなふうに見えていて、今同じそれは彼の目にどう映っているのか。命に関する一つの認識が、どのように彼を保守主義へと塗り替えたのか。今のフランクは昔のフランクをどう見ているのだろう。彼が今忌避しているのはどんなメディアか——。

でも残念なことに、ボクらの通話はもう終わりの時を迎えつつあった。だから、これだけ浮かんできた可能性の小径たちも、もしもあの時〝なんでもアリの嵐〟に自分が迷わされたりせずにいたら、この会話はいったいどんなふうに進んでいたのだろうか、と、やりとりの全体をほろ苦く思い出させる、そのよすがとでもするほかにはなくなっていたのだ。違う使い途などすぐには浮かばない。

「今回お話しできたことは、多少でもお役に立ったんでしょうか？」

まったくの好奇心からそれだけ訊いた。

「それはそう思うな。うん、そう思う。少なくとも、思想的にはほぼ対極にあるといっていい二人が、互いに〝差別主義者（レイシスト）〟とか〝最低野郎（ダートバッグ）〟とか罵（ののし）り合うことなしに会話ができるという、その実例となった。それだけでも価値がある。なにか貴重なものがあったとも思う。確かになにか大切なものがあった」

最後の部分を繰り返したフランクの声は、やわらかくそして思慮深げだった。

「それでですね、フランク――」

ボクはギアを入れ替えた。

「実はこのポッドキャストは、タイトルを『やつらがボクのことなんて大っ嫌いだってあんまりいうから、とりあえず直で電話して話してみた件』っていうんです。あなたはボクのことが大っ嫌いですか?」

すると電話口の向こうのフランクが大きな音で吹き出した。

「あなたはボクのことが嫌いでしょう?」

もう一押しした。

「なら、君がこの収録を使えるようにするためには、私はここで〝そうだ〟と言った方がいいのかな? だったら喜んでそうするぞ?」

「ああいえ、その、そういうことではなくてですね――」

「私はもう君のことを嫌ったりしてはいないよ、ディラン」

「もう嫌っていない、と仰りましたよね? ということは以前は――」

「わかったわかった。お前さんの勝ちだ」

「いえ、ちょっと待ってください。違うんです」

思わず縋りつくような声が出た。

「これは勝ち負けの問題ではなくて、ですから――」

「どうしてだかわかるかな？　お前さんは俺の言葉を聞こうとしてくれた。そして俺はお前さんに耳を傾け、お前さんも俺の話に耳を傾けてくれた。そいつがなにより大切なことなのさ」

時計に目をやった。もう次のゲストのための準備をし始めなければならないタイミングになっていた。そこで別れの挨拶を交わし、ダンスを終わりにした。たとえどんなにずぶ濡れだったとしても、ボクらは踊れたはずだった。

「ならせいぜいそのひっでぇ仕事を続けるこった！」

最後の最後にフランクはそう言った。最初のメッセージで彼が書いて寄越した一節に、自らオチをつけてくれた形だ。

電話を切り、腕を伸ばした。そして臨戦態勢のままのクルーたちを見渡した。皆疲れきっていたが、同時に溌剌（はつらつ）として見えた。嵐のおかげで正直まだずぶ濡れのままだった。けれどそれでも、そいつをどうにか乗り切ったのだという達成感があった。

翌日、新鮮な気持ちでもう一度やりとりを聞きなおしたい衝動にも駆られ、ボクは自分のデスクに収まるなり、イヤフォンを繋いで編集作業を開始した。仮に電話の只中のボクが嵐に見舞われた野外調査員だったとすれば、今の我が身は翌朝状況を把握すべく、現地に赴（おもむ）いた特派員だった。残骸を確認し、損害の査定をするのだ。

まずインタビューの全部を聞きなおした。でもその工程を一旦終えたところで、そのまま耳からイヤフォンを引っこ抜き、ぐったりと椅子に沈み込んでしまった。悔し紛れのため息を吐き出すより術（すべ）がなかった。〝なんでもアリの嵐〟の猛威の爪痕は、会話の最初から最後まであからさまで、どう手を打てばいいのかもまるっきりわからなかった。

選択肢は二つだ。こんな番組などもう全部投げ打って、この先の余生を洞窟の中に引きこもって暮らすか、さもなければ二十分の休憩を取るか、だ。最初の方が断然ましだな、と思いながらも一応は後者を選び、大袈裟にソファに倒れ込んでしまう前には一応自分の電話を手に取った。

横になると、電話の液晶画面の光が自分の淀んだ顔を照らして寄越した。そのままボクは、サリー・イエイツがいよいよ証言したとか、最高裁判事にトランプが保守派を強行指名しようとして混乱が招かれているといった記事をスクロールしていった。この日の人気ハッシュタグは〝最低な四語文（4ワーズレットダウン）〟だった。『バズフィード』がこのタグをつけて、スポンジボブがレストランで座っているジフをシェアしていた。いわく〝もう食べものがありません（ゼアズ・ノー・モア・フード）〟ということだそうだ。

さらにめくっていくと、ネットの有名な配信主が『スパイダーマン』の例の逆さまのキスをご亭主殿と再現した映像が出てきた。『ニューヨークタイムズ』のツイッターは、ナイジェリアの若い女子学生三百人がボコ・ハラムによって誘拐されたというニュースを報じていた。トレンドには英国のコメディアン、ジョン・オリヴァーの名前もあった。クリックすると自動でユーチューブアプリが立ち上がった。

そのままオリヴァーが〝ネットでの中立性〟だかを説明しだしたので、しばらくは聞いていたのだけれど、途中で止めた。そして、彼の一人語りの途中で出てきたほかのビデオを検索した。テイラー・スウィフトの二〇一二年の楽曲「トラブル」の、コーラスの箇所をヤギの鳴き声に差替えてあるやつだ。一回見て中身を確かめてからは再びオリヴァーに戻った。観終わると、画面の右側のバーがボクに、彼のビデオをもっと観るようにと勧めてきた。だからそうした。彼がジャレッド・クシュナーとイヴァンカ・トランプを晒し上げていくのを眺め、そのまま、来たる仏大統領選の結果がどのようにEUの将来を左右するかといったご高説を拝聴した。

スティーヴン・コルベアがメキシコの祭日シンコ・デ・マヨの行事を茶化した映像も観た。サマンサ・ビーのマスコミ礼賛ビデオも観た。トレヴァー・ノアが北朝鮮について語っていた。ジミー・ファロンはクリス・パインを相手に〝スラップジャック〟だかいうゲームを戦っていた。ファロンの説明に拠ればこれは〝基本はブラックジャックと同じだが、個々のゲームの終わりで勝った方がでっかい風船みたいな作り物の手で負けた方の横っ面にびんたを食らわせていい〟のだそうだ。その後は、ジミー・キンメルが熱心にヘルスケアについて語るのを眺めた。

それからグーグルで〝控除とはなにか〟を検索しようとし、実際にそうしかけるまでのどこかでふと、なんだか胃が一気に落っこちたような感覚に襲われた。たとえるならばホラー映画の最後の最後で、主人公とその仲間とが、ようやく見えない敵の魔の手から逃れられたと思った途端、実はこの仲間こそが襲撃者の正体だったんだとわかった、みたいな感じだ。だから、今ボクがじっと見つめているものこそは、あの〝なんでもアリの嵐〟の発生源なのだと理解したのだ。

たとえば市民としてのボクらの第一の義務が置いていかれないようにすることなのだとしたら、そうしなければいけないという緊張感と、そして、そういうことは可能なのだと知らぬ間に刷り込まれてしまっているという事実との摩擦とが、まさしく〝なんでもアリの嵐〟を生み出す根源的エネルギーなのだ。

ところがインターネットのこの時代、そもそも〝置いていかれない〟なんて考え方そのものがほとんど夢物語に近いものだった。ソーシャルメディアというのは、十億単位の構成員からなる諮問委員会みたいなものだ。そしてこいつは、各構成員に、自説やジョークや意見の類を、思いついたらすぐ提出するようにとつねに促しているのである。ソーシャルメディアに遅れないでいようとすることはすなわち、記録的な速さであっちこっちの方向に一斉に駆け出したオリンピック選手たちの一団から絶対に離されるまいと足掻くようなものなのだ。

さらに不幸なことにボクたちは〝みんなが全部についていっているんだよ〟という神話を、喉元までたらふく詰め込まれてしまっている。なんとなれば、ネット上には当てになる物差しなんてないからだ。片手くらいの数の連中が論じている話題が、そのままのっぺりと拡大され〝旬のネタ〟とか称される。だからボクらも慌てて駆け込む。

だけど、本当に自分だけの力で〝なにもかも〟についていけているやつなんていない。夜の情報番組の司会者たちでも同じだ。彼らはボクらの前に、素で面白い、でも圧倒的に普通の人間だ、みたいな顔をして登場している。で、大抵の場合は非常に博識にも見える。

でも実際には、決してこちらの目に見えてはこない、取材記者とシナリオライターとそれにプロデューサーとからなる軍団がいるからこそ、初めてこの幻影が存在可能になっている。ジョークのお膳立ては一つのチームが担当し、精査している。オチを推敲彫琢するのはまた別の人間だ。さらに第三者が、すべてが滞りなく進行しているかにつねに目を光らせている。

けれど、もしこの〝全部上手くやれ〟的幻想が〝なんでもアリの嵐〟をより一層加速させるのだとしても、こいつ単独では、そこまできっちりやれるはずがない。もう一つ、こいつの急激な発達に手を貸している重大な要素がある。

それはボクら自身の〝自由に発言したい〟という思い上がった欲求だ。フランクとのやりとりを思い起こせば、自分が〝数字を持ち出してやろう〟とか〝ここでジョークを挟みたいな〟とか、あるいは〝準備でき次第ただちに反攻だ〟などと思った瞬間ならば、それこそ山とあった。でもしなかった。そうしない自分に自分でもどれほど失望していたかはわからない。同様に、未来の視聴者たちのこともすっかりがっかりさせてしまったのだろうと思っていた。

「不正が明らかな状況でなお中立を標榜しようとするのは、あなた自身が抑圧する側でいようと選択したということにほかならない」

フランクとの電話の合間にも、三次元映像のデズモンド・ツツがボクの耳元でそう囁いていた。この言葉は、ちゃんとすぐに拍手を返さなかったり、きっちり強く噛みつき返さなかったり、発言すべき時にそうしなかったりといったボクらの行動を糾弾するために援用されてきた。

けれどこの根拠となっている心情は、アパルトヘイト下の南アフリカという状況であれば適切だったのかもしれないが、これをそのままネット上に応用することは、日に日に難しくなっていると言えそうだ。そもそもソーシャルメディアのこの時代、沈黙と見做されるものはいったいなんだ？　これはつまり、四六時中なにか投稿しろということなのか？　一対一の会話においても、同意できない文言には逐一噛みつけとでも？

たぶんボクは、この言葉の流麗さにすっかり魅了され、あまりにも字義通りに運用しようとし過ぎていた。すなわちこれは、目についたどんな社会的不正に対しても、できるかぎり大きく声を上げろと言っているのだと誤解していたのだ。それこそは活動することの本質だ、くらいに考えていた。

夜の番組の司会者たちや百万単位のネットユーザー、あるいは歴史をくぐり抜けてきた詩的な金言といった尺度で自分たちを測ろうとすれば、それはあたかも〝燃え尽き症候群（バーンアウト）〟をお膳立てするようなものになる。これぞまさに情報の時代が仕掛けて寄越した難問なのだ。現代では事実上、あらゆる情報がボクらの手の届く場所にある。でも、より現実的には、その全部に目を通すことなど誰にも不可能だ。〝なにもかも〟についてとにもかくにも論じられるだけの理解をすることなんて、なおさらだ。

〝選択肢過多〟仮説というものがある。これは心理学上の考え方で、一見では選べるものがたくさんある方がいいように思えるけれど、こと意志決定の段となると、むしろそっちの方が都合が悪いといったことを言っている。心理学者のシーナ・アイエンガーとマーク・レッパーとが、二〇〇〇年にこの仮説を実証実験した。対象となった被験者たちは、食べ物を求めにきた買い物客に学生、それから、チョコレート愛好者らだった。

アイエンガーとレッパーに拠（よ）れば、スーパーでの実験では、六種類のジャムしか並べていなかった売り場と比較して、二十四種類のジャムを陳列していた店の方が、多くの客たちの足を止めさせることに成功していた。しかし選択肢が多い方の売り場では、最終的に購入にまで至ったのは、わずか三パーセントの客のみだった。ところが少ない方では、実に三〇パーセントに迫る客がジャムを買って帰った。

余剰単位のための、だから、別に必須ではない論文についての実験では、選択できるテーマを少なく与えた学生の方が提出数が多かったそうだ。チョコレートの実験でも、選択範囲の少なかった被験者たちの方がより高い満足感を示した。最終的にアイエンガーとレッパーはこう結論づけている。

「選択肢の多さは動機付けを阻害するような結果になりかねない」

心理学の教授バリー・シュワルツがこの現象を実にわかりやすく命名してくれている。〝選択のパラドックス〟と呼んでいるのだ。

「選択肢が多いと、人は時に、選ぶということがまったくできなくなってしまう」

これは二〇〇五年のTEDトークでの彼の言葉だ。

会話というものに挑む時、とりわけその相手が政治的に相容れない立場にあったりすると、それはまるで一言ごとにこの〝選択のパラドックス〟に向き合わされるような事態にもなりうる。なんだって話題にできるということになってしまえば、大概は、すべてのことが俎上に上げられると思ってしまうだろう。だがその考えこそがあの嵐を招くのだ。今になってようやくボクにもそれが理解できた。そしてその結果ボクらはなにも話せなくなってしまうのだった。

この観念的な気候変動は決して新奇な現象ではない。むしろ時間が記録されるようになり、事件というものが起こるようになって以降には、ほぼどんなことだってとっくに起きているとも言えよう。それでもこうした嵐が、ボクらがデジタルのプラットホームでやりとりするようになったことで一層容赦のないものになりつつあることは否定できない。あの場所は、物事が起こるなりただちに広範に知らしめるのと同時に、その物事に対するボクら自身の反応を可及（かきゅう）的速（すみ）やかに公にせよ、という要求を誇示してもいる。すなわち、ボクらの手にしている道具は、嵐の動向を追跡する電波探知機（ドップラーレーダー）である一方で、嵐それ自身を加速する役割も背負わされているのである。

なら出口はどこだ？　ボクはじゃあ〝一人ウィキペディア〟みたいな人間にならなくちゃならないのか？

ネットの全体を集積したＩＣチップを、この頭に埋め込める術（すべ）を見つけ出せとでも？　さもなければ、ボクからの電話にならすぐ対応してくれる、五十人からなる取材記者とシナリオライターとプロデューサーの軍団でも雇った方がいいのか？

たぶん有り得る唯一の解答は、この嵐から逃げ切るとか、どうにかして避けるといったことではなく、その内側で生き延びる術（すべ）を見つけ出すことだ。嵐はいつもそこにある。脳ミソを囲んだ頭蓋骨の壁の外側で、手ぐすねを引いて渦を巻いている。そこからの完全な脱出なんてものは、たぶん有り得ない。

ボクがフランクとの一件で身に染みたように、一度のチャンスですべての話題を試してみる、なんてことは絶対にできない。たとえ全部が全部、最高にイキがよくてかつ必要に迫られているように見えても、だ。だから、この〝なんでもアリの嵐〟がどうしても避けられないような気象条件になったとしたら、できることは一つきりだ。集中し、耳を澄ませ、そいつが通り過ぎてくれることを待つのだ。

どうにか気力を絞り出してデスクに戻ったボクは、オーディオファイルの会話の最後の方の箇所を呼び出して、改めて再生してみた。

「それでですね、フランク、実はこのポッドキャストは、タイトルを『やつらがボクのことなんて大っ嫌いだってあんまりいうから、とりあえず直（ちょく）で電話して話してみた件』っていうんです。あなたはボクのことが大っ嫌いですか？」

もう一度フランクの笑い声が聞こえた。録音され固定されたそれは、ヘッドフォンの中で楽しげに踊っているようだった。

「私はもう君のことを嫌ったりしてはいないよ、ディラン――わかったわかった。お前さんの勝ちだ」

「勝ち負けの問題ではなくて――ですから――」

「どうしてだかわかるかな？　お前さんは俺の言葉を聞こうとしてくれた。そして俺はお前さんに耳を傾け、お前さんも俺の話に耳を傾けてくれた。そいつがなにより大切なことなのさ」

四章

憎悪の種子

「なんだって？　まさか。君を嫌ったりはしていないよ」

　ポッドキャストの三度目の収録日だった。電話口の向こうにいるのはこの日二人目のゲストで、アダムという名前の大学生だった。もちろんボクはまさに今、彼に向けて、この番組のタイトルが実は『やつらがボクのことなんて大っ嫌いだってあんまりいうから、とりあえず直で電話して話してみた件』というのだ、と明かしたところだ。けれどアダムの反応は、予測していたものとはまるで違った。

　フランクとの会話の後にもボクは、我が〈ヘイトフォルダー〉の住人たちの何人かと話をした。教師のアンナはボクのことを〝気取り屋でなんか鼻につく感じ〟だと評していた人物だ。またジョシュとも、もう一度改めて電話での新たなやりとりを収録させてもらった。この時には、宗教にイジメ、あるいは政治的なスタンスなんかについて、さらに突っ込んだ議論をすることができた。さらにアダムとの電話の直前には、前衛芸術家であるマシューとの通話も収録していた。〝マロンって野郎はリベラリズムの一番よろしくない側面を体現しちゃってる〟と公の場で発言していたあの彼だ。

　ここまでのところ、番組タイトルを明かした時の相手の反応は、程度こそ違え、基本は喜んでいい種類のものだった。フランクは吹き出したし、マシューは押し殺した笑いを〝ふふん〟と漏らした。アンナは驚いて、喘いだような音を出した後〝そんな、大っ嫌いだなんてことはないわ〟と言った。しかも間髪を入れずにこうも続けた。

「私はね、元カレだって憎んだりはしていないのよ。ただ可哀想に思うだけ。だってあの人、こんな素敵な会話に立ち会うことができなかったんだから」

ボクがわざとゲストたちにタイトルを伏せたまま収録を進めていったのは、万が一にも変更になる可能性が決して皆無ではなかったから、という理由もあるにはあった。でも、土壇場のぎりぎりで明かすことで、この実験のキモである次の質問に弾みをつけたかったというのが一番だった。

「あなたはボクが大っ嫌いですか？」

今もまたボクは、例の肘掛けつきの椅子に座り、アダムの笑い声が聞こえてくるのを待っていた。でもこの時は含み笑いの気配すら届いてはこなかった。なにも聞こえない。まるっきりの無反応だ。あるのはただ、沈黙だけ。

ボクは慌てて、ＦＢにまず送られてきた彼の最初のメッセージへと目を走らせた。彼がこの場へ引きずり出されることになったそもそもの要因だ。ひょっとしてボクは致命的な誤読でもやらかしていたのか。

「ゲイであることは、確かに君の体の中のなにかしら下顎的な反応なのかもしれない。でもそれは、ほかの人々にとっての依存の類（たぐい）と似たようなものだ。そういうのは自制できる」

テキストは今、紙に印字され、ボクの目の前のテーブルに置かれていた。数週間前にアダムが送ってきたものを印刷したのだ。

やはり誤読はなさそうだ。なるほど性自認の問題を、治療可能な薬物その他への依存に準（なぞら）えてみせることは、転向療法（コンヴァージョンセラピー）だかいうものの議論を活性化させる燃料になっていた。これは治療の名目で行われる、ある意味虐待みたいないくつかの療法が、被験者の性自認を変えられるという、嘘っぱちな主張を根拠としているものだ。公平を期して書いておくが、アダムは、この転向療法を積極的に推奨しているわけではまったくなかった。それに彼は、続けてこう書いてもいた。

「僕はクリスチャンだ。だから、同性愛は罪だと信じている。でも、同時に神が君を愛していることも知っている。そして君にもそれをわかっていてほしいと思ってる」

なんとも混乱するこの二律背反は、ここまでのボクらの会話のすべてに偏在していた。通話を始めたばかりの段階ですでにアダムはこうも言っていた。

「君の人生を成すある部分については、僕は決して同意することはない。でも、人としての君のことは好ましく思う」

これはいったいなんだ？　愛なのか？　それとも憎しみか？　今ボクは我が身を省(かえり)みざるを得なくなった。彼のメッセージを自分がアラシと受け取った理由を明確に説明できる言葉を捜していた。

「君ってすごくいいひとだよね。そうだろ？　ここまでの電話での会話で聞こえてきたのは、つまりはそういうことだった」

ようやくそう切り出した。肯定することで、相手にも苦い良薬を飲み下してもらえる助けにはならないかと考えたのだ。だけど、いったいどうすれば、彼を悪役にしたり排斥したりすることなしにあのメッセージの毒素みたいな部分を本人にもわかってもらうことができるのか、その手段を見つけるための時間稼ぎをしているんだろうな、と自分でも感じていたことも本当だ。考えろ、考えろ、考えろ。脳ミソに張り巡(めぐ)らされた我がニューロンたちにボクは命じた。

「君のメッセージを読んでボクが引っかかったのは、聖書によってもたらされただろうその信条が、君が愛を口にするのとよく似たやり方で、君の中での根本原則みたいになっているんじゃないかという部分なんだ。ひょっとしてその同じ種子が時に憎しみへと育ってしまう場合もあるんじゃないのか。そんなふうに感じてるんだよ」

ボクは続けた。

「同性愛やそのほかの嗜好性を、自分で制御できるはずの衝動だと考えるということは――だから、それが、時にほかの人たちの中では、憎悪として芽吹いたりもするんじゃないのかな、と思うんだ」

自分でも言葉のテンポが次第に遅くなっていったのがわかった。話しながらお考えをまとめようとしていたせいだ。

「確かに君は〝ゲイであることは君の罪だが、それでも自分は君を愛する〟とも言ってくれた。でも、それはやっぱり、本当の意味では共存できないもののはずだ。そうじゃないかな？　どうしたってなにか苦いものが口に残る。だって、それはまるで〝それがボクを形作っている要素であるかぎりは、君はボクを全面的に愛することはできない〟と言っているにも等しいんだから。言いたいこと、わかってもらえるだろうか」

「君の立ち位置というのはわかった――」

アダムの返事もまたゆっくりだった。むしろ遠ざかっていってしまいそうに思えるほどだ。彼は今まさに、初めて直面させられた未知の考え方を咀嚼しようとしているのだ。

「とても大事なことだとは、それはそう思うよ、うん」

彼が受け容れなければならないのは相当のことだ。それはこっちにもわかった。アダムは今、自分がこれまでの人生でずっと、否定することは不可能だと言われ、刷り込まれてきた内容を、自分自身の頭でもう一度考えなおしてみるよう強いられているのだ。そしてボクの方も、彼に勝ちたいとか、たたきなおしてやろうといった気持ちではまったくなかった。ただ届きたかった。

「押しつけたい気持ちはないんだ」

そう切り出した。

「それに、同じような考えを持ち出してきた相手は、君が最初というわけでもない」

これまでの様々な会話からボクも、社会のシステムと個人というものを区別して考えることの大切さを学んでいた。大なるものと小なるもの、そして、その人自身と憎しみの感情とも、分けて考えるべきなのだ。あるいは、こう言ってよければだが、本人が憎しみだと主張しているものと、を。

アダムは決して、自分で同性愛忌避（ホモフォビア）という思想にたどり着いたわけではないはずだ。ただ彼は、彼の属する社会の指導者たちから教わった考えを、ボクに向け繰り返してみせているだけだった。その指導者たちだってきっと、自分たちの師から言われたことを反復していただけだろう。

だからボクは、アダム自身と同性愛忌避（ホモフォビア）との間に距離を生じさせることで、今の自分たちの会話をいわば意見の不一致（ディスアグリーメント）という事態の外側にまで引きずり出してみたかったのだ。それぞれにより主観的な視点から、彼と一緒にそいつを俯瞰したかった。たとえるなら二人で博物館へ行き、展示室の中央に据えられているそれなりの大きさを誇る鉄製のなにかを眺めながら、その外観についての互いの観察を披露し合う、とでもいった感じだ。そこでもう少し個人的な部分に訴えてみることにした。

「ボクが心配しているのは、君と同じような社会に属する、そして、君と比べれば愛することなんてまるっきり考えてもいない人々から、ああいったメッセージをぶつけられているかもしれない若者たちのことなんだ。そんな事態になったらきっと彼らは、自分がすっかり見捨てられたように感じると思う。今在る自分はそもそもどこか間違って生まれてきたんじゃないだろうか、とか、考えてしまいかねないよ」

　沈黙の数秒がまるで短い永遠みたいに思われた。ようやくアダムが返事をくれた。

「大事なことだと思うよ。君の立ち位置はわかった」

　きっちり説得できたわけではないか。そう思った時、彼が続けた。

「確かにな。こいつは公正じゃない。まるっきり違ってる。だけど僕は信じてるんだ」

　最後の部分を告げた彼の声は、まるでそれが彼自身を形作る、替えの効かない一番の核なのだと宣言でもしているようだった。生まれながらにしてその種子を預かり、それをきっちり育てることこそが自分の天命なのだとでも言いたげだった。彼の信仰、生まれてからずっと彼に教えられてきたものこそは客観的な事実なのだと。陽は昇る。ボクらは呼吸する。そして、同性愛への嗜好は、宿痾（しゅくあ）でこそあれ治癒も不可能ではないのである。

　一瞬だけこう思った。彼はボクだって同じなんだと考えてくれたりするのだろうか、と。だから、たとえ彼の信じているところとは真逆だとしても、ボクが自分の性自認について言葉にする時、それはやっぱり〝決して変えることのできないものなのだ〟と感じているのだ、ということを、はたして彼は思い描いてくれるのだろうか。

「だが、ああそうだ――」

彼の言葉はさらに続いた。

「僕は君が君である、その一番根っこの部分を排斥し、否定しようとしている。そこは十分に理解した。そういうのは重たいな。でも僕には、その感覚を憎しみと呼ばれるものにまでするつもりは絶対にない」

ここまで口にするのはアダムにとって決して些事ではなかったはずだ。そればかりか彼は、自分がここまで真理だと受け止めてきたものの大部分にほぼ逆行するようなにかとしっかり向き合おうとまでしてくれていた。そのことに感謝した。

「ああ、ボクも君が憎しみと呼ばれるようなものを抱いてなどいないことはわかってる。そうだよね？それは、君の一番の核が見えた気がしてるからだ。君はいわば〝愛の人〟だ。でもボクは、その同じ種子が、君みたいな形に愛を考えられないような誰かの中ではどんな芽を出すのかを懸念してるんだ」

「そうだな」

アダムはため息を吐き出した。

「君たちの社会の中には、折りあらば人々を憎んでやろうと待ちかまえているような輩だっている。そういう人たちの中では、この種子は憎しみにも育ちうるんだ」

「ああ、そうか――」

そう言ってアダムは続けた。

「君が今言っている連中というのはたぶん、ああいった活動に身を投じてしまう人たち、ということだよな。ウェストバス、じゃなくて、あれ、ウェスト・バプティスト教会だったか――」

でも彼はそこでそのまま黙ってしまった。

「ウェストボロ・バプティスト教会のことを言いたいんだろうか？」

たぶん、どデカくていかついブロック体で〝神はホモが嫌い〟とこれ見よがしに書いてあるトリコロールカラーのプラカードを掲げてピケを張ることで悪名高い、あの集団のことを言いたいのだろうとわかったので、そう尋ねた。

「そう、それだ」

アダムが言った。

「うん、そうだね。連中は格好の例かもしれないな。だから君が育んでいるその同じ種子を――」

ボクは言った。

「あの連中は違う形で育てているんだとも言える」

「その通りだろうな」

アダムの声は悲しげだった。隠し切れないほど落ち込んでいた。

そこから会話は次第に終わりへ向け収束していった。向こうがすぐにでも電話を切りたがっていることもわかった。返事が短くなり、逆にこっちが質問をぶつけた際の沈黙はどんどんと長くなった。なによりも、始まった時と比べ声に格段に元気がなくなっていた。ひょっとしてやり過ぎたのか。そう思えば後ろめたさが一気に襲った。

「この会話を経たことで、以前とは違う行動になりそうなことはあるだろうか？」

ボクがそう尋ねると、ふむ、と一つ挟んだ後アダムは、まるで問題が大き過ぎて、どういうふうに答えを切り出していいのかもわからない、みたいに笑い出したのだった。

「いや、正直さっぱりだな。人々を愛そうとはするよ。それは間違いない。そうだな、まず牧師様と話すだろうな。だけど、うーん、これから自分たちの道がどのくらい違っていくのか、なんて話題になってしまうのかもしれないな」

それ以上踏み込むことは、さすがにできなかった。だから、これをしおにボクらはお別れの挨拶をやりとりし、通話を終えたのだった。

「ねえアダム、さっきの会話は、確かに型破りではあったかもしれないけれど、でも、大事な話ができたな、とも思ってるんだ」

電話の終了後、なるべく間を空けずに彼にそんなメッセージを送った。

「ああ、キツかったよ。でもいい経験になった」

すぐにそう返事がきた。

「一つだけ言わせてくれ。番組タイトルに〝大っ嫌い〟とあるのは、さていかがなものかな、とは思っているよ。むしろ『難問答』とかいうのはどうだろう。まあ、所詮僕の番組ではないけれどね。でも、あの会話は本当にありがたかったんだぞ！」

ボクは彼とのあの電話で、自分が番組タイトルに〝大っ嫌い〟という言葉を使った理由が決して見当違いではないことを、相応以上の労力をかけて明らかにしたつもりだった。だがどうやら、今度は自分に向けて同じことをしなければならないようだった。こっちはさらに大変そうだ。

彼との電話から数日が過ぎてもボクは、たとえ自分の席についていても、仕事などまったく手につかない状態のままだった。アダムが受けたであろう衝撃を、ボク自身も頭から振り払うことができなくなっていたのだ。あるいは彼の方が正しいんじゃないか。あの番組タイトルがらみの一連は、ゲストたちからすれば、騙し討ちみたいなものになっているんじゃないのか。

彼が提案してくれた『難問答』という響きも気に入らなくはなかった。でも、そこから浮かべられるのは〝感応者（エンパス）〟とかその類（たぐい）を自称している人間が司会を務めているような、公営ラジオみたいな番組だった。意味ありげに胸の前で手を合わせ、目を細め、そしてゲストがなにか言うたびに、ここぞとばかりに思いっきり首を縦に振る、みたいな感じだ。

いや、ボクだって将来的には、そうだな、いろんなものを卒業し、ただもっぱら、精神世界を巡（めぐ）る大真面目な金言がデカデカと書いてあるようなマグカップでお茶ばかり飲むようにまでなったなら、あるいはそういう番組をやらないでもないとは、誰にも言い切れないとも思う。だけど、今やっているこれは、そういうものではない。

ふと、多くの疑問たちの一番の根っこになっているあの短い単語の公的な意味について、自分ではこれまで一度もきちんと調べたりなどしていないのだな、と気がついた。

大急ぎで〝憎しみ（ヘイト）〟と打ち込んでググってみた。

〝張り詰めた、あるいは強烈な嫌悪感〟。グーグル様の答えはそうだった。

「憎しみ、あるいは憎悪（ヘイトリッド）と呼ばれるものは、根深く、かつ究極的な嫌悪感である。個人にも集団にも向けられうるし、なんらかの実体や物体、行動や思想がその対象となることもある。憎悪はしばしば怒りの感情や忌避感と結びつけられ、多くの場合、敵意へと至りがちである」

横のバーからチャイムを鳴らして割り込んできたウィキペディア閣下の説明の方はこんな具合だった。
そのまま〈ニュース〉タブをクリックした。最近の事件でこの単語がどう使われているのかを知りたかったのだ。

「首吊り縄を使ったヘイトクライムが急増している」

これは南部貧困法律センター（サウスポヴァティロウ）の報告だった。

「オルタナ右翼、白人ナショナリズム、言論の自由等々：極右用語解説」

米国公共ラジオ放送（ナショナルパブリックレイディオ）のこの記事は、基本はイジリだった。いろいろ覗いていくとさらにリンクがあり〝言論の自由とヘイトスピーチの違い〟といった論説へと繋がった。

「カンザス・ジェイホークス：何故カンザスファンは、今なおミズーリを憎むのか」

こっちはスポーツブログに上がっていた最新の記事の見出しだ。両大学のフットボールチームのライバル関係を扱っていた。

どうやらこの言葉の守備範囲は相当広いようだ。差別主義者（レイシスト）のリンチ的犯罪からスポーツ上での敵対関係にまで至っている。

PCのデスクトップの、グーグルの検索結果から少し右に離れた場所には、我が〈ヘイトフォルダー〉が相変わらず鎮座ましましていた。一切の始まりとなったものだ。するとふと、改めてこの中を手繰（たぐ）ってみれば、なにかしらはっきりしたものがつかめるんじゃないかという気持ちが起きた。

自分がなにを捜しているのかも定かではないまま、ボクはまたそいつをクリックして開けていた。きっとこのスクロール作業が百万回目に達した時に、ボクは求めてきた明晰さに出会うのだ。だからボクは、さながら大地をより一層理解すべく泥をサンプリング調査する地質学者よろしく、中から投稿のスクショを四つ、適当に選び出してみた。

「どうぞご自身を首チョンパください」

この簡潔な指示は、見も知らぬライアン君から来たものだった。ふむ、こいつはたぶん憎しみで間違いはなさそうだ。

「お前はクソのそのまた欠片だ」

フランクのメッセージにはそうあった。まあ、こいつもその範疇だろう。

「てめえんとこにヒットマン送ってやるからな」

FBにちゃんと自分のページを持っているマイクという人物からは、そんな警告文が届いていた。わからんけど、憎悪の定義には入りそうだ。

「ディラン・マロンって超うざい」

これはカイラという女性のツイートだ。

——ふむ。

ニュース記事と同じだ。やっぱりこの語の守備範囲は、こちらが予測していたよりも相当どころではなく広い。だってこうやって眺めてみると、カイラの〝うざい〟という扱いは、フランクのより直接的な換喩に比べればよほど無害だ。だがそのフランクの力作も、ライアンの〝どうぞご自身を首チョンパください〟の誇る豊潤な映像喚起力を前にすれば、ほとんど足元にも及ばない。それでもこっちはまだ、自分の命を裁断する権限についてはは一応はボクに預けてくれている。マイクがその任とコストまでをも自ら引き受けようと申し出てくれているのとは対照的だ。

でも、それぞれが苛烈さの度合いの違いでしかないことは、まあ理解できる。カイラの居場所はフランクの立ち位置からそこまで離れているわけでは決してないし、そのフランクがライアンと同じフォルダーに区分けされている事実は納得できるものだろう。ライアンとマイクとの親和性も高い。戦略は違えど、二人が二人とも、ボクがくたばるのを見届けてやりたいと思っていることに変わりはないからだ。だが、こうした隔たりに増加傾向があることは認めるとして、それでもなお、カイラとマイクとの間の溝となると、ほぼ計り知れないくらいに見える。

こんな具合に多少の時間をおいてから改めて俯瞰してみると〝ディラン・マロンって超うざい〟というメッセージと〝てめえんとこにヒットマン送ってやるからな〟とが、さながら道徳的にまったく位相を異にした別の宇宙に存在しているかのごとくであることがはっきりわかった。ただボクが両者をひとまとめにし、自分のＰＣのデスクトップにこしらえていたデジタルの監獄へと押し込んでいただけだ。

そこでボクは、さらにいくつか〈ヘイトフォルダー〉の我がコレクションたちを開けてみた。するとすぐ、ボクを〝うざい〟と称した、いわば無害な良性腫瘍のごときカイラのメッセージよりもさらに一層、この収納場所に相応(ふさわ)しくないものが複数見つかった。

「ディラン、今すぐに自分のその、クソみたいな主張を正当化することはやめるんだ。二日か三日、時間をおけ。そしてよく考えろ」

「君が判断の根拠としているのは、まるっきり身障者差別主義者(エイブリスト)の戯言(ブルシット)だぞ。これだけははっきり言っておく」

「あのビデオには悲しくなりました」

胃がキュッとなった。これらがなにについて言及しているかはすぐにわかったし、そもそもが、こういうものをここに突っ込んでしまっていた事実自体に自分が情けなくなった。少し前にボクは自閉症(オーティズム)を取り上げたビデオを作っていたのだが、実質なにもわかっていないままでむしろ身障者差別主義者(エイブリスト)たちの主張のいくつかに加担するような形になってしまい、結果、それぞれに自身も自閉症を抱えていた少なからぬ視聴者たちに不快な思いをさせていたのだ。

たとえばボクは、自閉症のゲストの、自閉症ではない父親の方もインタビューの相手として迎え、状況の説明をむしろ彼の方に頼ってしまった。さらに編集の段階では、息子へのインタビューの映像に父親の声をかぶせてしまうようなことまでした。そのうえ、息子の方へのインタビューも、あたかも彼が自閉症のすべてを代表して喋(しゃべ)っているのだといった具合に実施してしまった。現実はこの病気は人によって状態がまったく違う障害で、個々の患者が互いにまるで似ていない日々を送っているのだった。

今ボクが〈ヘイトフォルダー〉の中に再発見したこれらのコメントは、そもそもがボクをこき下ろしたいアンチたちから届いたものではなかった。むしろ日頃から応援してくれているファンたちが〝今回ばかりはしくじっているぞ〟と警告してくれていたのだ。こういうのが建設的批判と呼ばれてしかるべきものであるのも明らかだ。ボクが彼らを傷つけてしまったがゆえに出てきたものだ。

なのに、これらの反応を受け取ったその時のボクは〝殺すぞ〟という脅迫やオカマを論(あげつら)う罵詈雑言(ばりぞうごん)をしまっていた、その同じ場所へと振り分けていたのだ。大慌てで保管場所を移しながら、ふとこんなふうに考えた。ここにあって、ボクが〝憎しみ〟だと感じていないものとは、いったいいなんだ?

子供の頃のボクは両親に向け、極たまにではあったが、それでも時に目一杯の大声で〝大っ嫌いだ（アイヘイトユー）〟と叫んでいたものだ。きっかけは様々だった。〝遊びに行く約束の日付を変更しなくちゃならなくなった〟とか、さもなきゃ〝観たいテレビを観ていいっていうのは宿題が終わってからだぞ〟とか言われたり、といった感じだ。それからたぶん、彼らが離婚してすぐの年、二人がボクを座らせて休日の予定表だかいうのを見せて寄越した時にも、確か同じ台詞を口にしたんじゃないかと思う。

もちろんボクはここで、自分は字義通りに彼らを憎んでいたのだ、と言いたいわけではない。正直に言うが、自分でその意味をわかって口にしていたとも思えない。知らない言葉を使えたなんて、ひょっとして子供時代特有の超自然的な能力の発現だった可能性も決して皆無ではないとも思うが、まあでも、もうちょっと別のものだろうなとは思っている。

つまり、圧倒的で言葉にできない感情を表現するのには〝大っ嫌いだ〟というのが一番手っ取り早かったからだろうと思うのだ。だって当時のボクにはまだ、決してこんなふうには言えなかったのだから。

「ああ、今ボクは、なにかしら根源的で、かつ至極複雑な感情に苛（さいな）まれています。そもそもボクは、現在はまだなお感情表現の分野の語彙を絶賛蒐集中なわけですけれど、どうもそこには、この感情を表現するのに相応（ふさわ）しい言葉が見つからないみたいなんです。だけど、もし寛大にもあなた方が今しばしの猶予をくださるのであれば、ボクとしてはこの感情を突き詰めて、自分の身に起きているのがいったいどんな事態なのかを解析することも決して吝（やぶさ）かではありません」

だから、こんな具合に口にする代わりに子供のボクは〝大っ嫌い〟という言葉を使っていたのだ。それが一番近似的な要約だったからだ。

ひょっとして、弾幕さながらの息もつかせぬ勢いでデジタルの否定的メッセージがボクの元へやってきていたあの時期にも、よく似た現象が再び起こっていたのではないのか。容赦など一切なしの襲撃に晒されていたボクには、それぞれのリプの苛烈さの度合いを見極めている余裕が皆無だった。子供の頃ようやく自分の中に形をなし始めたボクの心と同様に、デジタルの世界に息吹き始めたばかりの二進法形態の我がものごころは、この圧倒的な量の否定的態度の強襲を前に、それらをどう扱っていいのかがわからなくなった。だから本来は、このフォルダーはこんな感じで命名されるべきだったのだ。

〈でじたるノ世界ニオケル否定性ノ、柔ラカナ嗜メカラ、字義通リノ殺害予告ニマデ至ル、広範ナ眺望。ああアト、実ニマットウナ批判モアルニハアルケド、コウイウノハ全部、ソレゾレニ固有ノ育チ方ヤ経験ヲシテキタ個別ノ人間カラ送ッテヨコサレテイル。ソウイウノヲトリアエズ集メタふぉるだー〉

でもその代わりにボクは〈ヘイトフォルダー〉という名前で済ませてしまった。いやまあ、タイピングの手間がかからなかったことは本当だが。

二〇一六の一月に、社会心理学者のニック・ハスラムが、ある学術誌上で〝概念の漸動(コンセプトクリープ)〟なる新語を提唱している。これは、虐待やイジメ、トラウマ、精神障害、さらには依存、偏見といった言葉の定義が、なべて拡大傾向にあるという現象を、包括的に表現しようとした術語である。

「人間の経験や振る舞いの、特に喜ばしくない側面にかかるこうした言葉は――」

ハスラムはこんなふうに書いている。

「全般に意味そのものを広げる傾向にあり、これに伴って、以前より格段に多くの現象が、これらの語によって言及されるようになっている」

しかしこの説明を鑑（かんが）みるなら、ひょっとしてボクは〝憎しみ〟という語がじわじわと自分の守備範囲を広げていくのに手を貸したりしていたことにもなるのだろうか。

口語のレベルでは、この単語は実に柔軟だ。クー・クラックス・クランについても使えるし、ものすごく期待されていたのに大ゴケした映画にも使える。むしろ、この語の本当の意味については、文化としてのボクらはまだ、同意になんて全然至っていないとでも言った方がいいのかもしれない。

それからの数週間の間もボクは、頭の中で〝はたして番組タイトルは変更した方がいいのかどうか〟という考えばかりを捏（こ）ねくり回していた。だが結論が出せる前にいつのまにか月単位の時間が過ぎて、結局は公開日の方が先にやってきてしまった。

二〇一七年七月三十一日の朝だった。初回の映像は数時間前に公開されていたのだが、そこで電話がメールの着信を告げた。番組の宣伝担当のクリスティーンからだ。

「いいもの見せたげる」

すぐ下にリンクが貼ってあった。クリックすると解像度のやけに高い自分の写真が出てきた。電話のうちの一本の収録の際に撮影されたもので、ボクは笑っていた。写真のすぐ上には見出しもあった。

〈アラシと電話してとことん話した男〉

「あたしも期待してんのよ」

御礼を打つと、クリスティーンからはそう返信が来た。ボクだって期待はしていた。でもこの時の感情にはなにか別のものが紛れ込んでいた。それが実際なんなのかは自分でもよくわからないままだった。

次は八月八日の火曜日だった。〈ＵＳＡトゥデイ〉が今週のポッドキャストのコーナーでボクらの番組を取り上げた。

「ネット上でアラシと関わると、大抵はろくなことにならない」

記事はそう始まっていた
「だがこの番組の首謀者ディラン・マロンが、あえてそうすることを決めたのは一目瞭然だ。なんたってタイトルを『やつらがボクのことなんて大っ嫌いだってあんまりいうから、とりあえず直で電話して話してみた件』というのだから」

舞い上がって然るべきだということもわかっていた。でもやっぱりまた、胃のどこかに小さな穴が空いてしまったような感覚がどうにも拭えなかった。興奮は留保つきだった。

八月十一日は金曜だった。今度は〈ガーディアン〉誌が番組を取り上げてくれたことを教えられた。

「熱狂的テーブルサッカーファンに、自らのアラシと話す件、そして例の座天使たちのゲーム。さて今週の注目株は――」

この記事にも、やっぱりボクが笑っている、また別の写真が掲載されていた。

再び締めつけられるような感じが甦ってきた。いったいなにが引っかかるんだろうと自問した。注目を厭うなんて、まるっきりボクらしくない。あ、いや、子供時代は別だけど。なんかやばい引用でもしでかしていたか、それとも不用意な発言でもしていたか。それにしたって、こんなに気にかかるのは変だと思い、原因を見極めるべく三つの記事を注意深く再読した。

「アラシに電話してとことん話した男」

小声でこそあったが、実際に声に出して読み上げることもした。

「ネット上のアラシと関わると、大抵はろくなことに――」

「アラシと話す件」

ようやく共通分母が見つかったようだ。アラシ（トロル）という単語だ。

確かにボク自身も、初めてジョシュと話すまでは、この〝アラシ〟という語に疑問を抱いたりはしていなかった。だから最初のスライドショウには『アラシ（トロル）を哀れむうた』なんてタイトルをつけ、考えなおすこともしなかった。必要すら感じなかった。彼らがまだ、ただのスクショに過ぎなかった段階では、絡んできた連中をアラシ（トロル）と呼ぶことにも抵抗は一切なかった。

その二ヶ月後にジョシュとの最初のビデオを公開した時には、番組は『戯言（ブルシット）をやめさせろ!!――ボクんとこをアラシ（トロールド）に来た野郎の回』とか呼んでいた。名詞から動詞へのジョブチェンジこそしたが、使用はやめていない。ところが収録回数が増え、つまり、自分が問題のいわゆる〝アラシ（トロル）〟たちと会話することが重なると、なんだか違うように感じ始めた。そして今、露出の中でこの語が使われているのを目の当たりにしてしまうと、自分の辞書からこの言葉をすっぱり消し去りたいくらいの気持ちになった。

まずは現実的な制作上の問題があった。この番組はゲストなしには成立しないわけだけれど、もしボクがこんな具合に誘っていたら、絶対誰もうんとは言ってくれていなかったはずだ。

「やあ、今度の新しいポッドキャストは、ボクがアラシ（トロル）と喋（しゃべ）るっていうやつなんだ。それで君と話したいんだよ」

これじゃあ、たとえばこんなふうに夕食に誘っているのと大差ない。

「やあ、実は今、宿敵を招く晩餐会って企画をやってるんだけどさ、真っ先に浮かんできたのが君だったんだ。どうだい？　遊びにきてはくれないか？」

　だけどここにはもっときちんと考えるべき重大な問題がある。アラシ（トロル）という語が、自分とは隔てられて異形（いぎょう）をイメージさせるという点だ。橋の下にいる化け物だ。自分たちの棲処（すみか）から這い出してきては、善良で働き者の村人たちに害を為す存在だ。でも、ボクは自分のゲストたちをそんなふうには見ていない。いや、ひょっとして、今はもうそんなふうには見ていないというべきなのかもしれないが。

　フランクはシナモンという名前の飼い犬がいる男性だ。そしてボクのことを〝クソのそのまた欠片〟呼ばわりしていた。十代のジョシュの学校生活は、ボク自身のそれを思い出させた。そしてまあ、こっちの彼は、ボクを〝間抜け（モロン）〟だと言っていたわけだ。

　教師のアンナは、いかにも、という感じではあったけれど、実は心の問題を抱えていた。たまたまボクのビデオを観た彼女は、その中身を押しつけがましく感じ、不快感を覚えてしまった。マシューはボクと同じように、自分の仕事を通じて社会的な問題を提起していきたいと考えている前衛芸術家だった。同時に彼は〝マロンって野郎はリベラリズムの一番よろしくない側面を体現しちゃってる〟とも考えていた。そしてアダムは、ネット上での見知らぬ相手と愛について話すことに熱心な大学生だった。そして彼は同性愛忌避の強い思想を植えつけられて育ってきた。

　ボクのところに届いた彼らのメッセージやテキストは、実際には彼らのほんの一部でしかなかった。だからこうした、三つの次元のそれぞれに、ちゃんとしたベクトル量を持っている存在たちを、どうやったら〝アラシ（トロル）〟なんて言葉で括（くく）ってしまえる？　彼らは橋の下で暮らしてたりしないし、ただもっぱら村人を苛(さいな)むためにだけ人生を生きているわけでもない。むしろ彼らこそは村人の仲間たちだ。
だから、彼らときちんと話をしたことでボクは、この〝アラシ(トロル)〟という語を使えなくなってしまったのだ。もちろんここで〝まあ、なんて純なボクちゃん〟みたいなことを気取りたいつもりで言っているわけではないし、政治的正しさ(ポリティカルコレクトネス)の極北的問題にしたいつもりもない。すべてはボクが彼らと直接言葉を交わしたがゆえだ。彼らが人間である事実から目を背けることができなくなったのだ。

「忘れちまうのが一番いいよ」

いずれは〈ヘイトフォルダー〉となっていったこの手の否定的なメッセージやコメントが最初に舞い込み始めた時期に、まずボクが相談した友人たちは、他意もなくそう慰めてくれたものだ。そんなことが思い出された。

「そういうやつらはまだ母親所有の家の地下室で暮らしている、哀れな輩(やから)に決まってるんだから」

その時にもボクは、いや、全部が全部そういうわけでもないだろう、と直観的に思ったものだが、今はもうそれがいわば〝なんとかも方便〟的な、決して真実ではない物言いだったのだとわかってしまった。ゲストたちのほとんどは、家族に支えられ、堅固な社会生活をきちんと維持していたし、地域の集団にもちゃんと属していた。それに、孤絶に向き合ったり、あるいは経済的な問題をクリアにして、自分が子供時代を過ごした家屋敷からの自立を計画しているような人たちであれば、むしろ話しやすかった。

だがそれにしても〝アラシ(トロル)〟という語を無意識に忌避したがっていた自分が〝憎しみ〟についてはそのままにしていたのはどうしてだろう。曖昧(あいまい)で大袈裟である点ではどっちも変わらないだろうに。どちらもが社会に起きる複雑な相互反応を表現しようとしているが、いささか切り詰め過ぎている。誰もが好き勝手に使ってしまえるものだから、もう両方ともほぼ普通の言葉になっている。

だから、反意を唱える者なら誰でもアラシ(トロル)と呼べてしまうし、否定的態度の方は、どれほど些少でも〝憎しみ(ヘイト)〟と呼ばれてしまうのである。なのにボクが片方を嫌い、もう片方は使っているのはなんでだ?


八月の第二週だった。第三回の放送分の最終仕上げをしなくちゃならないとわかってはいたのだが、ボクは携帯電話から目が離せなくなっていた。凍りつくような気持ちでリロードを繰り返し、最新情報を追いかけていた。バージニア州はシャーロッツヴィルで、白人至上主義者を自称する連中が集会からデモへと雪崩込んでいたのだ。

「貴様らに俺たちの場所は渡さんぞ!」

松明(たいまつ)を手にした軍団がそうシュプレヒコールを上げていた。中にはナチの鉤十字(スワスチカ)の旗をこれ見よがしにひらめかせている者までいた。現地にはクー・クラックス・クランの前首領だという人物もいて、自分の目の前で起きている事態に興奮を隠そうともしていなかった。

「これこそはこの国の社会の転機となる事件だよ」

取材に答えた男は、誇らしげにそう語った。

すると我が友人諸子たちがこの言葉に反応し、あちこちで強烈な反論を開始した。示唆(しさ)に富んだ至言の数々がタイムラインに流れ込んできた。

「この国に〝憎しみ(ヘイト)〟の帰ってくる場所なんかないぞ」

今にも噛みつかんばかりの勢いで、誰かがそんなことを言っていた。

だけどさ、と、でもボクは思ってしまった。そいつの居場所は確かにあるんだよ、と。

「私たちはこんな連中とは違う」

ネット上の知人の一人は声高にそう叫んでいた。うーん、と、胸の中だけでボクは唸った。いや、ボクらの中にだって、こういう部分は決して皆無ではないんだけどね。

こういう態度こそはまさに由緒正しき我がアメリカの伝統的行為なのである。我ら〝善きアメリカ人〟たちは、たとえば戦時下に起きた真っ青になるほどの残虐行為のニュースなどを目の当たりにしたりすると、反射的に加害者から距離を置き、逆に彼らのことを、怪物とか獣とか、さもなきゃ負け犬とかチキン野郎とか呼んで、すなわち、人間以下のものとして扱い始めるのだ。

「あれは同胞なんかじゃない」

ボクらは叫ぶ。

「こっちの岸にいる我らこそ善で、向こう岸のあいつらが悪だ」

こういう物言いにはボク自身、時に鳥肌立てて奮い立ってしまうばかりか、実際一緒になって声を上げていたようなことも頻繁にあった。しかしこの日に目の当たりにした同じ光景は、口の中に苦いものを残しただけだった。

糾弾されていた行動が残忍性を帯びたものではなかったと言いたいのではない。実際それはそういうものだった。そして同様に、ボクが白人至上主義の脅威を軽視したがっているという理由のせいでもまったくなかった。むしろそういう思想は言葉通りに脅威だった。そうではなくこの苦みは、自分でも気づきたくなかったものの存在に気づいてしまったがゆえのものだった。

つまり、こういうあからさまな悪とボクらが距離を置きたがるのは、ボクら自身とボクらの国家に自分たちが抱いている幻想を脅かされたくないからなんだ、ということである。

激情たっぷりに〝憎しみ（ヘイト）の帰ってくる場所なんかねえぞ〟とか叫んでいれば、そもそもがその凶悪行為を引き起こすことになった状況に対する有意義な分析まではせずとも、とりあえずは自分がなにかして前に進んでいるような気持ちになれる。しかもそうすることでボクらは、もっとも恐ろしい事実にちゃんと向き合うことを先延ばしにすることまでできてしまう。

恐ろしい事実とはすなわち、危険な思想も暴力的行為も、我々と同じ人間に宿り、人間を通じて顕現しているものだ、ということだ。それは同時に、身の毛もよだつことではあるけれど、そういうものがボクらの中で育っていた可能性だってあるんだ、ということでもある。

ようやくボクにも、どうして自分が〝ボクのことを大っ嫌いだっていう相手〟という表現は平気で、なのに〝アラシ（トロル）〟に対しては居心地の悪さを感じるのかがわかってきた。一方は相手をちゃんと人間として扱っているが、もう一方は非人間扱いしているからだ。前者には〝ネットで罵詈雑言（ばりぞうごん）を送ってきていた連中も、実はちゃんとした人間だったんだ〟という複雑な事実を内包させられる。だが後者にまで行ってしまうと〝これら悪口罵倒の責任はもっぱら、我々とは異なる化け物、たとえば、橋の下に棲む人外の怪物とか、そういう存在にあるのだ〟と誤魔化して片付けることができてしまうのだ。

表現の上だけでとはいえ、自分のゲストたちを、地下の集合房みたいな場所に追いやってまとめてしまっておくことは、ひょっとして当座は安心なのかもしれないが、長い目で見た時、はたして最後には誰かの役に立っていたりもするのだろうか。ボクは電話を重ねるそのたびに、ゲストたちがたまさか向こう岸に行ってしまったような特殊な人間ではまるでないことに気づかされてきた。むしろ事実は真逆で、彼らとボクとは基本同じものでできていた。影響を受けてきた外部の要素が違っただけだ。たぶんだけど。

「君が育んでいるその同じ種子を――連中は違う形で育てているとも言える」

ウェストボロ・バプティスト教会を引き合いに出しながら、ボクはアダムにそう言った。その言葉が思い出された。

〝憎しみ〟というものを種子として捉えなおさなければならないのはアダムだけではなかった。ボク自身にもそういう検証作業が必要だった。ボク自身を〝憎しみに満ちている〟か〝そんなことは全然ない〟かのどちらかに分類しようとすることは、おそらく二分法に囚われ過ぎている。

たぶんボクらは土壌なのだ。そして〝憎しみ〟という名のその種子がいったいどのように育つかは、ボクらがそいつをどんなふうに面倒みてやるか、そして、一緒に作業してくれる庭師としてどんな人間を信頼し、委ねるかに左右されるのだろう。

世話の仕方を間違えば、種子のうちのいくつかは〝憎悪〟という醜くもいびつな姿へと成長してしまう。また中には、自分たちとは違う相手に対しても、不承不承とはいえ、一定の忍耐を持って接するという花を咲かせたりもするのだろう。人によってはそんな種子があることに気づかないままずっと抱えていくこともあるのだろうし、あるいはアダムのように、あろうことか、それを愛だと取り違える人もいるかもしれない。

けれどありがたいことに、決して〝憎しみ〟だけが唯一の種子ではないのだ。問題意識というものもまた種子と成り得るものだった。それはボクらの心に根を張って、ボクらが時折気にかけたりしているかぎりはそこに在り続けてくれる。やがてはボクらに、普段は愛と呼んでいるものを改めて考えなおさせたりもする。あるいは〝ほかの人間を指すために、いったいどの言葉を使うべきかを精査する〟といった花を咲かせもするのである。

ネットの生み出す不協和音は、いとも簡単に、ありとあらゆる否定的言辞を〝アラシ〟と一括り(くく)にさせてしまう。あのゲームは当然のごとく相手を人間ではないなにかだと思わせてしまいがちだし、さらにあの場では誇張しまくった話法ばかりを推奨され、そのうえ〝なんでもアリの嵐〟は毎日のように起こり、圧倒的な量の情報をこっちにぶつけてくる。そうなると、ただ〝ウザい〟と言ってきているだけの相手を、こっちのことを〝死ねばいいのに〟とまで考えている人間と同一視してしまうことも簡単なのだ。だからこっちを〝クソのそのまた欠片〟呼ばわりした見知らぬ他人の悪口を集めたフォルダーの中に、建設的な批判を突っ込んでしまうなんてこともついやってしまう。

だけど最早〝憎しみ〟という言葉すら陳腐(ちんぷ)になった。反射的に、ほとんど気軽に口に出すなりタイプするなりできてしまう語彙の仲間入りを果たしている。しかもネット上で我々が〝憎しみ(ヘイト)〟と見做(みな)すものたちはすっかり混乱しきっている。

でもこうした事態もいずれは、価値の転倒みたいなものを引き起こすんじゃないのかな、と、ボクなんかは思うのである。きっとお互いにきちんと会話することで、いったいなにが憎悪でなにがそうでないのかは、もっとよくわかるようになるだろう。そうして、こうした関係性を通じてこそボクらは、ほかの誰かの中に、まだ本人すら気づいていないなんらかの種子が蒔(ま)かれているのを見つけられるようにもなるのである。

五章

論戦はスポーツ

いずれこの日がやってくることは当然予測できていた。今ボクは、すっかり痩せこけた自分の農地を呆然と眺める農夫よろしく、我が〈ヘイトフォルダー〉を見渡していた。だから、いったいどこになら次の収穫が期待できるのかと途方に暮れていたのだ。

とうとう〈ヘイトフォルダー〉の住人たちの全員が、番組への招待をすでに断わって寄越したか、そもそもがこちらの連絡には一切反応もしてこなかったか、さもなければ、向こうから届いたメッセージのあまりの言語道断ぶりに、ボクの方から〝連絡なんぞ絶対したくはないぞ〟と決め込んだ相手か、そのどれかの分類に割り振られてしまったのだ。あ、もちろんこのカテゴリーのどこにも当てはまらないという相手もいるにはいたが、それはすなわち、その人物が、ボクがもう会話を収録してしまった十人のうちの一人である、ということを意味した。

そういうわけで今日のこの日、比喩的農業用耕作機（トラクター）の運転席に収まったボクは、ほかの収穫場所を探すべく、方向転換し、エンジンの回転数を上げたところなのである。幸いなことに、心当たりならなくもなかった。

〈シリアスリーTV〉時代の仕事の中でも一、二を争う人気を誇ったボクのビデオに『異性愛者のプライドデイをお祝いしましょう』というものがあった。〝LGBTたちによるプライド月間〟というものがあって、この時期にはパレードなんかも催され、みんなでお祝い騒ぎをするのだが、これを見たストレートの方々のうちの、少数ながらもやや声の大きめの皆様の集まった派閥から〝自分たちにもこういう記念日があったっていい〟といった感じの抗議が上がってきたものだから、この映像はつまり、そうした要請にお応えすべく制作された、偽の政府広報だったのである。

ビデオ内のボクは、豪華客船とかホテルのエレベーターとかでかかる柔らかめのイージーリスニングをBGMに、スツールに座って真っ正面からカメラを見据え、この嘘っぱちの祭日の嘘っぱちな歴史を仔細に解説してみせていた。かなりの人にウケてもらえたのだけれど、今となってはむしろ幸運なことに、これを〝クソ面白くもないゴミ〟だと思ってくれた人たちもいたわけだ。つまり、次のゲストを探すのであれば、このビデオのコメント欄こそはまさにうってつけの畑だったのだ。

「こいつマジでガン」

まずこんなのが出てきた。

「黙れオカマ」

続いてこんなのも。

「？？　なんでこのしょうもないのが俺ンとこ流れてくんの？　イミフなんだけど」

三人目にはそう訊かれた。そしていよいよ四つ目がボクの目を捉えた。

「セルフあぼーーーーーーーーーーーーーーーーーーん絶賛推奨。犠牲者ぶりっ子のへちゃむくれ殿、是非とも実行よろ」

この書き手は、強調目的なのか、実に二十三個もの音引き(ー)記号を採用していた。

「僕はね、オカマの人たちだって基本は大好きだ。だけどこの手合いは性別も人種も性自認も関係なくダメだよ。こういうやつらは死ぬまで島流しがよろしいと思う」

〝セルフあぼん〟とか〝逝ってよし〟とか〝吊ってよし〟とか、この手の表現にはとにかく親類縁者がたくさんいるのだけれど、こうしたキッツい言い回しは、ネットではしばしば見受けられる。ボク自身の経験から言えば、ほかにも〝脱色剤(ブリーチ)飲めや〟とか〝息すんのやめたら？〟とか、あとは、一連の自分の開封の儀のシリーズに引っかけて〝次はあんたの自殺を開けてね♡〟とか、言ってもらったことがある。

一応はここまで自分で自分に課していた〝直接の肉体的危害を与えるようなことを仄めかしているメッセージの送り主は取材相手には選ばない〟という例のルールも鑑(かんが)みたのだが、でもボクは、最近になってさらに、こういうルールも追加しておいたのだった。すなわち〝メッセージはちゃんと字義通り受け取ろう〟というものだ。この相手は決してボクを絶対に傷つけてやろうと誓いを立てているわけではない。ただ、ボクが自分でそうしてくれるといいんだけどな、といったリクエストを提出しているだけだ。

発信者の名前をクリックし、その先のリンクへと飛んでみると、かなりキチキチにトリミングされた男の横顔の写真が出てきた。カメラからは目線を外し、輪郭は髭で縁取られている。相手は名前をEといった。拾えた情報からカナダ人だとわかった。

「やあE。こっちは今ちょうど、君がボクのビデオにくれたコメントを見たところなんだ。どうやらボクのファンというわけではなさそうだね(笑)――いや、その辺はお気遣い御無用だ。むしろ、だからこそ今回君に連絡を取りたいと思いついたりしたんだ。実はボクは今、君がくれたみたいなコメントを送ってきた相手と、さらに突っ込んだ話をしてみるという内容のポッドキャストをやっている。お互いに黙らせてやろうかっていうような話じゃないし、もちろん論戦とも違う。話すことでボクの方は君の立ち位置みたいなことをもっと理解できるようになるし、君の方にも、ボクのスタンスを、よりはっきりわかってもらえるんじゃないかと思ってるんだ。どうだろう、ゲストで出てはくれないかな？」

送信。ポチッとな。

「ノッた」

Eの返事は早かった。

「あんたまともそうだしな。楽しめそう」

十二日後にはもうボクは、例の椅子に収まって、顔の前に伸びてきていたマイクをトントンやって一応のサウンドチェックを済ませ、そしてそのままEの電話番号をプッシュしていた。

「ひゃあっほぉぉぉぉう」

呼び出し音二回でEが出た。長音部の〃ぉ〃の音には、節回しまでついている。まるで自分は何シーズンも続いている人気のシットコムの登場人物で、今のが決め台詞なんだとでも言いたげだった。

この小さな、なんのことはない一瞬にはいつだって、急激な化学反応があった。ゲストの第一声を耳にするとそれだけで不思議に落ち着いたのだ。どの電話でもそうだった。向こうから最初に来ていたコメントがたとえどれほどどえげつなかったとしても、こうした最初の声には例外なく胸が温まる感覚が起きた。まるでボクらが交わしていた憎しみは所詮見せかけで、しかも今は、そういうのもとりあえず脇に置いておくことでしっかり合意ができているかのようだった。

当たり障りのないところから始めるつもりで、こっちもまず、調子はどうだい、とか訊いてみた。

「まあ、あれだな。俺、この後は新しい面接を受けにいくんだよ」

返事はそうだった。さらに詳しく教えてもらうと、Eは今大学の二年目を迎えるところで、飲食関係のバイトを探している最中なのだそうだ。専攻はコンピューター工学で、現在はブロック崩しみたいなゲームを絶賛制作中であるらしい。本人はこう言っていた。

「だけどこいつは反撃してくるんだよ。レーザーとかほかのなんやかやでさ」

「君はゲーマーなのか？　それとも、どっちかというと技術的な興味の方に寄っているの？」

訊きながら自分でも、まるで休日の集まりで久し振りに会った甥っ子を溺愛している叔母さんが、とっくに成人している相手との会話の糸口を捜している、みたいな調子になってしまったな、とも思った。

「そうだな、うーんだから、ゲームはもちろんやるよ。大体が自分のＰＣだ」

Ｅはそう言った。なるべく簡潔な言葉を選びながら、ちょっと様子見でもしているみたいな返事の仕方だった。多くの場合ゲストたちが懐襟を開いてくれるまでには、それなりに時間がかかるものだった。だからボクも通話の最初では、とにかく他意を持たずに耳を傾けるよう心がけてきた。向こうが乗ってくれそうな話題はなにかを見極めるのだ。

「今楽しんでいることはなに？」

「ああ、ええと、時々あちこちでギターを弾いてる。あとは、友だちとだらだらすることかな。ちょっとくらいは葉ッパもやる」

「そいつはすごい」

そう答えたが、必要以上に意気込んでしまったかもしれなかった。いや、落ち着いて聞こえるようには努めていたつもりなんだが。

「カナダではもう合法なんだろ？」

「いや、まだだよ」

そのまま彼は、件（くだん）のジャスティン・トルドー首相について、自身が思っているところを忌憚（きたん）なく披露してくれた。彼に言わせれば、同国の〝牽き馬役（ポニーボーイ）の首相〟なのだそうだ。

「思うにあの男は、大麻合法化の問題については次の首相選挙まで先延ばしにするつもりでいるよ。そしたらみんなまた投票してくれるだろうから」

思わず話題がいきなり政治の分野へと足を突っ込んだところで、Eがそれまでになく溌剌（はつらつ）としたことがわかった。そこで、会話も上手く転がしたかったし、これで彼もきっともっと砕けてくれるだろうという気もしたものだから、ボクは少し寄り道し、さらにこの方面の話を広げてみることにした。するとこんな話題が出てきた。

たとえばEの政治的態度。基本的には保守だ、と言っていた。それから反トランプのデモのことと、カナダにおけるこれら抗議行動の意味について。Eは〝だけどまあ、あの人はクソッタレだが、僕らの大統領ではないからね〟と鼻で笑うような音を出した。

さらには政治における派閥の問題や、シャーロッツヴィルの事件のことも話題に上がった。あの町を行軍した白人至上主義者たちの責任をどう追及するのが正しいのか、という点では多少やりあった。その流れで、極左勢力アンティファ（ANTIFA）が出てきた。あれこそは真に厄介（やっかい）な問題なんだよな、とはEの弁だ。

「だって基本はナチスにそっくりなんだから」

その後は一緒に現代メディアを俯瞰した。陰謀論のことや言論の自由、そこからさらに掘り下げて、カナダの人権裁判所について。

「マジで気をつけた方がいいよ。相手のことを本人が望んでいる代名詞で扱ってやらないと、連中に罰金を課せられちまう羽目になる」

Eはそう警告しもしてくれた。そこから話は性自認の問題になり、アンティファがもう一度出てきて、シャーロッツヴィルの事件に戻ったところで今度は南軍の銅像の話になった。そのままひとしきり南北戦争の話をした。ここには〝上官から命じられた行動について個々の兵士はどこまで責任を負うべきなのか〟といった議論も含まれた。

再びトランプが持ち出され、一旦は差別主義に触れた後、さらに三度目のトランプ論へと戻った。そこからまた人権裁判所の話に戻って代名詞の性別のネタを蒸し返し、そこで今度は〝オーウェル的〟という用語へと移った。はたして『一九八四年』を読んでいない人間がこの〝オーウェル的〟という言葉を使っていいものか、といった内容である。ちなみにボクらのどちらも未読だった。

そこから先は生物学、人種的差別、騎士道精神、健康管理、そして心のそれといった中身が続き、そこから性自認の連続性といった話、つまり、そうしたものに中間はあるのかどうか、といった内容で盛り上がり、それぞれのいろいろと踏み切ってしまったナイスな友人たちの話をし、そしていよいよ、自分自身が決して直接的な影響を受けてはいない社会的問題について、いったいボクらに議論する資格があるのかどうかという問題を巡ってかなり緊迫した鍔迫り合いを繰り広げた。

このせめぎ合いが大体収まってきたかなといったところで、ふと時計に目をやってみると、ほんのちょっとした寄り道のつもりだった政治の話題がもうまるまる四十四分も続いていたことに気づかされた。最初の挨拶的やりとりを加えれば、すでにほぼ一時間も話していたことになる。この電話に割り当てていた時間のすべて、ということだった。

やばいぞ、ひょっとしてこの収録は全部まるっきり使い物にならないんじゃないのか？　そう思えば取り返しのつかない気持ちが起きた。頭の中で、今の会話のどこをどう編集すればいいのだろうか、とも考え始めていた。まあもちろんそれも、これが編集する段階まで行くとして、という話ではあったが。

もう呼吸さえ上手くできないくらいの気持ちになっていた。脳ミソが場外でぜいぜい喘ぐ音を立てている。でも、多難だったこの寄り道は、確かに広大無辺で渾沌としてはいたけれど、あの〝なんでもアリの嵐〟とはどこか違っていた。問題は俎上に載せた話題が山とあったという部分にはなく、むしろ、ボクらがそこで繰り広げていた議論のやり方の側にあったのだ。

話題が進んでいくにつれ、ボクらは互いに臨戦態勢となっていった。いったいなにが起きた？　Eのバイトの面接やゲームのデザインについて話していた時の親密さから、どうしてこうまで離れてしまったんだろう？

頭の中でこの四十四分間を検証した。それも、なるべくスローモーションで細部までわかるよう再生してみた。そうするうち、自分がずっとやる気満々で応戦的で、ほとんどアオリの域にあったことを自覚した。ボクは終始、Eの話を聞こうというよりはむしろ、どうやって彼の言葉の上を行こうかということばかりに思いを巡らせていたのだった。

たとえばEの発言が、ボクからは〝噛みつかれたな〟とか〝間違っているぞ〟と思えてしまうようなものだったとしよう。〝代名詞を強制するなんてオーウェル的だ〟とか、その類だ。そういう場合もボクの興味は、何故彼がそう感じるのかではなく、どうすれば今のを面白おかしくひっくり返せるか、といった部分に向いていたのである。

アンティファについて彼が〝基本はナチスにそっくり〟だと発言した時にもボクは、気の利いた反駁を思いつくことばかりに懸命で、その先に向こうがどう続けたのかすら覚えてはいなかった。カナダの人権裁判所が代名詞の使用について罰金を課せるようになっているという話の際には、どうやって擁護の論陣を組み立てられるものかと虚しく足掻いていた。でも、個人的にはそんな人権裁判所なんてもののことなどほぼ知らなかったものだから、そうした一切は結局没にするほかなくなった。戦えるだけの基礎的な知識もなかったのだ。

この四十四分間ボクはずっと、こんな具合に、さながら自分たちの真ん中にはスコアボードがぶら下がってでもいるかのように論戦に興じていただけだった。なにか上手いことを言えたならこちらの得点になるとでも思っていたようだ。思い返せばただ堂々巡りが続いていただけだった。ボクはEと会話などしてはいなかった。ようやくそこに気がついた。ボクは彼と議論しようとしていたのだ。

議論というやつの歴史は長い。高校では課外活動に組み込まれているし、政治の舞台ではもちろんのこと、大学のキャンパスでも盛んだ。けれどこいつが娯楽の新たな形として再生したのはずっと最近の出来事になる。テレビの『ベスト・オブ・エネミーズ』というドキュメンタリーが、一九六八年という年を、こいつの復活の年として高らかに位置づけることになったのである。
やはり大統領選が行われたこの年、全国ネットのＡＢＣが、共和党と民主党のそれぞれの全国大会の当日に、二人の著名な書き手をコメンテイターとして招聘した。功名を誇った小説家にして脚本家のゴア・ヴィダルがリベラル側を代表し、一方の保守派の論客としては、ウィリアム・バックリー・ジュニアが招かれた。こっちは雑誌『ナショナル・レビュー』を創刊した人物である。この両者が、党大会のそれぞれの夜に、主に互いに政治的に意見の一致を決して見ることのできない部分について、向かい合った椅子に座り、言葉のナイフを投げ合ったのだ。

こういうことがカメラの前で為されたのは、この時がほぼ初めてだったと言ってよい。現在進行形で起きているニュースについては、書類の積まれたデスクの前に座り、もっぱらレンズの向こうの視聴者たちだけをまっすぐに見据えたアナウンサーが単独で、落ち着いた、諭すような物言いで報じることが基本だった時代である。しかしこの新たなスタイルは、意見の不一致による緊張を、さながら花火みたいに盛大に打ち上げてみせたのだった。同番組は、夜遅くの報道特集だったにもかかわらず、百万単位の視聴者を獲得した。もちろん視聴率もダントツだ。

ヴィダルとバックリーの論戦の爆発的成功が、今ボクらが毎日ケーブルテレビで観ることのできる、ニュースを掘り下げていく番組のスタイルの基本となったと信じている人は多い。対立する立場にある二人の識者だかが、重箱の隅的話題を巡って怒声を浴びせ合う、あのパターンだ。この形式は、さらに最近になってユーチューブ上でもまた息を吹き返したようだ。あそこでは意見商人の皆様方が、思想上の仇敵を自分がやっつけている映像をこぞってお上げになっている。サムネイルのフォトショップ画像のところでマンガになった御本人たちが様々な程度で憤懣を顕わにした表情を並べてみせている、あの一連だ。

ボクがあえて自分の『やつらがボクのことなんて大っ嫌いだってあんまりいうから、とりあえず直で電話して話してみた件』を、論戦の番組には絶対にすまいと意識的に誓いを立てたのは、主にこういう理由のゆえだった。初回の放送の時には番組中で明言もした。だからボクは、胸を張ってコミュニケーションの新たな形を提示したいと考えていたのだ。もっと愛あるなにかしらだ。

なのに今、Eを相手に思想信条的取っ組み合いをやるうちにボクは、形而上学的冷や汗を、自分で拭わなくちゃならない羽目にまでなっていた。この四十四分間は、あの〝なんでもアリの嵐〟の土砂降りに見舞われた結果ということではまるっきりなかった。そうではなく、いつのまに〝闘論戦場〟のど真ん中へと進み出てしまったがゆえの帰結だった。そして、今こっちがその事実に気づいた以上は、自分たちをそこから引きずり出すのはボクの役目だった。

「それでE——」

息を吐き出しながら改めて切り出した。仕切りなおしのつもりだった。

「君はボクのビデオの、誰でも閲覧可能のコメント欄に——」

たじろいだのか、Eが変な音を出した。次になにが出てくるのか察したのだろう。

「こう書いたんだ。〝セルフあぼ————————————————ん絶賛推奨。犠牲者ぶりっ子のへちゃむくれ殿、是非とも実行よろ。僕はね、オカマの人たちだって基本は大好きだ。だけどこの手合いは性別も人種も性自認も関係なくダメだよ。こういうやつらは死ぬまで島流しがよろしいと思う〟とね」

「いや、今振り返るとさ、説明不足だし、そもそも不適切だったと思うよ」

彼が言った。

「でも、プライド月間に関して一般的なことを言うとさ、だから、ゲイパレードとかだけど、あの現状は俺にはさ、なんか悲しく見えるんだよな」

奇妙なことにボクは胸を撫で下ろしていた。今の言葉に共感するなんてことはもちろん皆目なかったのだが、でもボクはようやっと、自分が語るだけの資格を持っていると思える何事かについて、彼とちゃんと意見を異にすることができたのだ。自分たちが結局のところただの傍観者にしかなれない、最近の世の中の事件ではなく。

「結局あの場で起きているのは、道の真ん中に、その、マジで奇矯なオカマ君たちがいるから、ちょっとみんな注目してよ、みたいなことになっちゃってると思うんだよな」

注意深く言葉を選びながらEが、プライド月間の一連への自分の異を唱え出した。

「そういうのって、意味なくねえか？　少なくとも今の俺にはそう見えちまう」

「なるほどね。だけどボクは無意味だとは全然思わない」

今にもあの闘技場の重力に引き戻されそうになりながら、それでもボクは、やはり慎重に自分の見方を説明し始めた。

「同性愛者の社会では、見世物的と呼ぶのがいいのか、そういった〝他人を楽しませよう〟とでもいった部分が、とても多くを占めているんだよ。喜びの一つなんだとも言えると思ってる。でもまあ、現実に即しに暑い日でもセーターを着て——」

て言えば、ボク自身も確かに、ハイウェストのジーンズを穿いてシャツは長袖のボタンダウンで、どんなに暑い日でもセーターを着て——」

ボクの出で立ちを思い描いたのか、Eは少しだけ笑った。

「だから、そういう格好でパレードに混ざるんだ。パートナーと一緒に行くんだよ。ボクらはそっちの人間だからね。そしてキスする。あそこでならキスしても全然安全だから」

ところがEがそこで不意に質問で割り込んできた。

「それってその——だから今のってさ、え、でも、そういうのは普通の日常だろ？　要はつまり、君はその、人前で自分のパートナーにキスをするのが怖いってこと？」

「一〇〇パーセントそうだね」

落ち着いて、極力威厳を失わないようにしながら答えた。

「マジか」

「マジ一〇〇パーセントだ」

「なにか嫌なことでも実際にあったのか？」

Eが重ねた。それが半信半疑で揶揄（からか）ってきているものなのか、それとも真摯（しんし）な興味から出た質問なのかは、口調からでは判断がつかなかった。それでも、たぶん後者だろうと信じることにした。

「あったよ」

まずきっぱりとそう返事した。

「もし差し支えないなら——」

そう言ってすぐ、けれどEは言葉を取り替えて言いなおした。

「いやマジで、俺にはそいつがひどく嫌な、それこそ君にとってトラウマチックな出来事なのかもさっぱりわかんないんだけどさ――」

彼はでも、そこでそのまま黙ってしまった。それでも向こうが言おうとしていたことは、こっちにも十分伝わっていた。

一連の電話を重ねるうちこういうことはけっこう頻繁に起きた。そのたびに胸を打たれたような気持ちになったものだ。だから〝自殺しちまえ〟とか、ボクみたいな人間は〝死ぬまで島流しがよろしい〟といった言葉を平気でぶつけてきていた、見も知らない他人であるはずの、そのまさに同じ人間が、自分の好奇心がボクの精神的外傷を甦らせたりしないかを慎重に見極めようとしてくれている、といった出来事である。イヤなら話さなくていいよと、そういう判断ができる余地を与えようとしてくれているのだ。こういった瞬間は、あの白熱した闘論戦場の空気の中にいる間は決して訪れることはない。

「いや、平気だ」

そう応じてボクは、自分とトッドが衆目の中で数限りなく恫喝されてきたことや、手を繋いでいる時に向けられる視線なんかについて打ち明けた。トッドと初めて出かけた休日のことも話して聞かせた。この時は車ではるばるモントリオールまで行ったのだが、交差点に入ったところで、エンジンを空ぶかしした別々の二台の車に、一気に進路を塞がれるという出来事があったのだ。Eはそんな一切にじっと耳を傾けてくれていた。

「俺、そういうの全然知らなかったからさ、なんかこう、新しいこと教わった気分だ」

心底そう思っているという感じでEが言った。

ほんの一時間前にはボクらは、いざ闘論戦場（ディベートアリーナ）の真ん中に進み出て、互いに相手をダウンさせる気満々でいた。だが今はどうだ。けれどボクはまだ、彼の最初のメッセージについてちゃんと切り込んではいなかった。しかし殴り合い用のグローヴはもう外した。今こそは好機だ。そう判断した。

「あれを持ち出して君を叱りたいとか、そういうつもりはないんだけどさ――」

注意深く切り出した。

「もし自分が、今言ったような一切をまだ通り抜けている最中だった十代の頃に、あのメッセージをまともにぶつけられていたら、あるいは最悪の結果になっていたかもしれないな、とも思うんだよな。そんなことはないのかな。だけどまあ、実際は、幸か不幸か、ボクもずいぶんと面の皮を厚くもしてきたから、ま、やり過ごすこともできたんだ。わかってもらえるだろうか？」

言いながらも頭には若かった頃の自分の姿が浮かんでいた。自分の存在に意味なんてあるんだろうかと自問していた頃のボクだ。ひょっとして〝自殺しちまえ〟なんて言葉を目にしたら、それこそ〝世界に自分の居場所なんてないという証拠だよな〟くらいに考えて、字義通りの命令だと受け止めてしまっていたかもしれないボクだ。この思い出は誰にも話したりはしないんだろうな、とこの瞬間まで思っていた。でも直後、自分でもびっくりしたことに、ボクはそれを声に出していたのだった。

「実際にやろうとしたことはないよ。でも、その考えをしょっちゅう弄（もてあそ）んでいたことは本当だ。ガキだったボクはそれくらいすぐにへこんだんだよな」

記憶のボクが、彼との間のなにもない場所に、さながら漂うように宙吊りになった。彼がどう受け止めるのか、どんな反応が返ってくるのかもさっぱりだった。短い沈黙があった。破ったのはEだ。

「こんなことは口に出すつもりも全然なかったんだけどさ、でも俺も――」

切り出した彼の方も、我知らず口から出てしまった、みたいな印象だった。

「俺もなあ、十四かそれくらいだった頃に一度、ほとんど自殺を試みそうになったことがあるんだ」

いきなりの告白に一瞬言葉が出なかった。ボクらそれぞれの傷つきやすさがすぐ傍らに浮いていた。ボクらの声を結びつけていたデジタルの回線の途中のどこかで、二人が互いに互いを見つけ出していた。

ボクらは二人とも、互いにすっかり忘れていた記憶の小部屋の扉を開いてしまっていた。そうさせたのは、機知に富んだ警句でもなければ、その時の論点でも、気の利いた反駁(はんばく)でもなかった。それを呼び起こしたのは、ゆっくりと積み上げられた互いへの信頼感だった。

ボクらの間にもようやくリズムが見つかったのだ。それぞれがまだより幼かった時期にまで、自然に滑空していくことができていた。気がつけば、自分たちがどんな子供で、どんなふうに育ったかを打ち明け合っていた。そうやって、互いの強さや弱さに関する見方の違いをも共有したのだ。そこにはもうスコアボードなんてものはなかったし、ボクも気の利いた返しのことばかり考えていたりはしなかった。ボクらは質問と答えの作る、寄せては返す波にも似た、穏やかな流れの中にいた。とうとうダンスできた。

「あのコメントを書いたこと、今は後悔してる?」

そう尋ねた。

「ああ、まるっきりその通りだと言うべきだろうな。そう思ってるよ。連絡をもらってからビデオの全部をちゃんと観たせいもあるが、今こうやって、ゲイとして生きてきた君自身の経験にまつわるいろんな話を聞いた後ではなおさらだ。俺はあそこに込めてしまった諸々を後悔してるよ。まあもちろん〝あぼーん推奨〟とか〝死ぬまで島流し〟とかは、そもそも最初から本気で言っているわけではないんだけどさ。まあだから、ああいうのは流してくれや。〝クソッタレ〟とかその程度のもんだから」

「そうかい。じゃあ流刑島行きの切符はキャンセルしとくかな」

冗談を言ってみると、Eも乗ってくれた。

「ああ、そもそもあそこはそんなによくはないんだ。特に海岸線がひどい。オエってなる」

ボクは笑った。

「ならE、今日は本当に、ボクと喋(しゃべ)るのにこんなに長いことつき合ってくれてありがとう」

そしてそのまま電話を締めくくりにかかった。

「今日のいろいろが上手くいくことを祈ってるよ。それからさ、またネットで会おうよね」

「サンキュウ。まあ貴殿も、どうか息災にやってくれ。すごい経験になったと本当に思ってるんだぜ。俺を選んでくれたことにも礼を言わなくちゃな」

電話を切った。闘論戦場(ディベートアリーナ)での殴り合いのせいでまだ俄然ボロボロではあったけれど、最後の最後に結べた絆のおかげで心はほの温かくなっていた。結局は二時間にも迫ったEとの電話の、後半部分が二人で踊ったワルツだったとしたら、前半は、我慢比べなんて言葉では到底収まらないなにかだった。もし会話がダンスなら、論戦はスポーツだ。そうわかった気がした。

ボクらが論戦を好むのは、スポーツに魅了されるのとまったく同じ理由からだ。闘いの最後には勝者と敗者がきっちりと決まる。それがこう、痒いところに手が届いた感じにさせてくれるからである。

でも、いったい誰がそれを責められよう？　ボクらの生きている現代は、自分たちの敵を抹消し、破壊し支配し、組み敷いてしまうことで称賛が得られる時代なのだ。しかもソーシャルメディアなる舞台は、ボクらが上手くやればその分だけ、気前のいい響きを立てて金貨を放り投げてくれることまで約束している。そのうえこのソーシャルメディアという舞台の仕様そのものが、好都合にも、他者というものを二次元のアバターに変換してしまうようにできている。それゆえ敵を、あるいは仮想敵なのかもしれないが、とにかくそういう相手を見分けることも、極めて安直になっている。そいつらは同胞などではなく、真っ向から狙いを定めるべき同心円（ブルズアイ）の的なのだ。これはだから、崇高なる実地訓練だ。ボクらはそんなふうに我が身に言い聞かせている。己の信念を守る闘いに勝利するための、一番効果的な演習なのだ。これをやっておけば必ず勝てる。そう考えさえしてしまう。

でも、論戦に勝つとは本当はどういうことだ？　それで心は変わるのか？　はたしてそれが、社会的正義の拠（よ）るべき場所をさらに強固にしたりもするのか？　もしそうなら、そいつはとても素晴らしい。

だけどボクなんかは、どちらかといえばこういうのは、すでに心が定まっている連中が、できあがった演（だ）し物を披露し合っているだけなんじゃないか、という気がして仕方がない。もうすでに同意を共有している相手に向け、改めて念を押しているだけだ。

たとえばＥとの鍔迫（つばぜ）り合いを思い出せば、彼を組み伏せようとすることでいったいなにが達成できただろう？　性自認の問題について、彼がボクの意見のすべてに即座に同意を示すなんてことは起きただろうか？　彼がそれこそ魔法みたいに、自分のプロフに自分が使ってほしい代名詞を挙げておく側の一員になったりしたか？

さもなければ、一瞬でも彼が、それまで自分がしかと信じてきた内容を信じ続けることに疑念を抱く瞬間は訪れたりしたか？　少なくともボクは、誰かから上手いジョークで揶揄われたからという理由で、自分がそれまで信じてきたものを投げ出してしまった経験はない。対立陣営の候補者が気の利いた切り返しを見せたことで、支持政党を変えたりしないのとまるっきり同じだ。

運動競技の場合と同様、論戦でもきっと、勝ったその瞬間は相当気持ちがいいのだろう。だがそれが本当の変化をもたらすかどうかについては留保が必要だと思う。そしてまた、論戦をスポーツとして見ることは、その限界をもわかりやすく提示してくれる。

スポーツがルールなしでは機能しないように、論戦が成立するためには、そもそも俎上に載せる事実に対する理解が双方に共有されていなければならない。真実が真っ赤な嘘に取って代わられているような場所では、公正な議論なんて前提はすっかり崩れ落ちてしまう。例として、仮にある人物がこう発言したとしよう。

「温暖化は炭酸ガスの排出によって起こる」

これに対する反対陣営の反駁が、こんなんだったらどうなるか。

「いや、温暖化だかいう事象はいまだかつて存在したこともないよ」

これで論戦なんてものが成立するはずもない。最低の最低でも、対峙する両者には、今取組もうとしている対象が存在していることに関しての同意が必要だ。

しかしこれさえも、現代では難しくなっている。今や事実というもの自体が危うい時代になってしまったからだ。たとえばだが、それこそ〃なんでもアリの嵐〃そのものみたいな情報過多のこの時代、ボクらはなんだって知ることができると思わされている。しかし、そこに関連するすべての事象の専門家となることは実質不可能なのだ。だって毎秒毎秒新しい対象が関連項目として生まれてくるのだから。一般的という語があらゆる時代のあらゆる事象というものを意味するのであれば、それこそ〃一般的な議論〃というものなど、最早有り得なくなって当然だ。

しかも今や、虚偽情報や誤情報までが百花繚乱の状態だ。なるほどグーグルサーチ閣下はある事実に裏付けをくれるのかもしれない。でも、誤報にだって実は同じことができてしまうのだ。まっとうな事実がきっちりまとめて共有されていない土俵で行われる論戦なんてのは、たとえるなら、バスケットボールで野球に挑むようなものだろう。混乱の極みだ。すべてがたちまち無意味になる。

実際Eとボクとが闘論戦場（ディベートアリーナ）に迷い込んでしまっていた四十四分の間には、お互いにリサーチャーを準備しておくべきだったなとか、何度思ったか数え切れない。カナダの人権裁判所が代名詞の使用に罰金を課したってのは本当か？　アンティファってのは実はなにものだ？　背景となっている事実に対する共通の理解がないかぎりは、たとえどんな話題に関してであれ、誠実な議論などというのはできないのだ。

スポーツというのは、個人間に起こる複雑な相互作用とか、繊細な社会問題を掘り下げられるようには作られていない。むしろ厳然たる結果を決定する頑強なシステムとしてそこにある。勝者と敗者、それからさらにMVPとかいったものを生み出すのだ。

論戦も同じだ。一番弁の立つ者を名指ししたり、あるいはどちらの論理が優れていたかを決定したり、栄冠はさて誰に輝くかを決めたりする場合には、確かにこれは有効な手段だ。だが同時に、こちらもスポーツと同様に、共感なり、あるいはきちんと時間をかけ耳を傾けることを必要とするような、複雑なテーマを扱うのに最適な方法だとは言えないのである。

たとえば性自認といった問題がそうだ。Eとの話題が外科的処置の部分にまで及んだ時、実はボクはかなり居心地悪く感じていた。でもそれは、きちんとした理解がまだ形成されたわけではない問題について議論しているからではなかった。そうではなくボク自身が、こうした境界例的な性自認というものは、決して論じられたり争われたりしていいものではないと常々感じていたせいだった。ただ慎重に理解に努め、注意深く対処するしかない。そういうものだと思ったいたからだ。

さらに言えばEはもちろん、ボク自身もそうした手術とは無縁に生きていた。ボクはけっこう、どっちも黒人ではないのに電話でブラック・ライヴズ・マターについて語るという経験を繰り返していて、そのおかげでわかったのだけれど、どちらともが対象を評価できるだけの個人的な経験を持っていないような場面で、こういった社会の動きを扱い、議論を意味のあるものにすることは、実は相当難しい。検証が十分だとは到底言えず、正当性など担保できない。

それこそ性自認のような扱いの難しい社会的問題が持ち出されると、議論は抽象的になり過ぎて、結局はお互いに、もっとそれ自体を身近に感じている誰かを捜して委ねてしまわざるを得なくなる。そういった議論は、さながら夫婦間の微妙な諍いをドッジボールの試合の最中にやり始めるようなものだ。

それでも究極的には、論戦をゲーム化された会話だと形容することはできそうだ。スポーツ同様、繰り広げられる対立関係を見つめることには楽しさもある。スポーツも論戦も基本は観客を前にして行われ、出場者たちはそこで攻守を入れ替えながら、躍動感を生み出していく。割れんばかりの拍手にも十分価しよう。耳を傾けたり共感したりといった程度の退屈な演目よりは遥かに上にある。

　だからボク自身も、もし自分とＥとが、互いにぶつけ合ったどの話題でも、もっと組んずほぐれつみたいな展開になっていたら、きっとより面白かったのかもな、とは思わないでもないのである。アンティファの長所と短所を丁々発止にやりとりするとか、トランプ政権を巡って爆発寸前になるとかいった感じだろうか。言論の自由に関する白熱した議論なんてのは、きっと火薬庫みたいになったろう。いつ叫び合いになってもおかしくはない。

　でも、こういったどんなやり方でも、ボクはたぶん、彼を知ることにはならなかったのだ。

　この御時世、ケーブルテレビのニュース番組にチャンネルを合わせれば、識者だかが自身の専門分野についてご高説を賜ってくださる映像や、あるいは政治家同士の論戦ならば、大抵すぐ見つかるし、楽しもうと思えば楽しめる。配信のドラマも毎日追いかけなくちゃならない。

　でもそういうのは決してボクに、ジョシュに向かって何故こっちを間抜け呼ばわりしたのか問いかけさせてはくれないし、彼が高校でどんなふうに藻掻き苦しんでいるかを教えてくれることもない。フランク相手に自分たちの政治的な相違点を巡って互角の勝負をすることはできても、そのやり方では、彼が保守に転向することになった理由を知ることにまではきっと繋がらなかっただろう。そりゃあボクだったら、有り得ないくらいの拍手喝采を受け、自分の得意分野をひけらかすことにも成功していたかもしれないけれど、でもそれじゃあ、十四のＥと十四のボクがいったいなにを共有していたかを見つけ出すことは、絶対になかったのだ。

　だから、会話こそが最善の代替案なのだ。ボクはそう信じて疑わない。論戦とは異なり、会話には勝者などいない。そういうのを求めるということはすなわち、相手を貶めることで上に立ち、理解なんてものは噛み砕き、共感など木っ端微塵にしてしまうということでもあるからだ。

確かに遠くからであれば、会話と論戦とは、非常によく似て見えるのかもしれない。でも近づいてよくよく見れば、両者がまるで違った材料でできあがっていることがただちに明らかになるはずだ。仮に論戦というものが基本、宣明と反駁とを材料にして築かれるのだとしたら、会話の方は、問いかけとそれに対する反応とから成り立っている。お互いに心からその答えを知りたいと思いながら質問を投げ合ったからこそ、Eとボクとはまず、それぞれ相手の心に好奇心という種子を蒔くことができた。そうやって争いをダンスへと方向転換したのだ。

そして、踊ることが今自分が手を組んでいる相手の姿を、それぞれにきっちりと見せてくれたのだ。しかし論戦の方は、ボクらが互いに敵としてぶつかり合うことを要求してくる。これだけでも、両者がまったく別物だとわかる。見出すこととぶつかること、発見対破壊だ。

スポーツの場合と同様に論戦では、繊細さは弱さの同義語みたいに扱われる。だが会話においてはむしろ力となる。事実こうした繊細さこそが、遠い記憶の小部屋の扉を開けられる万能合い鍵なのだ。同時にそれは、闘論戦場から抜け出せる一番の早道でもある。そのうえダンスを支えるBGMにまでなる。

二人の他者は喧嘩をすることも容易い。でもダンスするためには、まずその相手が安全な人間だと感じる必要がある。安心感が確かであれば、それだけすんなり同じリズムに乗ることもできるようになる。お互いを知り合い、時には自分でも驚くような、秘密の記憶の扉をつい開けてしまったりさえする。

そしてこういった隠された部屋にこそ、インターネットが消去してしまった〝文脈〟というものがあったりするのだ。ソーシャルメディアがぼやかしてしまう〝背後関係〟というやつだ。同時にそこには、ネット上のアバターの姿からは切り離された人間存在というものもまた見つかってくれるのである。

ポッドキャストは公開され、そのまま回を重ねていった。まだ視聴はしていなくても、基本骨格だけは耳にしている人たちからは〝論戦番組に挑んだんだね〟と誉められた。

「最近見つからなかったものだよな」

そういう連中はボクの肩に手を置きながらこう言ったものだ。

「だから、健全な論戦だよ。こいつを実現できたってのはすごいことだな」

そして決まって、選手を試合へと送り出す誇らしげなコーチよろしく、力一杯こっちの背中を叩いて寄越すのだった。

最初のうちは少なからず引っかかったし、自分のやろうとしていることがもっときちんと伝わるよう、新たな方法を考えなくちゃな、みたいな気持ちにもさせられた。たとえば『やつらがボクのことなんて大っ嫌いだってあんまりいうから、とりあえず直(ちょく)で電話して話してみた件：論戦じゃないよ』にするとか。つけ加えた部分は、叫んでいる感じの、タイトルそのものよりも大きなロゴにするのはどうだろうとか、ずいぶんと考えていたものだ。

でも、やがて似たようなことが重なるうち、ちょっとだけわかってきたことがあった。だから、優しい彼らはただ悪意なく支持してくれているだけで、決して番組の主旨を誤解しているわけでもなかったのである。ボクらはまだ、意見を異にする同士の会話を形容するのに〝論戦〟以外の言葉を持たないのだ。だからまあ、初期設定みたいにそのまま〝論戦〟と呼ぶしかないのだ。

もちろんボクも、節度ある距離を保てている範囲で、仮想敵相手にちょっとやり合ってみたいなという気持ちは理解する。さらに、もしそのやりとりが会話へと変わっていったなら、距離は縮まってくる。そして距離が縮まると、いずれは敵として片付けてきた相手との間にも、ある種の絆を感じられるようになる。すると実に奇怪な現象が起こる。相手の気持ちにシンクロしてしまうのだ。

六章

共感は支持ではない

ニューイングランドの木枯らしが、窓の向こうを行き過ぎる。樹々たちは色づいた姿を互いに競い合っている。けれど座席のボクには、そんな季節の移ろいを楽しめる余裕などなかった。ガタゴトと音を立て続ける列車の響きに邪魔されないよう両耳をしかとヘッドフォンで塞いで、PCに向かって屈み込んでいたからだ。というのも、我が『やつらがボクのことなんて大っ嫌いだってあんまりいうから、とりあえず直で電話して話してみた件』の、おそらくは最終話になる予定の回の、その最終ミックスの最終チェックをしていたからだ。

九回の放送をやってみてボクは、そろそろ一旦休憩にすべき頃合いかもな、と感じだしていた。あるいはもう終わりにしてもいいのかもしれない。その点はまだ自分でもよくわからないままだった。正直この仕事にまつわる諸々は、ボク自身にとっても想像以上にキツかった。続けられる方法はないものか、とも懸命に考えてはいた。でもあえて今はそういった一切を頭の中から追い出すことにした。今は未来のことなど考えたくなかった。とにかく最終回に集中したかったのだ。少なくとも、今だけは。

二〇一七年の十月一日のこの日、ボクは再び週末をトッドと過ごした後、ボストンからNYへと戻ってくる特急列車の車中にあった。トッドは無事ロースクールでの二年目への進級を果たしていた。十一ヶ月前のこの同じ列車の、今とは逆向きのボストン行の車内でボクは、まだ半分も練れていなかったあのポッドキャストの企画書を、大急ぎでタイプしたのだった。

なんだか一周して元の場所に戻ってしまったみたいなほろ苦さがあった。郷愁めいたものが這い出して胸が痛んだ。毎週一本のペースで番組を公表しなくなってからは、もうずいぶんと時間が過ぎていた。確かにそれも淋しさの一因ではあったのだけれど、だがこの胸の痛みの大部分は、予想もしていなかったような場所から起きていた。心の奥底でボクは、我がゲストの皆様方を恋しく思い出していたのである。

とりあえずデータを一旦聴き終え、ようやく窓の外を見た。列車はもうロードアイランド州に入り、まもなくプロヴィデンスに到着しようというところだった。今この同じ瞬間ゲストたちは皆、いったいどんなふうに過ごしているのだろう。そんな疑問が湧いてきた。アダムは学校に戻り、変わらずにやれているだろうか？　Eはレストランの面接に受かったか？　フランクの犬のシナモンは元気か？

もちろんジョシュのことも気になった。彼とは始まりからずっと一緒だった。だから、ほぼ一年前の下り特急の時には、彼はもうここにいたのだ。大統領選後の諸々で、ボク自身が踏み出すべき次の一歩をすっかり見失っていた時期だった。様々な意味で彼こそがすべてのきっかけだった。ほとんど空っぽになっていたボクの頭に彼との最初の電話が最初の種子を蒔き、やがてそれが芽吹いてこの一切に育っていったのだ。だからもちろん、一連の中で出会った人々のことなんて、一年前にこうやって同じ車両に乗っていたボクはなに一つ知らなかったのである。どこかでボクは、特にジョシュについてはもう、すっかり弟みたいに感じていた。高校はすでに卒業したはずだ。なあどうだ？　思い描いていた程度には、自由ってやつも手に入ったか？

しかし、もう馴れこそしていたが、こうした懐かしさは皆、あちこち節くれ立っていた。友情の温かな手触りは、全部が全部、留保条件つきだったのだ。ボクは心底ゲストたちが好きになっていて、思い出すこともしょっちゅうだったのだが、でも、彼らの多くは、ボクには到底是認できない考え方の持ち主でもあったのだ。いったいどうやってこの二つに折り合いをつけてやればいい？　こうした、ボクがじかに言葉を交わした、奇妙にも素晴らしい新たな友人たちのことを、一方で彼らの揺るがぬ信念については、こっちが受け容れられるようになることも絶対にないのだろうな、と思いながらも好きになり、それればかりか共感まで覚えていくということは、はたして可能なのだろうか。

この時期にはちょうど〝抵抗せよ〟というフレーズが、けっこうどころでない流行にもなっていた。この標語自体や各種の派生類義語たちが、車のバンパーのステッカーやデモのプラカード、あるいは企業の広告展開や、はてはソーシャルメディア上の個人個人のプロフ欄に至るまでをも侵食していたのだ。要はだから〝左派を自称するのであれば、現トランプ政権が打ち出してくるなにもかもに、とにかく抵抗しないとね〟みたいな感じだったのだ。

でもこいつは、キャッチフレーズとしてはあまりに曖昧で、たちまち疑問ばかりを呼び起こした。抗えって、実際はなにに対してだ？　権威主義に嚙みつけってことか？　そりゃ当然だ。白人至上主義を相手取れって？　まあ、それも確かに間違っちゃいない。ならば、意見を異にする相手に共感を覚えることとかは？　なるほどこいつも抗うべき対象なのかもしれない――。

いまだ発展途上に過ぎないある潮流が一気に広がっていくような場面では、そこにまつわる原則的なルールすら、なお定まらないままであるようなことがしばしば起こる。すると誰もがその考え方を自分なりに解釈してしまうことになる。この時も〝抵抗〟の語に触発され、ソーシャルメディア上で親族血縁の一切をブロックしたり、あるいは子供時代からの友だちとの関係を断ち切ったりというようなことをする友人たちが、ちらほらどころでなく出てきたりもしていた。

　知り合いの中には、ソーシャルメディア上で対立陣営に属する誰かがもしちょっとでも人間くさい素振りを見せようものなら、たとえ相手が誰であれ、速攻で一気呵成に襲い掛かり、即潰しにかかったりする者もいた。許しなんて罪だった。優しさは過去の遺物だ。これは戦争だ。いやだから、こういうのこそが〝抵抗運動(レジスタンス)〟なのだった。

　この語は本義的に、ある種の誘惑の存在を仄めかしてもいる。本来は組み伏すべく挑まなければならないことなんだぞ、みたいな感じだ。だから、そうだな、人は決して歯医者さんには抗(あらが)ったりはしない。抗うのであれば、相手は砂糖だ。そういうわけで、さてここでいよいよ問題です。ボクが自分の番組に出てくれた保守派のゲストたちを人間だと見做(みな)すことは、はたしてボク自身の主義主張政治信条への許されざる背信行為だったりもするのでしょうか？

　三日前ボクは『ニューヨークタイムズ』から取材を受けていた。そしてその場で先方の質問に答えながら、ひょっとしてあの番組について公の場で口を開くことは、これで最後にした方がいいのかもしれないな、なんてことまで考えていたのだった。列車はいよいよそのニューヨークへと近づいていた。同時に『やつらがボクのことなんて大っ嫌いだってあんまりいうから、とりあえず直(ちょく)で電話して話してみた件』の最終話の公開時間も刻一刻と迫っていた。

　その辺りでボクは、この一連を一旦中断したとして、自ずと起こるだろう沈黙の時間について改めて思いを巡(めぐ)らせてみた。中断じゃなく、もうきっぱり終わりにした方がいいんじゃないかという考えも再び湧いた。まだ決めかねていたのだ。だがどちらにせよ、空白期間がやってくることだけは間違いなかった。そしてその空白期間にボク自身が、どうしたってずっと頭を悩まし続けている倫理上の命題と取っ組み合わないわけにもいかなくなるだろうこともまた自明だった。

あのゲストたちに共感してるってことは、ひょっとしてボク自身が、取り返しのつかない種類の過ちに半ば足を突っ込みつつあるってことなのか？　むしろこの感情こそがボクが〝抗う〟べきものだったりもするのか？　有害な思想は伝染性なのか？　ボクが共感したという事実は、彼らからすれば、自分の信念を曲げなくていいんだという、ある種の免罪符みたいに働いたりもするものなのか。彼らを人間として扱ったことで、それぞれの政治信条の一つ一つまでをも連帯保証した形になってしまうのか。

やるべきことと手を出すべきでないこと。その両者を巡って心が渦を巻いていた。そういう言葉たちは自分の知っている批評家たちの声で響き、ボク自身の不安によってさらに増幅され、胸の中の空洞で響き続けていた。さながらボク専用の〝なんでもアリの嵐〟とでもいったところだ。そいつがさらに、まるで届け先不明の詔勅みたいな覚束なさと一緒になって、消えない啜り泣きをいつまでも上げ続けてでもいるかのようだった。ゲストたちが信じている中身と、会話を通じて知った彼らの人物像とのバランスを、ボクはいったいどうやってとればいい？　しかし幸運にもボクは、自分が以前にも今とよく似た境地に追い込まれていたことを、まだ全然忘れてはいなかったのだった。

大学を出てからの数年間ボクは、飲食サービスの業界に身を置いていた。最初は高級雑貨店のレジ打ちだ。次にはセレブ御用達のニューアメリカンのレストランにバリスタとして採用され、そこでそのまま給仕になった。最終的にはでも、スーパーモデルの某嬢が〝どうか煙草を消してください〟というこちらの三度目のお願いを無慈悲に却下してくださったところで、いよいよにっちもさっちもいかなくなって、そのまま自分の履歴書を、二丁ばかり先にあった一回り小さなベジタリアン向けのレストランへと持ち込むことになった。するとここが、毎日のようにコメディ番組『ポートランディア』に出てくるシュールなコントみたいな出来事ばかりが起こるという、実に素敵な場所だったりもした。

一連のこうした仕事は大好きだった。毎日が飛び去るようにして過ぎた。さながら時間が分単位で測られることをやめてしまったかのようだ。代わりにそれを刻んでいたのは、途切れることなくやってくるお客さんたちだった。しかも彼らは、基本ただそこにいるだけで、たとえば陽炎みたいに消え去ってしまうまでのほんの一瞬だけだとしても、それぞれの人生というものを、ボクに垣間見せてもくれた。一人の例外もなく、彼らには感情というものがあった。そして程度こそ違え、彼らは皆ボクを、そういった感情の吐け口として利用していたのである。

一時間のうちにボクは、地元の画廊のオーナーの側近となり、通りの反対側に住んでいる広告業界の大物氏に対しては、感情を持ったコーヒーメーカーとでもいった、いささか不条理気味な役目を果たし、たとえば別の常連客がいきなり店のマイクを奪ってなにかやり始めたりしたならば、その時は即座にすっかり魅了された聴衆の一人へと早変わりし、店のスタッフ全員を自分の使用人だと思ってでもいるかのような有名コラムニスト閣下がご来店遊ばれれば我が身をサンドバッグとして差し出した。

だからボクの仕事というのは、こうした連中が放り投げて寄越したものを、きっちり受け止めることだったのだ。いやまあそうする一方で、黙って彼らのオーダーを聞き、さらには焼き方とか塩加減とか、その手の個別の調整についても恭しくおうかがいして、内心では〝せいぜい四十分程度のこの交流が終わればこの人たちはきっとボクが存在していたことさえきれいさっぱり忘れてしまうんだろうなあ〟とか思いつつ、彼らのことを、たまたま自分が担当になれた皇族みたいに扱っていたわけでもあるのだが。

素敵なお客というのも確かに何人かはいたが、ほぼ大多数が、いわゆる〝毒にも薬にも〟的な感じで、記憶に残りもしなかった。むしろ自分がこの世で最後の呼吸をする瞬間まできっと忘れないだろうな、と思わせられるのは、結局は手を焼かされた客たちの方だ。だから、ネットに寄せられた反応のいくつかにボクが、電話機なんてとっとと地獄の底の底の海溝のそのまた一番深い場所に投げ棄てて、のみならず、現世的な私財の類は全部うっちゃり、この先はメイン州の片田舎辺りで、テレビとかPCの画面とか、とにかくなにか映るものとは一切無縁の、穏やかな牧歌的生活を送ってやるぞ、くらいに思わせられたのと同様に、その場で大袈裟にエプロンを引きちぎって外し、そいつはとっとと火にくべて、まずはプロレタリアート革命についての高説を情熱たっぷりに一席ぶってから、栄誉ある撤退よろしくいよいよ辞表を叩きつけてやるんだ、くらいに想像したくなるようなお客とのやりとりも、当時はいっぱいあったのだ。

不幸だったのは、家賃と生活費のために、ボクがどうしてもお金が要りようだったことだ。そして幸運だったのは、この時期のルームメイトというのがボクに、こういった諸々に対処するとても素敵な方法をこっそり教えてくれていたことである。

サービスの業界に入った最初の年には、大学時代の友人であるノミとルームシェアをしていた。安い家賃と引き替えに、窓とか新鮮な空気といった贅沢品を諦めたような形の部屋だった。あの一年、彼女こそがボクの、いわば足場だった。まるで、ただキツいシフトに疲れ切ったボクを慰めてくれるためだけにそこにいてくれたようなものだ。

　ある日、人間の皮をかぶった化け物閣下がどんな具合にオムレツを頼んで寄越したかを面白おかしく彼女に話していた時だ。ノミがため息を吐き出しながらこう口にした。

「まったく、傷ついた人々が人々を傷つける（ハート・ピープル・ハート・ピープル）のよね」

　この一言がまるで短い詩みたいにしてすとんと心に収まった。以来あちこちでこの文言と向き合うことが習い性みたいになった。傷ついた人々が人々を傷つける（ハート・ピープル・ハート・ピープル）。言わずもがなだが、最初のハートは形容詞で、二番目の方は動詞になる。なんとも見事かつ簡潔に〝悪意の循環〟ってやつを表わしていることか。それこそ息を呑むほどだ。

　とりあえずボクはまず早速、頭の中で雑貨店時代にまで遡り、この文言をいまだ忘れられないあるお客様の事例に当て嵌（は）めてみた。その彼女はとにかく奇妙な要求を一揃い、極めて熱心かつ事細かに主張してきたのだ。それがクリアできないうちは自分の買い物をレジに打ち込まれるのは困ると言うのだ。

　たとえば、あ、スキャナーに覆いがついてないタイプのやつはダメだから、とか、あと、食べものには直接レーザーを当てないでね、とか言うのである。これはつまりはボクに、バーコードの下のあの長い数字を自分の目で逐一読んで、一つ一つ手で打ち込んでいけということだった。それだけではなかった。あら、外科手術用の手袋を嵌めてないじゃないの。まずはそれつけて。あと、カウンターを掃除するのに吹きつける洗剤は、いつもお願いしてるあのメーカーのやつを使ってるわよね？　そうそう、それから私、香水をつけてるお客さんには一定以上には近づけないの。なんとかして——。

　傷ついた人々が人々を傷つける（ハート・ピープル・ハート・ピープル）。改めてボクは、記憶の中の我が身にそう言い聞かせてみた。あの女性はひょっとして、極度の不安神経症だかに悩まされていたのかもしれない。でなければ、たとえば機密レベルの政府の極秘情報に触れるような機会が以前にあって、そのせいでレーザーを忌避するようになってしまったのかもしれない。どちらにしても、いわば重荷を背負わされていたわけだ。たまたま近くにいた人間に、そういうのをちょっとでも預けてしまえると、多少なりとも気が楽になるだろうことならば、こっちも想像できなくはなかった。

さらにこの呪文をニューアメリカンスタイルのレストランの方にも持ち込んでみると、お客たちだけでなく、上司にも応用できることがわかった。同店では、ボクはまずバリスタとして採用されていたわけだけれど、その時代のある日、当時あらゆる面で飛ぶ鳥を落とす勢いだった某セレブ様が、お子様連れでご来店遊ばされる運びになった。

すると、いつもはリモートで指示だけ出して寄越していた店舗責任者が、この日ばかりは出勤してきて〝彼らの担当は私がやるから〟と言い出した。いよいよ一行が到着すると、この彼女はいそいそと、冗談なんかを口にしながら、彼らを予約席へと案内していった。でも、その次にボクが把握したのは、この上司様が自分に向かって突進してきていることだった。こっちは当惑し、それこそ猪とかその手の厄介な野生動物に不意に出くわしでもしてしまったみたいになって、その場に立ち尽くしてしまった。

「とっととベビチーノを作ってちょうだい」

歯を食いしばるようにしながら彼女はそう命じた。この頃までにはボクも、店に課せられた必須の研修をクリアし、ことコーヒーに関してであれば、一応は練達の域に入っていたと自負してもいた。完璧な量のエスプレッソを抽出することも習得していたし、ミルクを絹みたいな加減で霧状にするコツもつかんでいた。繰り返しの練習で、ラテアートで木立も書けるようになっていた。だが研修のどの課程でも〝ベビチーノ〟なんて単語は、一度たりとて出てきたことはなかった。絶対に。

おそらくこいつは、完全注文制で繋ぎのベビー服を自家縫製で仕上げて販売するようなブティックかどこかで提供される、秘伝の調合を受け継いだ代物なのではあるまいか。とにかくだからこの時のボクには、彼女がいったいなにを言っているのかもさっぱりだったのだ。ベビチーノってなんだ？　不運にもボクはこの疑問をそのまま声に出し彼女にぶつけるという愚を犯してしまった。するとその途端、店舗責任者殿は恐怖に歪みでもしたような顔つきになってボクを見た。まるで今しがたボクが、実は彼女の一家を皆殺しにしてきたんだと告白でもしたかのようだった。

「チョコレートの上に泡立てた牛乳を注いで、その上からココアパウダーを散らすのよ」

こんなことも知らないなんて、あんたって、今まで使ってきた中でも一番バカなバイトだわ。直接言われたわけではないが、この時の彼女の顔にはそうはっきり書いてあった。

「だから・ベビチーノを・作り・なさい。今・す・ぐ・に」

最後の〝今すぐに〟のところを言い放った彼女の唇は、さながら悪夢の一部みたいにねじれていた。そこから先たぶんボクは、ほぼなにも考えられなくなってしまっていたんだと思う。次に覚えているのは彼女がボクの手から引ったくるようにして飲み物を奪っていったことだ。その間もボクは〝ああ自分はきっと、存在しない飲み物の作り方を知らなかったせいで職を失ってしまうかもしれないんだなあ〟とか考えて、ほとんど足元すら覚束ないままでいた。

で、ここでもボクは深く思い切り息を吸い込んで、例のやつを思い出すことにしたのである。傷ついた・

人々（ピープル）が人々（ピープル）を傷つける。上司というのは基本は今なお男性が支配する飲食業界で女性としてやっていて、上へ行くためにはなんだってする必要があったのだろう。そこにはきっと、セレブ様たちの、どこだかでのお気に入りの飲み物をつつがなく提供し、いい印象を維持することも含まれるのだ。だとしたらボクとしては、喜んで自分の役目も受け容れようではないか。要は彼女のサンドバッグにだって進んでなりましょうということだ。

その後給仕の仕事に移って数ヶ月が経った頃だった。この時期ボクは、午前中からお昼にかけての時間帯の二階席の担当を割り振られていた。午後から夜の営業時間に向け、テーブルのセットアップを済ませておくのだ。店ではこの時間、お客は基本一階席に案内し、あまりに混んできた場合にだけ、二階を開け吸収するといった具合になっていた。

だからその日ボクがココット皿にジャムを小分けにする作業をやっていた最中、五歳くらいの子供が二人、跳ねるようにして二階に飛び込んできた時には、正直ちょっとだけ驚いた。後ろからはすぐ、父親と思しき男性客も姿を見せた。この相手は、一言で形容してしまってもいいのなら〝ゴルフ君〟とでも呼ぶのがよさげな様相だった。少なくとも今にも運動できそうな格好であることは間違いなかった。

さらに彼らの後からは、例の女店長殿が、三人分のメニューを手にしてついてきていたのだけれど、でも彼女が席へと案内する前に男の方が、あそこがいい、と指で示した。普段は八人かそれ以上の団体客のために確保してある一画だ。明らかにもう面倒だからこれ以上関わり合っていたくないんだとでも言いたげな態度で、彼女はそのまま彼らをそこに通してしまった。かくして親子はボクの職掌範囲となった。

しかし彼が腰を下ろした時にはもう、息子たちの方は、すっかりこのパーティー用のテーブルを、自分たち専用の、屋内トランポリン施設かなにかだと勘違いしてしまっていたようだった。走り回るガキどもを横目になんとか父親からオーダーを引っ張り出してしまおうとしたのだが、でも彼の方はメニューに目をやることもせず、朝食に関係のある単語をまくしたてるだけだった。だけどワッフルはそもそも置いていないし、チキンサンドは夜だけのメニューだ。挙げ句はウチには調理許可の出ていない料理名まで出てきた。それでも最後にはようやく彼もメニューを開き、朝食のセットを注文した。

ところが料理を出すと、いやもちろん、セットの内容はほとんどの人にとってはまず間違いなく食べものだったのだけれど、それがたちまち、子供たち二人にとっては、テーブルの両端から互い目掛けて投げ合うための砲弾と化してしまった。父親が追加で注文したバターはゴム弾で、中に仕込まれていた榴散弾（シュラプネル）があっという間に磨いたばかりの床に塗りたくられていった。ジャムを入れたココット容器は大砲の弾とでも見做（みな）されたらしい。その間もずっと父親は自分の携帯から顔を上げることもせず、レストランの所有物である調度類が息子たちの攻撃に晒（さら）されていてもてんでどこ吹く風だった。ボクはといえば、この非友好的集中砲火から我が身を守ることで精一杯だった。

傷ついた（ハートブル）――人々が（ピープル）――人々を傷つける（ハートピープル）。

しかし、その言葉を思い浮かべようとするにもこの時ばかりはエネルギーが要った。声に出すことなどなおさらだ。きっとなにかしらの大きな悲劇がこの男をシングルファーザーの立場に追いやってしまったのだろう。自分の悲しみと親としての手に余るくらいの新たな義務とのバランスをとることはそれこそ手に余り、結果本人にできることは、子供たちが新たな楽しみを見出している間にも、ただ自分の携帯を見つめているだけになってしまったのだ。きっとそうだ。テーブルの上を端から端まで、固くなったジャムを懸命にそぎ落しながら、ボクは我が身に繰り返し言い聞かせていた。だって、傷ついた人々（ハート・ピープル）が人々を傷つける（ハート・ピープル）んだから——。

やがてこの呪文は、ボクが労働者としての抗議行動を起こすことなしに毎日を乗り切っていくために必要不可欠なものとなった。まさしく真の教訓である。こいつのおかげでこの手の人たちにも、たとえ砂金粒みたいなものだったとしても、それでも好きになれそうな部分を見つけられるようになったし、ひいては食費や来月の家賃も賄（まかな）えているわけだった。それに、いよいよ然るべき時が来れば、たとえ半分くらいの誠意ではあったとしても、彼らの目を見ながら〝よい一日を〟くらいは口にできもした。

多少でもボクが彼らに共感できるようになったのは、自分が心の中に描いていた空想のおかげだった。当人たちが傷つけられることになったのであろうその背景だ。ところがある日を境にして、そういう想像への労力も使う必要がなくなった。店を移ったことの思わぬ副産物だった。

次の職場となったベジタリアンレストランのお客たちというのは、大体が穏やかな人物ばかりで、基本は植物由来の食事を平和裡に楽しめる場所を探してやってきていた。確かに皮革製品の恐ろしさを扱ったパンフレットを置いていく人もいたし、畜産による地球環境の破壊が切迫した状況に差し掛かっているといった内容の本を手渡されたこともある。でも、大概の人々は、オーダーを済ませると、とっとと自分の世界に帰っていったのだ。特に常連さんは基本優しかった。そこまで優しくはなかったとしても、ちょっとした冗談が通じるほどには砕けていた。今でもボクはほとんどの人の名前を覚えているし、胸には彼らのための居場所もとってある。

しかしこれはつまり、同店で出くわした意地悪な客は、より強烈な印象で記憶にとどめられるということでもあった。全然嬉しくもないけれど、忘れられない。この問題の女性は、見た目はとてもものの柔らかそうで、それこそ〈エルエルビーン〉のカタログに登場しているお祖母ちゃんとでもいった風体だった。二十二頁ではくぐって着るタイプのフリースのモデルを務め、三十八から九頁の見開きでは温かそうなタータンチェックの毛布をかぶって本を読んでいるとでもいった具合だ。

ところがこの印象は、最初に彼女の担当に就いたその瞬間に粉々に打ち砕かれた。水を出し、テーブルを整えている間もずっと、彼女はこっちを睨みつけていたのだ。まるでボクが、なんとかこの店に勤務できる状態を維持しようとしているゴキブリでもあるかのように、嫌悪感で目を険しくしていた。さらには、ボクが今日のおススメを説明するよりも前に、噛みつくように自分の注文を吠えた。そして、そうすればボクの存在など抹消できるんだとでも言いたげにそっぽを向いた。

きっとあの人は、今日は楽しくない一日を過ごす羽目になってしまったんだろうな。ボクは自分にそう言い聞かせた。けれどこの態度は彼女の常態だった。ならばボクのことが嫌いなんだろう。今度はそう納得したのだが、すぐに同僚たちも皆まったく同じように扱われていることが判明した。

ある晩この老婦人が連れと一緒にやってきた。それまでの彼女は、いつだって一人きりだった。それが今、どうやらパートナーと思しき男性と一緒に現れたのだ。ボクは二心なく、それどころか、こんな具合に目撃者がいる状況であれば、きっと彼女もいつもよりはボクのことだって多少はましに扱ってくれるだろうという期待さえいだきながら彼らを出迎えた。ところがテーブルに着くなり二人は、ボクの手から乱暴にメニューを奪い取り、声を揃えてガミガミまくし立て始めたのだった。オーダーをもらう段になっても、彼女が一人きりの時とまったく同じに、噛みつくように注文を吐き出しただけだった。

客席は決して広いわけではなかったから、二人が食事をしている間もずっと、やりとりが耳に入ってきてしまった。というか、それは会話というよりはむしろ、男の方の延々と続く独り語りだった。それもただ、まさに婦人がボクらにする時のような唸り声で彼女を叱責しているだけだった。ちらりと目に入った彼女の表情は、慄いて、ただ従属に甘んじていた。そうやって黙々とキツい皮肉を受け止めていた。今やゴキブリは彼女自身であるかのようだった。

彼女のそんな姿を目にすることは当然初めてで、同情の気持ちさえ起きた。傷ついた人々が人々を傷つけるの文字が、目の前に浮かんだ看板の上で踊っているみたいだった。ボクにキツく当たっていた意地悪な客は、自身の夫からまさに同じように扱われていたのだ。悲しき哉、世を巡っていくのは苦痛ばかりなのだ。神がそのように差配された。もし証明が必要なら、これこそまさにその証拠品となろう。

でも本当を言えば、このフレーズの意味するところならば、ボク自身も言い回しを知るよりずっと以前から理解していた。決して男らしくはなく、明らかに引きこもりで、そのうえ大器晩成タイプだったボクは、高校ではイジメの標的だったのだ。もっとも時折テレビが取り上げるようなレベルまでの中身ではない。もっと人目を盗む形で行われる種類のものだ。二千年代の初頭に、いわゆる〝受容型〟校に通っていた者ならばたぶんよく知っている。

ボクらは決してロッカーに閉じ込められるような目にまでは遭わなかった。代わりに仲間うちの集まりからは基本ハブられていた。また〝オカマ〟呼ばわりされることもなかった。ただしょっちゅう〝お前ってそっちなのかよ〟とは訊かれていた。少年たちは〝気にすんな、一応確認してるだけだからよ〟とも言っていた。徹底的に排除されているとまで思わされるような場面もなかったが、自分は本当にはここに属しているわけでもないんだよな、という感覚が、つねに鈍くまとわりついていた。

まあでも、そこまで心配していただく必要はない。だってボクは連中から繰り返し、全部が全部〝ただのジョークだからさ〟と説明してもらえてもいたのだから。たとえば甲高い声を真似された時。あるいは〝レディーファーストだぜ〟と言われながら、お先にどうぞ、という例のあのジェスチャーをされた時。上級生から一緒に写真を撮ろうと言われ、シャッターが切られるその瞬間、相手が自分の股間からアスレチックカップを取り出してボクの顔の前にかざし、そうやって我が恥辱の瞬間を、セルロイド製の琥珀の中に永遠に閉じ込めてしまった、なんてこともあった。そうした全部が全部〝ただのジョーク〟だったものだから、ボクの方も、できうる限りの笑みをかき集め、なんとか顔の上に作り上げて応じていた。

でもその作り笑いがどんどんと強張っていくにつれ、まだどう呼べばいいのかもわからない種類の情けなさが積もっていった。ものすごく複雑なその思いは、とにかくどこか奥深くに埋め込んでしまうしかなかった。だけど結局はほかの場所へと顔を出してきてしまうのだった。

だからボクは、こうした息苦しさを圧縮し、いつしかただ一人の人物の前で爆発させるようになっていたのだ。母親である。もちろん、そんな仕打ちを受けなくちゃならない理由など彼女には一切なかった。時にボクは〝今日はどうだったの？〟と訊かれたからという理由だけで、彼女に嚙みついた。あるいは、やらなくちゃならない雑用を思い出させられたといっては爆発した。日中の苦痛を夜の時間に暴発させていたのである。

もちろん母にはなんの落ち度もなかった。でも、日を追うごとにボクはこうした傷をせっせと集めて貯め込んで、爆発物処理班さながらの繊細さで慎重に圧縮して家に持ち帰っては、そこでいよいよ爆発させていたのである。傷ついた人間（ハート・ピープル）は、マジで、実際に、人々を傷つける（ハート・ピープル）のだ。より正確を期して言うなら、傷ついた人間（ハート・ピープル）は、向こうから傷つけられる心配のない相手を選んで傷つけるのである。

　レストランも高校も、それからソーシャルメディアなる舞台も、自分の怒りをほかの誰かにぶつけたがっている連中に対し、いとも簡単に、より地位の低いサンドバッグを差し出してやる。給仕というのは、面白くもない一日を過ごしてしまった客たちにとっては、低い場所にぶら下がった果実みたいなものなのだ。ネット上の個人がいとも便利な罵倒の受け皿に思えてしまうのは、そうした侮蔑が本人のところまで届く確率そのものが低いように見えてしまっているせいだ。

　さらには高校というものは、学年とか人気といった階層構造をそもそも内包してできている以上、周囲への大きな影響力を持つ者が、そうではない者を生け贄（にえ）として選び出すことを容易にしている。ここでの生け贄とはつまり、ホルモンが暴れ、肉体は日々変化し、なのに自分が感じているものをきちんと表わす言葉やそのほかの表現手段さえまだ持たない時期の、お手軽な空気抜きの道具ということだ。

　列車はいよいよコネティカットとニューヨークの州境を越えた。

　傷ついた人々（ハート・ピープル）が人々を傷つける（ハート・ピープル）？　ボクは改めてそう自問した。この膏薬（こうやく）が、かつてと同じようにまたこの身を助けてはくれまいかと期待したのだ。

　だがどうやらこいつにも、数年前のレストランの時と同じ効果はもうないようだった。居心地の悪さは消えてくれなかった。〝傷ついた人々が人々を傷つける〟のだと考えても、今自分が直面している恐怖は到底鎮（しず）まりそうになかった。それは、対立陣営の人々となにがしかの絆を培（つちか）ったことで、ひょっとして自分は、自らの主義信条に対するある種の背信を犯してしまったのではないか、という懸念だ。

確かに詩みたいな一節が、心理学的な真実にまで手が届くという感覚は素敵だったし、今の自分とゲストたちとの関係性を、かつてのお客さんたちとのそれに準(なぞら)えてみることはできそうだった。でも、意地の悪いレストランの常連たちに同情したからといって、自分が社会に対するなにがしかの罪を犯してしまったと感じたことは皆無だった。

あの頃のボクはどうにかして日々を生き抜こうとしていただけだった。ところが今、ただ彼らを人間として捉えるというだけのことが社会的な罪のように感じられていた。薬箱の一番奥から魔法の軟膏を取り出してみたら、すっかり効果がなくなっていた、みたいな気分だ。

確かにこの理屈が、ボクが迎えてきたゲストたちの全員に当てはまらなくちゃならないわけでは決してない。中にはこの考え方で把握できる相手もいる。たとえばジョシュは、学校で受けるイジメに耐えていて、その負の感情をボクにぶつけていた。しかし一方でフランクやEがボクに送ってきた言葉からは、彼ら自身の痛みをうかがわせるようなものは見つからなかった。アダムに至っては、自分がボクを傷つけているなんて微塵も考えてはいなかった。むしろボクを救済しているつもりだった。仮に彼らが傷ついてなどいない人たちだったとするなら、ひょっとして事態は一層ひどいことにならないだろうか？

加えて、そもそもの意図の部分にもまず大きな違いがあった。レストランでの仕事の際には、ボクは客たちに共感するため、彼らに関する架空の背景をまず想像で作り上げていた。そうしなければ共感など、到底できなかったのだ。でも、今のこのゲストたちに対するこの共感は、彼らと話すことによって体が勝手に起こしてしまったかのような反応だった。トレーニングをすれば自ずと汗が出るのと同じで、ほとんど反射に近かった。

すなわち共感とは、対話の直接的な副産物なのだ。ボク自身もそうわかりつつあった。相手のことを繊細かつ複雑な、れっきとした三次元の存在である人間なんだと捉えずにまっとうな会話をするなんてことは、基本不可能だ。ボクは彼らに共感してやろうとかまえていたわけでは決してない。ただ否応なくそうなった。だからそれは奇跡なんてものでは全然なく、そこらじゅうで普通に見つかる必然なのだ。

「向こうの話をすっかり聞いてしまえば、その相手を愛さずにいられなくなる」

これはベネディクト修道会の活動家マリー・ルー・コフナッキの言葉で、子供向け番組の『ミスター・ロジャースのご近所さん』で取り上げられて広まったものなのだけれど、ボク自身もあちこちで、けっこう頻繁（ひんぱん）に引用してきていた。ところが今やボク自身が、この結末がもたらした、戸惑（とまど）うほど奇怪な後味と取っ組み合わされていた。

再び自問が湧き起こる。はたしてあのゲストたちを好きになることは、彼らの信仰のすべてを支持したことになってしまうのか？　彼らに親しみを覚えたということは、彼らの思想信条を受け容れる余地がボクにあるということなのか？　それともボクは、個々の人間としての彼らを、彼ら自身が無自覚のままでその一部を担っている世の趨勢といったものから切り離して考えてもいいのか？　あるいはそれを支えている人たちを好きになり共感することによって、危険な思想が維持される余地を与えてしまっているのではないか。彼らを取り込んでいるシステムを補強することなしにその言葉だけに信を置くなんてことは、はたしてやってもいいものか――。

ゲストたちに抱いた自分の気持ちを改めて検証した。ジョシュを単に同性愛忌避者として見なくなったその瞬間。フランクがただの保守主義者ではなくなった時。Eは本人が送って寄越した辛辣な文言とは別物になり、アダムは教条的信仰ではなくなった。ただ言葉を交わすというそれだけのことが、個人と彼らの思想信条とを切り離して考えることをボクにも可能にしていた。もちろん、だからといって彼らがボクに投げつけた言葉の全部が無罪放免となったわけではない。ただ、視野を広げてくれたことは確かだ。

彼らのそれぞれを木と考えてみよう。だとすれば、彼らの個々の思想信条というのはいわば彼らを育んできた森だ、ということになるだろう。遠くからではボクらはもっぱら森しか目にすることができない。でも近づき過ぎれば今度は木しか見えなくなる。

そしてソーシャルメディアというものは、この距離をとにかく極大にまでしてしまう。デジタルの広場というのはより大きな構図ばかりを見せてくることしかしないのだ。これは基本、ボクらが毎日通り過ぎなければならない木たちの数が多すぎるせいだ。

それゆえにボクらは、一本一本の木々の持つ複雑さについては、つい見過ごしてしまう。親密な一対一の会話こそは、こうしたソーシャルメディアに対抗できる唯一の手段だ。そうすることで、より間近で、詳細に樹皮を観察できるようにもなるからだ。さらには入り組んだ根の体系や、葉たちの創り上げた細動する天蓋まで見える。もちろん真逆の事態というものだって起こり得る。樹木の一本に見つかる超絶的固有性に囚われれば、森全体の有する一定のパターンが見えなくなってしまいかねない、ということだ。

だとすると、この仕事で今のボクが一番気をつけなければならないのは、両方の視点のどちらでも、完全に失くしてしまったりしないことだ。むしろ両方を同時に持ち続けられるようになることだ。自分が話している相手が、決して彼ら自身が身を委ねている有害な思想ではないと、つねに戒めていることだ。

一本の木が森のすべてでなど絶対ないのと同じだ。確かに構成要素ではある。でも全体ではない。

ボクの抱えた問題の本質というのはだから、ジョシュでもフランクでもEでもアダムでもないのだ。見定めるべきは、同性愛忌避なり保守主義なりといった森の方に関わる部分だ。会話の相手となってくれた木々たちのことなら、ボクは心底好きだった。でも、森の方は心の底から大っ嫌いだ。

そしてこれも言わずもがなだが、ある宗教の疑わしき解釈そのものと会話するなんてことは決してできない。〝同性愛忌避〟を呼びつけることも〝保護主義〟とひとところに腰を落ち着けて話すなんてことも同様だ。代わりに許されている手段はそれぞれの木々と向き合うことだ。代表者、すなわち人だ。

接客業に就いている間のボクを〝傷ついた人々が人々を傷つける（ハート・ピープル・ハート・ピープル）〟の呪文が支えてくれていたように、今の自分にも、ポケットに入れて持ち運べるような、短くてわかりやすい言葉が見つかればいいのにな、と思った。その時ようやく、今回のポッドキャストが最初に公開されてから一週間くらいが過ぎた頃に、自分がやはり、この同じ問題に頭を悩ませていたことを思い出した。

呪文はその時にこの手で書き起こしていた。ボクは携帯を取り出し、メモをめくってそいつを捜した。日用品のリストに仕事のためにやらなくてはならない諸々、プレゼントの候補に、なんということもない日常の備忘録。そうした中にそいつは紛れていた。こう書かれていた。

「共感は支持（エンドースメント）ではない」

ああ、これだ。そう思った。

誰かに共感するということはすなわち、ただ単に相手も自分と同じ人間だと改めて気づくことなのだ。共感することが即、相手がひどいことを言ったりやったりするのを認めることにはならないのだ。こっちが共感するしないになどかかわらず、向こうはやることはやるし考えることは考える。それにこっちだって、共感したからといって彼らの側の候補者に票を入れたりなどしない。そうするのは彼らだけだ。

共感したからといって向こうの思想信条が伝染してくるわけではないのだ。結局こんなふうにうじうじ考えていた間のボクは、ゲストたちそれぞれのことを、未知のウィルスに最初に罹患した患者第一号みたいに思い込むという愚を犯していたのである。

確かにボクは、ジョシュのことを弟みたいに考えていた。でも、それでいきなり同性愛を罪だと考えるようになったりはしなかった。フランクにも温かな気持ちを抱きこそしたが、それで政治姿勢を変えたりはしていない。アダムに同調しても、自分の性自認が中毒みたいに治療可能だと見做(みな)しはしない。Eを知ることは楽しかったが、だからといって、ボクが彼になったりは決してしないのだ。ボクが彼らに共感したのは、彼らを知ったことから起きた当然の副産物だったのだ。

だが共感とは、会話の産物であるだけにはとどまらない。それは会話自体を進めていくために必要不可欠な燃料でもある。お互いにさらに懐襟(かいきん)を開いても大丈夫だと思わせる、安全のサインでもあるのだ。ゲストたちがボクにこれを話しても感電したりしないとわからせる、絶縁体みたいなものだ。

誰だって攻撃されれば防御のために身がまえる。でも一旦あの〝なんでもアリの嵐〟を抜け出して自分たちのリズムを見つけられたなら、そして、互いに貼りつけ合っていたレッテルを透かして相手の姿を見られるようになり、さらには論戦をも回避できたなら、ようやくボクらは自分を曝(さら)け出せるようになる。繊細にもなり、本当の自分を見せられる。実際に起きていたのはまさにこういうことだった。

まずは共感したからこそ、ゲストたちにもそれぞれのメッセージをボクに書いて寄越した気持ちについてさらに掘り下げられる余裕ができた。そういうのが重なっていって、ボクらの両方に、未知の経験へと繋がる窓を開いてくれる結果になった。

共感することと傷つくこととは、どちらもが、再生可能な資源なのだという言い方もできそうだ。傷つけ傷つけられることと共感することとが連鎖していったように、共感もまた新たな共感を生み出すことへと繋がっていく。そして"傷ついた人々(ハート・ピープル)が人々を傷つける(ハート・ピープル)"という呪文が数年前のボクにとってまさに必要なものだったのと同様に、今度は"共感は支持ではない"という文言が、アロマみたいに作用して、ボクの心を落ち着けてくれたのだった。

過去の自分が今の我が身へ向け、このお題目を書き留めておいてくれたことにボクは感謝した。まるで最初の段階からボクは、この一連がすべて終わった時には、耳元で囁(ささや)く誰かが現れて、疑念を胸に忍び込ませ、いずれはその場所を恐怖に染め変えてしまうとすっかりわかってでもいたみたいではないか。

それればかりか、その時のボクは、自分がさらに続けていくためには、免罪符としてこの言葉がどうしたって必要になることまでお見通しだったのに違いない。今のところボクには、未来の自分がこの呪文をどう受け止めるかまではわからない。一連のこの計画が将来的にどんな評価を受けることになるのかも同様だ。そもそもこの次の段階で自分がなにをすべきなのかさえ、まだ全然定かではなかった。

目に見えているのは、ニューヨークの摩天楼群が宙に切り取り始めた描線だけだった。でもこの新しい呪文に全身を預けてみると、呼吸も少し楽になった。いや、作ったのもボクなんだけどね。でも、自らの手で生み出したポケットサイズの題目は、明らかにこう告げていた。進み続けろ。

七章

共感はむしろ贅沢品

お題目ってのはかなり素敵だ。自分がなりたいと思う人間になろうと懸命に歩んでいるボクらには、道標みたいに働いてくれる。でも、行動を伴わないお題目はただ寒いだけだ。だからもしボクが〝共感が支持ではない〟ことをさらに掘り下げたいと本気で思うならば、とにもかくにもまず、会話することをやめずに続けるべきだった。問題はどうすればそれができるかだ。

十月も半ばになっていた。ニューヨークの空気にも、冷たい秋の気配が混じり始める時期である。第一シーズンの終了を受けあちこちから届いた称賛に、ボクはちょっとだけ浮かれた気分にもなっていた。ある学校の女性教師からは、授業で番組を使ったという報告があった。手のかかりそうな会話に挑む際の心がまえを教える教材にしてくれたらしい。自分も番組のおかげで、反りの合わない家族と会話することができたと教えてくれた視聴者もたくさんいた。

多くのファンがこの仕事に挑んだボクの勇気を称えてくれていた。そんな中でも、ボクがさらなる前進へと挑める強力な燃料となったのが、ジョージという名前の保守主義者がくれたメッセージだった。

「あなたの為されたことには目を見張っている――」

彼はそう書き出していた。

「こういう視点を持ち込んで、注視に価する、しかも落ち着いた対話を成立させることのできた人物は、かつて誰一人、あえて強調するが、過去には本当に、ただの一人としていなかったのではないかと思う」

最初に受け取ってから数ヶ月が経った今でも、ボクは時々このメールを引っ張り出してはうっとりと読みなおすことを繰り返していた。だって、自分の仕事が敵対陣営の誰かにきっちり届いたのだ。そう思えば自ずと鼻も膨らんだ。

この実験は、きっとどんな相手でも席に着かせることができるんだ。自分はとうとうそういうものを作り出したのだ。会話とはれっきとした〝活動〟だ。そう信じられるようにもなった。ファンたちの支持とジョージからもらったこの祝福とを胸にしかと抱き、我今こそは、いざ一億のネットユーザーらの住まう場所へと、対話のすばらしさなるこの福音をあまねく触れて回ろうではないかってな感じだった。

〈ヘイトフォルダー〉内の選択肢がここしばらくほぼ尽きたままであることに変わりはなかったのだけれど、たとえばFBのインボックスに届いた同性愛者であることへの冷やかしを掘り起こしたり、さもなければ、各ビデオの数ヶ月前のコメント欄を浚(さら)って〝お前ってば有史以来一番醜い野郎だな〟的なことを言っているまた新たな誰かを捜すといったことは、あえてせずにいた。この企画をやめずに進めるアイディアならば、もうあったからだ。

この数ヶ月ボクは、誰にも言わず胸の中だけで、ある想像を温めていた。自分のアンチを相手にする代わりに、今度はネット上でやり合っていた見知らぬ二人に会話をさせ、そこでボクが、両者のいわば、緩衝材みたいな役割を果たすというのはどうだろう、と考えていたのだ。この形では、ボク自身はより司会者っぽい位置に収まることになる。二次元空間の仇敵(きゅうてき)たちを番組に招き、二人が会話できる機会と場所とを作り出すのだ。

思いついた時からこのアイディアにはすっかり興奮してしまったものだが、筋もちゃんと通っていた。まず第一に、そもそもネット上でクソリプの類（たぐい）を受け取っていた人間がボク一人だけであるはずがなかった。だからボクは、ほかの人にも、自分が経験することになった会話というものの美しさを確かめてもらいたいと考えたのだ。

しかもボクは自分のアンチと話すことで多くを学んできていた。だから、誰かがそういう学習をする手伝いなら、できる準備も十分にあった。参加資格を有する者を見つけ出すのだってさほどの労力は要らないだろう。なんたってソーシャルメディア上では〝憎しみ（ヘイト）〟が絶賛引っ張りダコ中なのだから。

ネットで〝憎しみ（ヘイト）〟をぶつけられた人々は、実にしばしば、受け取ったその同じコメントを自分でも再投稿するといった対処の仕方を見せていた。おそらくそうやってダメージを軽減しているのだ。この再投稿には、短いイジリや、あるいは〝ふーん〟とか〝じと〟といったニュアンスの絵文字とか、さもなければ、皮肉を込めた最新のハッシュタグなんかがひっつけられているのが常だった。

「そいつはザンネン」

ボクの知人の一人であれば、仮にインスタグラムに自分の体型を揶揄（やゆ）するようなコメントを寄せられたとしたら、きっとこんなふうに再投稿するに違いなかった。ピリオドの場所には、代わりにたぶん、ネイルした爪の絵文字が置かれていることだろう。

「待ち切れねぇぜ」

こっちはたまたまボクが目にした、ユーチューブ上の見も知らない誰かさんが〝あんたきっと地獄行きだよ〟的なコメントを受け取って、それを再投稿した時につけられていた煽（あお）りである。仕上げに#生まれ（ボーン）

つきだよというハッシュタグがつけ加えられてもいた。

ほかにも、政敵から来た、ミスタイプでさっぱり意味がわからなくなっているコメントを再投稿し、ただ〝コイツらの〟とかくっつけてある、なんてものも目にした。文法知識の優位を誇示したい、とでもいうつもりなのだろうか。

こういったアラシコメントに対する報復目的の引用リプライなる傾向については、ボク自身もよく知るところだった。一年前には同じ立場にいたからだ。当時はネットで絡んできたアンチには、ネットでやり返すのが最善の対抗策だと信じていた。クソリプどもが呼び起こす、あのなんとも形容しがたい痛みを癒してもらうのに、デジタルの金貨が積み上がることが一番の慰めとなっていたことも本当である。

だけどあの頃からすでに、気の利いた返しができたこととか、あるいはネット空間に鳴り渡る金貨の響きといった類は、ほんのつかの間しか役に立ってはくれないこともわかっていた。ドーパミンによる興奮が一旦収まってしまえば、残るのは結局痛みだけだったからだ。そして、昨年の一年を通じてボクは、会話というものがその代替として働くことを学んだ。しかもこっちの方が格段に健康的だった。〝いいね〟がくれる癒しとは違うし、デジタルの場で修復的司法が働いたとでもたとえるのがいいのか、だから、ジョークが一気にバズった瞬間風速的な手応えからでは決して得られない、もっとずっと、その効果が長続きするような代物だったのだ。

まずは我が身をこの社会学的検証のための実験動物として差し出した形となっていたボクは、きっとほかの人たちも、この同じ機会にすぐさま飛びついてくれるはずだと確信していたのである。

さてそうなると、とにもかくにも収録を成立させるためには、まずは二人の参加者を確保しなければならなかった。便宜上ボクは彼らを〝基本ゲスト〟と〝第二ゲスト〟と称して区別することにした。つまりは、アラシコメントを受け取った当人と、そのコメントを書いた人物の両者だ。

早速まず〝基本ゲスト〟の候補者のリスト作成から着手した。最終的にここには、友人たちの何人かにネット上での知り合い、さらには、炎上騒動に巻き込まれたことをボクでも知っている著名人たちといった名前が並んだ。実際なかなかに強烈な名簿になった。活動家にコメディアンに作家に俳優にと、肩書きだけでもかなりの広範囲にわたったものだから、繰り広げられるであろう個々の会話がどれほど変化に富んだ、かつ素晴らしいものになるかと思えば、ついつい胸が高鳴った。

いよいよボクの番組は、ほかの様々な社会的病理、たとえば反黒人の人種差別に、トランスジェンダーへの忌避傾向、女性蔑視にイスラム教徒忌避、さらには反ユダヤ主義や身障者差別や、とにかくそのほか諸々をも掘り下げられるようなものにまでなるのだろう。なんたって今や自身へのアンチと向き合うのはボク一人だけではなくなるのだから。

高名な作家が彼自身のジョシュを見つけたとして、二人のダンスがどれほど素晴らしいものになるだろうかと思い描けば、それこそ夢は今にも荒れ野を駆け回らんばかりとなった。彼女にとってのフランクと出会った女性革命家がどんな気持ちになるかも想像できた。

そしてこのボクは、彼らが〝なんでもアリの嵐〟を耐え忍びくぐり抜ける間も逐一見守るのだ。俳優氏が彼自身のアダムに語りかける言葉を耳にすることにもなろう。きっと二人はお互いの心に問題意識の種子を蒔き合うことになる。そんな遙か彼方の想像にまで身を浸し、耽溺した。地方の顔役様が彼ら自身のE

と電話で結ばれる、その様子さえ仔細余さず頭に浮かんだ。きっと彼らはたちまち〝闘論戦場〟に迷い込む。その時こそこのボクが、一番手っ取り早い脱出口へと二人を案内してあげようではないか。

攻略計画を立案している間は、鼓膜のすぐ隣にフルオーケストラがいるみたいだった。そしてボクが次の手順を思い描き始めると、顕微鏡サイズの彼らが一斉に楽器を持ち上げた。すると、古式床しくもかぐわしきあの『ミッション・インポッシブルのテーマ』が高らかに鳴り始めるのだった。

震えるフルートがあの強烈なモチーフを奏で、場面が変わる。ボクは自分のデスクにいる。表はまだ真昼のうちだ。ボクはラップトップのＰＣに前のめりになっている。カメラが回り込むと、ボクが最初の基本ゲストへの招待状を一心不乱にタイプしていることがわかる。

ほんの少しも経たないうちに、ＰＣが返信の着信を告げるチャイムを鳴らす。画面に字幕が現れる。

「了解よ、ディラン」「私も加わる」「ご存知よね、相棒」

次の場面ではボクは、スピードを上げていくタクシーの後部座席にいる。今やオーケストラはフルヴォリュームだ。車のドアを開けたボクが、辺りをうかがいながら滑らかな舗道へと足を踏み出す。カメラはボクを追いかけて、レストランへと潜り込む。そこでボクはテーブル席で待っていた、有名な女性革命家に出迎えられる。彼女の足元にはプラカードが伏せてある。笑みを交わし、そのまま一瞬吹き出しそうにもなるが、でもすぐにボクらは真顔に戻る。なんたってこれは任務なのだ。

素早く電話を取り出した彼女が、断固たる様子で自分に届いたクソリプを示してみせる。第二ゲストたる可能性を秘めた相手が特定された。

ふむ。クローズアップになったボクの両目が険しく細まってそう語る。

どう思う？　やはり唇は開かず、革命家嬢が眉だけで尋ねる。

「こいつにしよう」

そう答えたボクの声は、遺憾ながらもっとそれっぽい、いかにも映画スター然とした太くて低くてカッコいい声に吹き替えてある。

「了解だわ」

革命家嬢も同意する。そうしてボクらは一緒に息を吸い込んで、互いに頷き合い、大急ぎで招待状をタイプして、送信ボタンをポチッと押す。

この招待状は、映画的な効果として半透明の紙に印字されたような具合となって、空へと向け舞い上がっていく。活動家の電話から一番近いワイファイルーターへと潜り込み、そこから先は、信じられないほど長くかつ入り組んだ光ファイバーケーブルの迷路を抜けて、いよいよ宛名の主の自宅へと届くのだけれど、カメラはずっとその航跡を追いかけていく。

カットが変わり、ナイトスタンドが現れる。ベッドには携帯電話機が、画面を上にした状態で放り出されている。着信を伝える信号音とともにそいつが光る。画面の端から手が伸びて、機械をつかむ。するとと画面が、今度はその人物のクローズアップへと切り替わる。両の瞳のそれぞれの中央には電話機が映り込んでいる。明滅が不穏げだ。中央の鼻梁には、玉の汗がにじみ出し始める。

「こいつは――」

あるいはそこには二人の人物がいて、一緒にそんなことを口にするのかもしれない。だが画面はやや唐突な映像効果で切り替わってしまう。ああ一応これ、全年齢向け映画だからさ。ベッドの上とはいえ、濡れ場はなしなんだよね。

次の場面では、物語はもう数日後に飛んでいる。ボクと活動家嬢とがマイクの位置を調整している。そこで画面が二分割になる。スプリットスクリーンってやつだ。ボクと基本ゲストとが右で、第二ゲストは左に映る。でもこっちはまだ、さっきの極度のクローズアップのほかには、観客に対しては一切正体を明かしていないままでいる。

数千キロも離れた場所で、第二ゲスト氏は自分の椅子に収まって、不安げな視線を電話機へと注いでいる。画面右側の長方形の中で、ボクと基本ゲストの革命家嬢とが顔を見合わせて頷き合う。左側では第二ゲストが音も立てずに息を呑む。

ボクが電話番号を入力している間にも、第二ゲストは何度も時計を確かめる。

すぐにボクら三人は回線で結ばれる。居心地の悪そうな笑みが交わされ、話題がぎこちなく始まってはそのまま行き場を見失う、みたいなことが何度か起きる。この新しいダンスに相応(ふさわ)しいリズムをボクが見つけ出せるまでの間は、ゲスト二人の顔の上には、しかめっ面が浮かんだり消えたりするばかりだ。

だがそのうち、ほとんど誰にも気づかれることなく、あの『ミッション・インポッシブルのテーマ』がいつのまにか、もっと流麗で優しい音楽へと変わっている。画面も二分割をやめ、ゲストたちのアップを交互に映し出すというパターンになる。

気まずげな沈黙は打ち解けた含み笑いに居場所を譲っている。頬には微笑みが忍び寄る。真摯(しんし)な頷きとそして、フム、という穏やかな音とが〝聞いているよ〟という言葉の代わりを果たす。

「いやはやしかし――」

通話が終わりに近づいて、第二ゲストがそう声を出す。

「こんなふうになるとは、こっちは思いもしていなかったよ」

「私にも、これまであなたがこうした問題に無自覚だったのは環境のせいだったんだな、ということがわかったわ」

基本ゲストの返事はこうだ。第二ゲストが申し出る。

「ああいった攻撃的な言葉で君を扱い、それを本人に送るまでしてしまったことを、慎んで謝罪させてもらうよ」

「全面的にお受けします」

基本ゲストも拒んだりはしない。

片方が言う。

「私は――どうやら私は、この会話のおかげで変わったようだ」

「私もこの会話で変わりました」

もう一人も同意する。

「ボクらは全員この会話で変わったんだ」

満を持してボクもそう口を開く。ゆっくりと首を縦に振りながら、声はどこか割れている。涙が一筋ボクの頬を伝っていく――。

ああクソ。

我が心の中だけに存在するこの映画を観終えたボクは、忘我の境地で形而上学的ポップコーンを口いっぱいに押し込みながらそう思う。

こいつは間違いなく世界を変えちまうぞ。

まあ、こんな架空の映画がたとえどれほど素晴らしくても、ボクはこいつを現実にしてやる段取りを組まなきゃならないんだけどね。


「あのう、お忙しいところ大変恐れ入ります。きっと新作の執筆の真っ最中だと思われますが、ボクら全員、読む気満々でいることは間違いなしだと思います」

高名な作家のツイッターアカウントにDMすべく、ボクはへつらい全開で文章をタイプしていた。

「あなたのお時間が貴重なことは重々承知しています。ですからとっとと行きましょう。ボクは今、自分の番組の第二シーズンの準備に着手したところで、今度はあなたのように数多の崇敬を集めている著名人の方々と、そんなあなたのことを、ネット上で論(あげつら)ったり、あるいは直接汚い言葉を送ってきたりした人々との間を取り持って、会話の機会を作るという役割にジョブチェンジしようと考えています。そこで、是非ともあなたにゲストとして登場していただきたいのです」

ポチッとな。

次にはほぼ同じようなメッセージをとある活動家に、三人目には、有名なコメディアンを選んで送ってみた。

いよいよツイッターの封筒アイコンの右上の箇所に、ぐるぐる回るブルーの輪っかが現れた。ボクはそいつをクリックし、作家氏が書いて寄越した中身を確かめた。

「申し訳ないね、ディラン。君がやっていることは知っているし、非常に高く評価してもいる。だが私自身には、そういう輩と直接話せるような準備はできていないよ」

くそ。リストの彼の名前の上に横線を引く。一個目のご辞退だ。

活動家とコメディアンのどちらからも、返事が来ることはなかった。ただ両者とも、ボクが送信した直後にメッセージを開けていたことはこっちにもわかっていたから、さらにこの二人の名前もリストから消すしかなくなった。これでご辞退計三つだ。

有名俳優もやっぱり返事をくれなかった。四つ目。つい最近公の場で、自分のアンチに噛みつき返していた女性歌手も、やはりなしのつぶてだった。五つ。地方の顔役氏は、この人物はほんの数日前に、向こうの方から〝一緒にビデオを作りたい〟という申し出があったものだから候補者リストに載せていたのだけれど、こちらも沈黙を守ったままでいた。六人目。

もしかして、まず基本ゲストを見つけようとするんじゃなく、取り上げるべき問題の側から候補者にたどり着こうとした方が、逆に上手くいくんじゃないのか。一旦そう思いなおした。ちょうど#METOOのハッシュタグがネットのあちこちに見つかり始めた時期だった。なんとも強烈な暴露記事が二本立て続けに公になり、人々の目を、ハリウッドでの性的搾取に向けさせた形だった。

このタグが今、デジタルの世界におけるある種の受け皿のようにして働いていた。性的暴行やハラスメントをくぐり抜けてきた女性たちが、勇敢にも自身の体験をこれを使って報告し、同時にほかの人たちの証言にも目を通すことができるようになっていたのだ。

ひょっとして番組の今度の新しい形式が、この強力な社会的趨勢になんらかの形で一役買えるのではないかと首を捻っていたところで、ある女性ジャーナリストがつい先頃、職場でのハラスメントに関し自身の体験を公にしたことを知った。そこで細心の注意を払って文章を作ってみた。どうやら自分をブロックしているらしい仇敵と直接相まみえられるとなったら、彼女も少しは溜飲を下げてくれるのではないか、と願いながら、だった。

「こんにちは、ディラン。御提案はとても興味深いものだな、と思いました。でも私、ようやく人間に戻れ始めたばかりなの」

彼女の返事はこんな感じだった。

「だからまだ、誰かから否定的なものをぶつけられて、それを自分が楽しめるなんて自信はないの。たとえそれが、最終的にはなにかしら有益なものを生み出すことを目的としているのだとしても、です。私を思いついてくださったことには感謝します。将来的にもう一度こういう話ができるといいわねってところではダメかしら」

彼女のメッセージには、ところどころ赤いハートマークの絵文字が挟まれていた。

「仰(おっしゃ)ること、十分にわかります」

ボクはそう返信した。

「必要なだけのお時間を使ってください」

七人目。続いた八人目の登場も、それからすぐだった。

「私どうやら、自分で思っていたよりよほど意気地なしみたいだわ」

数週間前にこの話を振った時には相当乗り気でいてくれたシェフから、そうメッセージが届いたのだ。

ご辞退ばかりが重なる中でボクは、自分にはものすごいものを刻んでくれたこうした実験に、何故ほかの人々がこうも興味を持ってくれないのかが、すっかりわからなくなっていた。

二〇一七年が幕を下ろし二〇一八年がやってきた。新しい年の訪れとともに気分も一新し、改めてスタートを切ってやるぞ、くらいに思っていたのだが、連敗街道の出口はさっぱり見えてはこなかった。あるスポーツ選手の女性は、ネットで叩かれることがどれだけメンタルに来るのか、といった部分についてはかなり突っ込んで打ち明けもしてくれたのだけれど、自分の登場回については、極力先に延ばしてもらいたい、と言ってきた。九人目。

教育関係の仕事をしている女性からは、自分が受けた性的暴行を報告した投稿に、非公開にもせず〝こいつとやりたい野郎なんているのか？〟といったコメントを残した相手と直接話したいなんて気持ちは、自分にはまったくないと言われた。十人目。

ボクはこうしたご辞退を、それでも淡々と受け止めていた。何故ならば、ひそかに隠し球ともいうべき放送回の予定を一つ、沸騰寸前にまで煮詰めていたからだ。子供時代からの親友の一人が、最初こそこの計画には尻込みしていたのだけれど、ようやく意を決して参加を決めてくれたのである。

「わかったよ、根負けだ」

二度目の招待にいよいよ彼がそう言ってくれたのが、数日前のことだった。

しかしその朝、ボクはメールの着信音に起こされた。

「なあマブだち——」

メッセージはそう始まっていた。

「考えれば考えるほど、こいつはやっぱり僕には全然いいことないや、と思うんだ」

続きを読むべく、ボクは半ば眠ったままの目の焦点を合わせた。

「君を裏切る形になって本当に申し訳ないよ。でも僕も、今年になってようやく自分がやれつつあることを全部お釈迦にしたくはないんだ」

十一人目。

「わかるよ、気にすんな！」

それだけ返信した。言葉通りのつもりだった。それでも、今までで一番大きなダメージになったことに変わりはなかった。だから、某グラフィックデザイナー君が、やっぱり心配だから、と断りの連絡を入れてきた時にも、ほとんどなにも感じなかった。十二人目。

ひょっとして自分は、彼らのやや個人的に過ぎる領域にまで土足で足を踏み込もうとするような形になっているのだろうかと案じながら、次にはパレスチナ人の友だちに連絡を取ってみた。御招待文をタイプしながらも、パレスチナ紛争みたいな大きな問題を、その長い歴史が分断したであろう二人の人間を結びつけ、彼らを会話させることで扱えることの影響力の大きさにまで思いを馳せることもした。彼女から返事が来たのは数日後だ。

「あなたの番組に私を思いついてくれるなんて、なんて光栄なことでしょう」

始まりはそうだった。思わず、やったか、と意気込んだ。でもそのまま先を読み進めると、彼女はこう続けていた。

「正直に申し上げますね。私が受け取っているものは、アラシコメントなんてものには収まらない、最早殺害予告のレベルに近いものばかりなんです。ですから、そういうものと関わり合いたくはないし、注意すら向けたくもないんです」

十三番目のご辞退だった。

これだけお断りの返事ばかりが重なると、自分がどこかで間違ってしまったんじゃないかという気がし始めた。たとえば言葉遣いとか？　切り出し方がまずかったか？　さもなければ、世の人々はもう、電話で喋るなんて行為までですっかり大っ嫌いになっちまっているのかもしれない。

まあだけど、この企画の前にも〝ごめんなさい〟されたことなら山ほどあったのだ。ボク自身を煽ってきた相手の多くからだって、番組への招待を退けられていたのだ。ちょっと探りを入れてみただけでいきなりブロックしてきた相手も皆無ではない。

でも、むしろそういうのなら理解できなくはなかった。きっとボクだって、録音されるとわかっている通話にのこのこ出ていって、しかもそれが、自分が〝入水しろ〟とか言ってしまったような相手に主導され、編集までされるといったことになったら、間違いなく不安になる。肝っ玉の小さい我が〈ヘイトフォルダー〉の住人諸氏は、だから、単に自分の身を守ろうとしていただけだ。わからなかったのは、いったいどうして憎悪をぶつけられた側の方がまず、こんな機会を袖にしてしまうのか、という点だった。

「そういう番組をやれるだけの精神状態にはまだないと思うの」

彼女の回の進行の段取りを組み始めたところで、某デザイナー嬢からはそう返事が来た。十四人目。離婚を確定させるところだったモデルの女性からは〝今そんなに気力の要りそうなことはとてもできそうにない〟と言われた。十五人目。

いつしか御招待を重ね始めてからもう月単位の、それも、決して短くはない時間が過ぎていた。いよいよボクは、この新しいスタイルで番組を維持することは無理なんじゃないかと考え始めていた。

二日ばかりの休みを取った後だった。改めてボクは、積み上がったこれらの辞退コメント群を仔細に眺めてみることにした。なにか見えていなかったものがわかるかもしれないと考えたのだ。

計十五人に達した辞退者のうち、圧倒的多数が黒人で、うちほとんどが女性だった。半数は性自認や嗜好／恋愛対象の悩みを抱えていて、二人がアラブ系で、性転換者が一人いた。

これはつまり、この十五名の全員が、それぞれ少なくとも一つは、社会的に少数の側に区分される要因を持っているということでもあった。単なる偶然でないことは直観でわかった。

「私、ようやく人間に戻れ始めたばかりなの」
#ＭＥＴＯＯ運動の中で告発を敢行した女性ジャーナリストはそう言っていた。
「今年になってようやく自分がやれつつあることを全部お釈迦にしたくはないんだ」

幼馴染の言葉からは、本人が、自分に対する排斥運動がまた起きてしまうことを恐れていることが読み取れた。

「私が受け取っているものはアラシコメントなんてものには収まらない、最早殺害予告のレベルに近いものばかりなんです」

こっちはパレスチナ人の友人のものだ。

全員がボクに伝えようとしてくれているのは、彼ら彼女たちが耐え忍んできた暴言は相当にひどいもので、そのせいでもう、会話するエネルギーさえすっかり枯渇してしまっている、ということだろう。さらに、最初からまるっきり返信もくれなかった人々に関して言えば、その沈黙こそがむしろ、ボクが知らなければならないことを雄弁に教えてくれているとも考えられそうだ。

ねえディラン、私にはもう、あれに関することを考える気力すらないの。

もっともこの段階では、こうしたゲスト候補たちの少数性と、彼らのアンチと言葉を交わそうとするエネルギーの欠如との間の相関関係は、せいぜいよく言って、たまたま共通項が見つかった、程度のものだった。しかしこの時から数えて十ヶ月後に、この仮説はデータを伴った裏付けをなされ、いよいよ公にされたのだった。

〈アムネスティ・インターナショナル〉とカナダの〈エレメントＡＩ〉社とが共同で〝二〇一七年の一年間に、英米のジャーナリストと政治家計七百七十八名が受け取った百万単位のツイート〟を解析したところに拠ると〝本調査では、女性を相手に送信されたツイートの七．一パーセントが不適切で問題のあるものだった〟そうである。さらに彼らは〝女性が有色人種、すなわち黒人やアジア系、ラテン系や、あるいはそれらの混血である場合、白人女性との比較において、こうした不適切で問題性のあるツイートの割合は三四パーセントも上昇する〟と結論づけてもいた。だがなによりも〝とりわけ黒人女性は突出しており、白人女性との比較では、実に八四パーセントも、こうした不適切で問題性のあるツイートに言及される標的になりやすい〟のだそうだった。

合点もいったが、同時にひどく重たい気持ちにもなった。これはつまり、現実の世界で日々抑圧と戦っている人々が、デジタルの地表でも同じ頑迷さが、まるで鏡に写しでもしたかのように蔓延しているのを目の当たりにさせられているということだったからだ。

そしてまた、ネット上の暴言の多くを引き受けさせられている人々がただ生き残ることだけに必死になっているような場面では、感情的な負担を多大に要求するこの会話という行為に参加できるだけのエネルギーをも持ち合わせているということには、必ずしもならないのだ。その点も十分に納得がいった。たとえそれがどんなにまっとうな目標を持っていたとしても、そこは変わらない。ボクがアンチを自分との会話に引っ張り出すことを描いて心躍るような思いになったからといって、ほかの人も同じ気持ちになるわけではない。そんなのは当り前だ。

振り返ってみれば、自分がいったいどれほど厚かましかったことかと身がすくむ。支援しようというよりはむしろ自分の思いつきばかりを振りかざし、あえて自分の痛みを公にしている人たちに襲い掛かっていたようなものだった。さながら、自分ならネットで感じた不平不満も満足に変えてあげられますよ、とでも言わんばかりで〝オンラインの救急隊〟でも気取っていたかのようではないか。きっちり会話することに必要な膨大なエネルギーのことなど、考えてもいなかった。ネット上のアンチに対し、いわば元とは真逆の共感を持つことの感情的負担についても同じだ。

この事実を自分で認めるのは恥ずかしいことこのうえない。だってボクはずっと長いこと、自分で自分を、とりわけ人種と性自認と性別の問題に関する複雑な交錯ぶりについてであれば、きっちり精通していると見做(みな)していたのだから。褐色の肌を持ち同性愛者でもあるボクは、いわばその複雑さを自ら顕現しているようなものだろう、くらいにまで考えていた。

ところが自分の番組のプランにすっかり浮かれたうえ、しかも、ああした会話が自分にはひどく楽しかったものだから、ほかの人たちにとってはそういうことが多大な困難を伴うだろうという点を、ボクはすっかり放念してしまっていたのである。

だから〝境界を跨いだ共感というのは、むしろ贅沢品みたいなもの〟なのだ。誰もが容易に手に入れられるわけではない。

この感覚をどうたとえるのがいいのだろうかと首を捻った。ボクが頭に浮かべられたのは、唯一こういった事例になる。自分よりもうんと裕福な相手から夕食に誘われた時に起こる、胃がきゅっと締まるような感じ、というのはどうだろう。

食事が退廃的なまでにかぐわしいだろうこともわかっている。忘れられない経験ともなるだろう。だけどもし、最後の最後になって〝じゃあ割り勘ね〟とか言われてしまったらと想像すれば、どうしたって怯んでしまう。向こうはそんな金額も、自分と同様こっちにとっても大した問題ではないはずだと思い込んでいるのである。

万が一こんな内臓が引っ繰り返るような瞬間が現実に訪れてしまったとしたら、あなたもきっと、頭の中で必死に算盤をはじく羽目になるだろう。はたして自分の銀行口座に、その半分でも引き受けられるようなお金は残っていただろうか？　パスタとダイエットコークだけだったら手持ちの分で払えたりもするかしら？　そんな考えばかりが駆け巡ることになる。

しかし会話においては、会計はつねに割り勘だと決まっている。そして、この筋書きの場合のボクの立場は、この裕福な方の人間に相当する。決して誰もがこの感情の勘定書きを払えるわけではないという事実には気づいてもおらず、それで平気な顔をしている。しかもこの対価は、そもそもが彼らが負担しなければならないものでさえない。

もちろんどんな集団も、取りつく島なんてどこにもないまるっきりの一枚岩だ、ということはない。統計上のすべての人間が〝会話を通じ、元の状態とは真逆の共感を育む(はぐく)む〟という行為に対し、一切興味など持ってはいないと結論づけてしまうことは、やや単純化が過ぎる。そしてこのボクも、継続的努力とたゆまぬ忍耐との甲斐あって、いや、単にとんでもなく運がよかっただけだったのかもしれないが、とにかく最終的には、自分の目でこの事実を確認できる幸運にも恵まれたのだった。

反目する二人に穏やかに電話をさせてみようということの試みがいよいよ実現した時、まずボクは、マルシアとアンドリューという二人の間を取り持った。マルシアは女ピン芸人で、自分のページに〝男ども(メン)は(アー)クズ(スカム)〟と投稿しては、FBから繰り返しアカウントの凍結を食らっていた。これはだが男性が〝女ども(ウイメン)は(アー)クズ(スカム)〟という投稿をしても同じ罰を適用されないことに対する、ある種の抗議行動だった。

一方のアンドリューは、彼女とは複数の州を隔てた町の住人だったのだが、反フェミニズムで人気を誇ったあるユーチューバーの動画でマルシアの一連の行動を知った。コメント欄を通じて彼は、彼女のことを〝頑固者(ビゴット)〟呼ばわりしていた。

二人の会話は互いに実に挑発的でこっちもヘロヘロにさせられたのだが、最終的にはいよいよ笑い合えるくらいにまでなってくれた。電話とはいえお互いが直接言葉を交わしているのを耳にさせてもらっただけで、これは絶対続けなくちゃな、と、背中を押してもらえた気持ちにもなった。

タイラーとマディという二人のベテラン海兵の会話を成立させることもした。すでに削除されたままになっているFBでの投稿でタイラーは、当時議会に提出されていた、トランスジェンダーの陸軍への入隊を禁止する法令への支持を表明していた。マディの方は、最近になってようやく自身はトランスジェンダーであることをカミングアウトしたところで、当然この法案には反対の立場だった。

二人がそれぞれの従軍体験を話し出したところで、会話はまさしく淀みなく流れ始め、最後の最後になってマディへの謝意を口にしたタイラーは、自分が出会ったトランスジェンダーの海兵は、彼女が初めてだ、とも打ち明けた。こういうことがやりたかったんだよ、とも思わせてもらえたものだ。

ジャヤとトムとを繋いだ時には、最初はボク自身、いったいどんな具合に進んでいくかも皆目わからないままだった。雑誌記者のジャヤはつい先日『GQ』誌上に、社会の全体が職場環境の劣悪さの問題と向き合わざるを得なくなりつつある現代では、このテーマを面白おかしく扱って人気を博したシットコムの『ジ・オフィス』は、最早お手上げ状態なのではないか、といった疑問を提示する記事を書いていた。この記事に反応した誰ともわからぬトムなる人物が、コメント欄にジャヤ宛てのメッセージを投稿した。

「あの『ジ・オフィス』を見下すなんて、こいつは棒にくくって火あぶりだな」

この時はボクもまずじっと耳を傾けていたのだが、会話が進むにつれ、二人が互いに警戒を解いていく様子がはっきりとわかった。そして、彼らの関わりのそもそものきっかけとなった番組にまつわる驚くほど似通った思い出が見つかった時には、両者がつくづくじーんとしていることも伝わってきた。

実は双方にとって同番組は、親と一緒に観ていた思い出のテレビだったのだ。トムの方は母親と、そしてジャヤは自分の父親と、である。電話の間も二人は、しっかりと相手の話を聞き、時には笑い合ってもいた。そして最後の最後にボクらは、いつか三人でスシを握ってみようかなんて、あてどない約束を交わしたりもした。

ボクは会話というものを信じている。どうしたらそうせずにいられる？　だってこいつが効果的に働く様を何度も目の当たりにしているのだから。

特にネット上で日々繰り広げられている〝非人間化ゲーム〟からの待避場所（ブレイクアウトルーム）としての機能は秀逸だ。あそこでのボクらは、でっかく口を開けた深い峡谷を挟んだ状態でしか、相手の姿を目にすることが叶わない。電話での会話はだが、この峡谷の距離を、些少とはいえ縮めてくれるのだ。たとえほんのつかの間だけだとしても、お互いの全身像がよりはっきり見えるようにしてくれる。

先のタイラーは、マディより以前には〝現役女性の元海兵隊員〟なる存在とは会ったこともなかったわけだが、今はそういう相手を知っていると言えるようになった。トムは出版業界における目には見えてこない男尊女卑の趨勢について、ジャヤから直接話を聞けた。たとえ一時間こっきりとはいえ、マルシアとアンドリューとはより親しくなれた。それもこれもすべて、遊園地のビックリハウスの類（たぐい）にある、歪んだ鏡みたいなソーシャルメディアという場だけで関わり合う代わりに、直接言葉を交わしたからだ。

ボクが立ち会えた、これらの通話の間に起きたこうした瞬間は、ボク自身をも喜びと未来への希望とでいっぱいにしてくれた。こんなものを目にできるなんて、言葉には到底できないくらい幸運だな、と感じもしたものだ。そういう時にはボクも、主催者なんて立場はすっかり忘れ、たまたま彼らと出会い、その彼らの生涯一度きりのイベントを砂かぶりの席で鑑賞できる栄誉に浴せた一人の人間となっていた。

けれど、なにかを信じるということが決して、ほかのみんなも同じ経験をすべきだと即望んでいいということにはならないというのも、同時に本当なのだ。ボク自身は今なお、会話が活動の一つの形であることを疑ってなどいない。でも、社会活動というのが、さながらモザイク画みたいなものであることも、やはり同じように理解しているつもりだ。

だから、小さなタイルが集まってより大きな物語を繰り広げている、そういうなにかだ。前に進んでいくやり方というのはいくらでもあって、活動にも様々な姿がある。タイルは無尽蔵だ。会話はそのうちの一つに過ぎない。

再びボクは、この企画に挑んだことに称賛の言葉を送ってくれた保守派の人物の言葉を思い出す。

「こういう視点を持ち込んで、注視に価する、しかも落ち着いた対話を成立させることのできた人物は、かつて誰一人、あえて強調するが、過去には本当に、ただの一人としていなかったのではないかと思う」

彼はそう言ってくれた。最初にこれを読んだ時にボクは、自分がまるで、群の他の連中が意気地がなくて果たせなかった役割を、自ら引き受けてまっとうした、勇猛果敢なユニコーンででもあるかのような気持ちになった。

だが、何故ほかの多くの人たちがこれをやりたがらないのかも理解した今となっては、この言葉はむしろ、本来は後ろ髪引かれながらでもきちんと辞退しなければならない勲章のように思え出していた。ちゃんとした資格もないままで手にしてしまえば、それはすなわち、こうした〝注視に価する、しかも落ち着いた対話〟を顕現せしめるだけの術や気力を持たない我が潜在的ゲストたちを、無自覚に蔑んでしまうことになりかねない。

果敢さだけが勇猛さの証ではない。それがわかった。勇気を持つやり方はいくらでもあるのだ。ネットで自分を傷つけた相手との厄介そうな会話に挑むことも勇気の現れの一つだ。でも、まずは我が身を守り、自らの限界を知り、会話などしたくない時にそうはっきり口にすることだって、やっぱり勇気の所産なのだ、と思うのだ。

もし共感を育むことが贅沢品なのだとしたら、こうした会話を実現したことでボクが受けている称賛というのは、たとえるなら、金持ちが豪勢な邸宅を誉められているようなものだろう。なるほど改修の済んだ最新式のキッチンには息を呑む。床の寄せ木細工のフローリングなんて、優雅の極みだ。確かに十分な資産さえあれば、趣味のよさを追求することもそこまで難しくはないのだろう。同様にアンチへの共感を育むという行為もまた、こちらがそうするべきだと感じていさえすれば、けっこう簡単なものになる。

だからボクは、たとえ足を引きずってでも、さらなる先を目指すことにした。そこに待ち受けているどの電話も、胸高鳴らせて出迎えるつもりでいる。我がゲスト諸兄らを互いに結びつける準備なら、いつだって万端でいられるようにしよう。それでも同時にこれからは、この計画に加わるための、ややお値段の張る参加費を、気軽には出せない人たちだって数多くいることもまた、決して忘れないようにしようと思うのである。

八章　尋問は会話ではない

「ディランさん？」

こちらに向かって進んできながら、おずおずとその女性が切り出した。

「ええそうです、ボクです」

彼女を迎えるべく立ち上がりながらそう応じたが、つい声が出過ぎてしまった。やや独善的に響くくらいはしていたかもしれない。

「エマさん、ですよね？　間違ってませんね？」

こちらもまた、相手が誰なのかまだ確信はないというふうを改めて装いつつ、彼女のトーンを真似ながら急いでそうつけ加えた。

普通に社会的ニュースに触れている人間なら誰でもそうだろうと思うけれど、ボク自身も、このエマ・サルコウィッツにまつわる一連についてはとっくに知っていた。いや、厳密を期して言えば、自分の耳に入ってきた彼女の物語なら、というのが正しいのかもしれない。たとえばボクにわかっていたのは、二〇一四年に彼女が、校内レイプの被害に遭った者たちの代弁者になったという事実だ。彼女の採った、仲間たちと一緒に事件の際に部屋にあったマットレスを担ぎ上げてキャンパスを練り歩くという抗議行動が、一つのシンボルにまでなったのだ。このニュースはあらゆる大手ニュースサイトに取り上げられ、自ずとボクの目にも入っていた。

かくして彼女の存在は、良識ある人々にあまねく知られるところとなった。やがては本人に〝マットレスガール〟なる称号が冠せられるようなことも起きた。二〇一四年の当時には、キャンパスに顔を出せば彼女を知らない者などいなかった。ボク自身も鶴みたいに首を伸ばして、いざ歴史を作らんとしている英雄的な姿を一目でも拝めないものかと捜したものだ。あ、ボクらは同窓なのである。そして今夜いよいよボクは、その本人と会食することになっていた。

今ボクの目の前に立った女性はけれど、写真で知っていたエマその人とは、ずいぶんと印象が違っていた。四年分年を取った彼女は最早女子大生ではなかったし、見ればわかるだろうと思っていた肩までの髪は今や短く刈り込まれ、しかも青く染められていた。

「ここでかまわないですか？」

押さえておいたこの窓際の席の話だということがわかるよう、身振りを交えながらそう尋ねた。

「ええ、素敵ね」

エマが嬉しそうに笑った。心から喜んでくれているようだ。

この会食に関しては、事前になにかを心積もりしておくといったことは一切せずにいた。とりあえずお互いをもう少しよく知り合おうとでもいった程度のつもりだったのだ。ボクらがまずメールをやりとりし始めたのは、ほんの数週間前だった。ある会合でボクが彼女の父親ケリーと挨拶するという機会があって、それで紹介してもらった形だ。

やがて夜が深まるにつれ、まるで旧友と近況報告でもし合っているような気持ちになってきた。内側から泡立つような独特の彼女の笑い方には、こっちまでつい釣られてしまうなにかがあった。自分の芸術について語る時、彼女はものすごく熱くなった。そもそもが猛烈に聡明な人だった。そういうのが次第にこっちにもわかってきた。

話題がボクの仕事に移り、いよいよ『やつらがボクのことなんて大っ嫌いだってあんまりいうから、とりあえず直で電話して話してみた件』の話をした。元々はどんなものだったか、そして現在は、ボク自身は仲介役の立場へとジョブチェンジした形に番組を進化させて続けていることも説明した。彼女の目が見開いて、興味を持ってくれたことがわかった。

たぶん彼女には、普通の人にはなかなか通じないような部分まで伝わったのだ。自身もアーティストであるエマは、ボクのやっていることの根幹が、社会的実験とある種の舞台演芸とを融合させようという試みにあるのだといった部分まで、きっちりと評価してくれたのだろう。そのまま彼女は、自分が蒙ったネット上でのアラシの被害についても忌憚なく打ち明けてくれた。ボクが受けたものと比べると、彼女のそれは、それこそツナミにでも襲われたようなものだった。

「あなたの回をやるっていうことに、興味はありますか？」

思わずそう口から出ていた。こっちからまず手の内をばらしてしまおう、くらいのつもりだった。

「え？」

彼女が驚いたような声をあげた。そんなことは想像もしていなかったという感じだ。

「でも——少し考えさせてもらえるかしら」

「もちろんです」

そうは応じたが、答えは間違いなくノーだな、とも思っていた。むしろそれが当然だ。レイプ被害者というのは、特に自ら訴え出た場合には、ただ告発したというそれだけの理由で、ネットでは誹謗中傷の猛攻に晒されてしまうのである。だから共感ってのは贅沢品なんだってば。改めてそう我が身に言い聞かせてもいた。

食事を終え、また会える機会があるといいなと思いながら別れた。でもそれは九分九厘ボクの番組のためではないだろう。それもわかっていた。だから、一週間後に彼女からのメールが届いた時には引っ繰り返るほど驚いた。こう書かれていたからだ。

「じゃあ一緒に、私の回っていうのをやってみましょうか」

それからの数週間にわたってエマとボクは、メールにメッセージに直電にと、とにかく嵐のようなやりとりを交わした。どうやって第二ゲストを見つけ出すかという部分を擦り合わせるためだ。ボクからは、もう何度も口にしていた次のような基本方針に鑑みて決めたいのだという意向をまず伝えた。

「長所を見つけられそうな程度には否定的で、かつ、こちらが危険を感じるほど露悪的でないもの」

「だったら選択肢はたくさんあるわ！」

返信で彼女は、まずメールの件名にそんなふうに書いてきた。本文を開けて思わず目を見開いた。添付されていた十個のスクリーンショットは、いわば悪意しか入っていないびっくり箱みたいだったのだ。

「不気味な豚め」

一個目にはそうあった。

「女がてめえをダシにしやがる。この真性娼婦」

お次はこうだ。

「お前は嘘月だ」

三番目がこれだった。まあ、誤変換のおかげで多少は角が丸くなってもいたが。

それぞれのスクショのすぐ下には、メッセージを書いた人間のプロフ欄へのリンクが貼ってあった。そこで一つ一つこいつを開いていった。そうやってボクはたちまちにして、エマのアンチたちのデジタルのご自宅の玄関口へと運ばれていったのである。

こうした男性どもの何人かは、プロフィールをロックし、堅牢な要塞の中にすっかり自分の姿を隠していた。写真の解像度は低く、投稿の閲覧も同窓の者に限定されているといった具合だ。さらには、いかにもこの手のメッセージを送ってきそうな、できれば関わりたくはない悪党としか思えない輩（やから）も複数いた。直近の投稿が女性蔑視のネタ動画だったり、あるいは外国人排斥がらみの暴言だったりしたのだ。

それでもそのほかの面々は、ボク自身の大学時代の友人にいても全然おかしくはない感じだった。穏やかで偏向のない顔つきは、無限に広がるソーシャルメディアの大宇宙の交友関係の中では、たちまちどこかに紛れ込んで行方がわからなくなってしまいそうだった。

こうした作業の最中には、道を見失ってしまうことも容易になる。ともすれば、見も知らぬ他人の仮想の日々なるウサギの穴に、いとも簡単に迷い込めてしまうからだ。そこでボクは、自分がここでしなくちゃならないのは以下の二点を確認することだぞ、と繰り返し我が身に言い聞かせながら進んでいった。

一つ目：この相手は安全そうか？

そんで二つ目：彼のコメントは面白い会話に繋がりそうか？

名前を隠した送信主たちはそもそも捉えどころがなかったし、女性蔑視ネタ系の連中にはさすがに引いた。そこでボクは、エマを〝嘘月〟呼ばわりしていた人物のプロフィールへと飛んでみた。すると、二人の女性の間でカメラ目線で笑っている男性の姿が現れた。女性たちはどうやら家族のようだ。さてどういう関係の人たちだろう。いや、今見極めなくちゃならないのは本人だ。

そもそも彼は誰だ？　見てみると、この人物がジョナサンという名前であることがわかった。このジョナサンであれば、まず第一のハードルはクリアしそうだ。だから、さほど危険そうには見えない、ということだ。であれば次は二番目だ。

レイプ被害者が自ら名乗り出て、しかも相手を告発した場合には、多くがまず、四方八方からの懐疑の声に晒されることになる。その申し立ての正当性を巡る疑問と批判とが、それこそ果てしなく続くのだ。しかし直近の研究に拠れば、こうした告発が虚偽であった比率というのは恐ろしく低い。たとえば二〇一〇年の報告では、性的暴行を受けたという告発がでっちあげだった事例は、二パーセントからせいぜい一〇パーセントの範囲にとどまるのだそうである。この比率は、二〇〇二年の合衆国司法省(DOJ)の発表した内容を鑑みればさらに下がることになるはずだ。こちらは、レイプ犯罪のうち実に六三パーセントが、そもそも最初の段階で、事件化されていない、というものだ。

だがこの数字もまだ、全体像を語っていることには全然ならない。何故ならばこのどちらにも、男性のレイプ被害者というものが一切含まれていないからだ。そのうえいよいよ実際の法廷ともなれば、もちろんこれは事件がそこまで行けたとして、という話ではあるのだけれど、衆目を集める裁判であればあるほど、今度は〝世論の法廷(コート・オブ・パブリック・オピニオン)〟なるものからの、やはり終わらない事情聴取が待ちかまえている。これは意識だけが集う広場(アゴラ)にのみ存在する、形を持たない空間だ。ここでは住人たちは同時並行的に、陪審員にして検事で傍聴人で、さらには判事にまでなれてしまう。

ジョナサンが書いた計六文字のシンプルなメッセージを改めて眺めながら、はたしてこの二人の会話はどんなふうに進むのだろうかと思いを巡(めぐ)らせた。ボクは自分の手配する電話での通話たちが、デジタルの回線の中にあるどこかの一室に、現実に存在しているのだと考えることが好きだった。無を漂うダンスフロアってなところだ。その場所は誰もを親密にする。我がゲストたちの声は、再びそれぞれの異なる自身の人生へと戻っていくまでのほんのつかの間、互いに輪を描くようにして、無の真ん中で踊るのだ。

この宙ぶらりんのダンスフロアみたいな一室は、ソーシャルメディアなるゲームにおける小休止みたいなもので、かつ〝なんでもアリの嵐〟からの待避場所でもある。もちろん〝闘論戦場(ディベートアリーナ)〟とはほとんど対極の位置にある存在だ。しかもここは〝世論の法廷(コート・オブ・パブリック・オピニオン)〟とは全然無関係に存在している。であれば、ここでならば、エマとジョナサンとが呼吸を合わせることだって不可能ではないのではないか——。

「ジョナサンはどう思う？」

数日後、ボクはエマに電話でそう打診した。目では改めてジョナサンのプロフィールを確かめていた。肩で支えた電話機にはノイズが紛れ込んでいた。

「ジョナサンね——」

鸚鵡(おうむ)返しに彼女が言った。思い出そうとしているのだろう。

「ちょっと待ってね。それってどれのこと？　誰が誰だかなんて、とても覚えてはいられないのよ」

そこで彼女は吹き出した。こんなことのための選択肢が潤沢にあるという事実それ自体がいかにもバカバカしくてたまらないという感じだった。そしてその笑い声の向こうから、ラップトップPCを開けた彼女が、ボクに送ったメールを改めて捜している気配が伝わってきた。

「ああ、このジョナサンね。彼はでも、最悪ってことは全然ない人よ?」

「それもわかってる。でも、だからこそ適任だと思うんだ」

そう応じたボクは自信満々だった。

「君はどう思う?」

「あなたが決めたんだったら私も乗るわ」

「もしもし?」

電話口に声が出た。ついこの前までこの声の主は、スクショとそこにひっついていたリンクでしかなかった。それが今、現実に存在する人間の一部になったようだった。

「ジョナサンかい? こんにちは」

ボクもそう応じた。この新しい形にしてからのどの収録でもボクは、自分を含めたグループでの電話のやりとりをする前に、基本ゲストと第二ゲストのそれぞれと個別に、せめて一度は直接話しておくよう心がけていた。両方ともに、非常に困難を伴う経験へと、できるかぎり容易に入っていってもらえるようにするためだ。とりわけ第二ゲストにとって、これは重要な手続きだった。

エマとは違ってジョナサンとボクとは、一緒に食事をしたりもしていなければ、今度の収録をどうするかについて、互いに含み笑いを噛み殺しながら電話で話し合うなんてことも当然してはいなかった。そもそも何故こんなものを作ろうとしているのかといった部分についても、彼と腹を割って話したりはしていない。彼が、自分の側の方が明らかに少数派だ、と考えていたとして全然不思議はなかった。むしろ懐疑的になって当然だ。

そのうえネットで書き散らかしたものに対して自分で責任を持つという行為は、基本的には気力なり根性なりを相当量要求するものだった。だから第二ゲストへの電話とは、まずはこちらからのこういうサインでなければならなかった。

ボクのことは信用してもらって大丈夫だよ。

「こいつは誰かに恥をかかせてやろうっていうような番組じゃないんだ」

電話の極最初の段階でまず、ボクはそう明言することにしていた。

「悪役もいなければ犠牲者もいない」

この段階での第二ゲストは、大抵はかなり憶病になっている。たとえばボクが、本当は彼らの雇用主なんじゃないか、とか盛大に勘繰って、ひょっとして潜入捜査でも気取って解雇を通告する前になにかしらの言質を取りにきたんじゃないか、と怯えていたりすることもある。

だからこちらとしてはまず〝あなたがなにかまずい事態になっているわけでは決してないんですよ〟という点を明確にしておく必要があった。それから、ボクが決してなんらかの権威を代表しているわけではないことも納得してもらわなければならない。

そしてなにより、彼がエマに対して書き送った内容が原因で、身柄が法廷に引きずり出されなければならなくなったのだといった事態では決してないことを十分説明しておかなければならなかった。いよいよ向こうの信頼を得られたなと思えたら、そこでようやく次の段階へと進める。ボクの一番好きな部分だ。彼のことをもっとちゃんと知るのだ。

ジョナサンは、自分は今二十四歳なのだと教えてくれた。大学の卒業を間近に控えていて、大きな必修の単位を多少残してこそいるが、でも、株取引の方ですでに幾ばくかの資産ができつつあるので、学校に戻りたくはないのだそうだった。

聞いているとやや訛りがあるようにも思えたが、ボクはもうFBの記載で彼の出身地も把握していたから、それでそう感じるのかもしれなかった。声は優しげで紳士的だった。礼儀もマナーも知っていた。こしばらくはつき合った相手もいないのだそうで、確かにそういうのは淋しくなくもないかな、みたいなことも言っていた。でも結局自分は〝やっぱりものすごく恵まれているのだと思う〟のだそうだ。それから自分が白人の異性愛者であることも率直に教えてくれた。

「君の収録に集まる人たちに紛れたら、すっかりこっちが少数派だった、なんて事態にはならないことを祈ってるけど」

ふざけて彼がそう言った。

「そんなことにはならないさ。ボクらはどんな人間も受け容れるから」

ボクは彼に請け負った。

また彼は、エマにあのメッセージを送った理由をこう説明していた。

「うーん、提出された証拠だけから見てるとさ、彼女の事例ってのは、彼女が代弁者とされているほかの場合とまったく同じ種類の出来事だとは、簡単には信じられなかったんだよね」

彼自身が情報を得た媒体や記事については、残念ながらもう正確に覚えてはいないのだそうだ。ぼんやりとこんなふうに思い出してもらえただけだった。

「いろんな記事で見たよ。いろんなところに書いてあった」

エマの告発が彼にとってとりわけ衝撃的だったのは、ちょうど彼自身が高校の最終学年を迎えた時期だったせいもあったらしい。

「だって大学生活ってのに今にも手が届くところで、しかも彼女だって欲しいな、とか思ってたんだ」

そんな中では〝レイプ犯〟のレッテルを貼られてしまうといった事態は、本人曰く〝人の一生を左右しちまう出来事〟みたいに思えたそうだ。恐怖したとも言っていた。

「今、特にエマに直接訊いてみたいなと思っていることはありますか？」

ジョナサンにそう訊ねた。ボクとしては、明日の三人での電話に備え、彼の方のエマへの好奇心をくすぐっておこうという程度のつもりだった。

「そうだな、うーん、いや、今のところは――だから、僕も今は、彼女には同情してるんだよ。一連が一旦落ち着いたところで見てみるとさ、あの事件ってのは――ほかの連中が彼女にぶつけた言葉ってのは、結局神のみぞ知るだしね」

返事はそんな具合だった。

「僕は今回〝自分の物の見方が変わる〟という体験を期待してもいるよ」

さらにはそんな言葉まで続いて飛び出したものだから、見事なまでの順応性に感謝さえ覚えながら、ボクは彼にこう言っていた。

「そういう生き方ができるってすごいよ。たぶんものすごくまっとうだ」

この段階でボクはもう、彼がエマの声を直接耳にし、本人の人柄というものに触れてくれさえすれば、きっと今自分が話している相手は、かつてはその申し立てを疑ったことこそあれど、実際に生きて、日々を送っている人間なんだと、身に染みて感じてくれるに違いないと考えていた。自ずと胸の高鳴りさえ覚えた。もうエマは彼にとって、ニュースで見かけたただの名前なんかじゃなくなるんだ。

「番組は基本、相手に質問をすることで成り立っているんだ」

明日の本番までの宿題だよ、みたいな感じでボクは彼にそう言った。すでにボク自身がEとの電話の際に身に染みていたように、質問というのは、闘論戦場（ディベートアリーナ）の引力に抗（あらが）えるもっとも強力な手段の一つなのだ。

そしてボクは通話を締めにかかった。

「なら次の段階は、君とエマとが直接話をするんだ」

「すごいや」

彼は言った。

「楽しみになってきたよ」


「さて、今はどんなお気持ちでしょう？」

「ワクワクしてるわよ」

エマは即答だった。準備万端という感じだ。

ボクらの居場所はボクの部屋のダイニングだった。ボクとエマとは、マイクスタンドのアームにＸＬＲケーブル、それからヘッドフォンのコードとでできあがった森を挟んで向かい合う形になっていた。その水曜は、五月の終わりにはそうそう有り得ないくらいに暑い日となったものだから、直前までボクたちはフロンのシャワーに思い切り身を浸させてもらってもいた。収録の間はエアコンを切っておかなくてはならなかったのだ。一ヶ月にわたる諸々の調整を経て、ようやくここまでたどり着いた。

ボクがジョナサンの番号をダイヤルした。

「もしもし」

間髪を容れずにジョナサンが出た。両方のヘッドフォンに彼の声がしっかりと響いた。

「やあジョナサン」

心底嬉しくて、つい叫び出しそうにまでなった。

「エマ、彼がジョナサンだ。ジョナサン、こちらがエマだよ」

「ハイ、ジョナサン。まず言わせてほしいのは、あなたが今こうして電話に出てくれているのはとても素敵な出来事だな、と私が感じているってことよ。これが現実になって私、すごくワクワクしているの。御礼を言うわ。どうもありがとう」

「こちらこそだよ。どうもありがとう、エマ」

彼の声には裏表などないように聞こえた。ボクもまた、つかの間だけ姿を見せるあの無を漂う一室で、すでにもうなにかができあがりつつあるのだなと思って、波にも似た興奮に全身を洗われるような気持ちになっていた。

「ジョナサン、君は数年前エマのところに極短いメッセージを書き残しているね。ただ〝お前は嘘月だ〟とだけ書いた」

絆創膏(ばんそうこう)はとっとと剝がしちまうのが早道だ。そう判断した。

「エマ、受け取った君はどう感じたのかな？」

「率直に言うとね、当時はジョナサンからのメッセージにだけ特に傷つけられたなんてことは全然なかったわ。この手のアラシコメントが、ネットを通じて自分のところに、それこそ数え切れないほど、しかもものすごい勢いで押し寄せてくるという、その事実の方が怖かった」

エマは本能的に、ボクが複数の自分のアンチたちとの電話で学習した方法を実践しているようだった。個人としてのジョナサンを、自分の受け取った憎しみの全体像から切り離してしまうことによって、彼女はジョナサンに対し、決して彼だけが唯一人の悪役であるわけではないのだ、と改めて認識させたのだ。エマの差し出したものはだから、ほかにいい言い回しが全然思いつかないのだが、いわば〝共感の緩衝材(エンパシイクッション)〟だった。ちょっとした理解を示すことで会話は進みやすくなるものだ。

「その、傷つけたことについては慎んでお詫びします」

ジョナサンがはっきりとそう言った。

「それはもう、本当に心の底からそう思っているんです」

こんなに早い段階から直接の謝罪が出てこようとは、ボク自身も想像さえしていなかった。けれどこいつは喜ばしいことだ。そうやってボクがこの栄光の瞬間にすっかり酔っていたところへ、だが、ジョナサンの言葉がこう続いたのだった。

「ですけれど、あなたの言葉に頷いていない点についてはお詫びするつもりはありません」

いいや、あんなふうに簡単に和解が成立するなんて考えたボクの方が、単に甘ちゃんだったというだけのことだろう。

「あなたはあの一連で、超がつくほどの有名人になった」

ジョナサンが詰め寄った。

「あの手のクソリプが多少は届くことも予測されていたはずだ」

どうやらジョナサンは、ボクが考えていたよりよほど、歯に衣着せない物言いをするタイプであるらしい。でもボクはまだこれを、いわば予防線みたいなものだろうと考えていた。通話が始まったばかりの段階ではよく顔を覗かせてくるのだ。

「事態がどういうふうに進んだかを改めて私自身がここで語るのは、きっと大事なことなのでしょうね」

エマはそういった言葉で、事件の後なにがどんなふうに推移したかを、ジョナサンと一緒にこの場で検証していくことに同意した。彼女は心を決めたのだ。自分を再び人生のあの時期へと舞い戻らせるため、気力を総動員していることも伝わっていた。でもボクはそれだけの価値はあるはずだとまだ信じていた。エマ自身の口から一連の話を聞かされれば、彼女の告発に対して彼が抱いている疑念もきっとただちに溶解するだろう。

「最初は記憶がなくなってくれればいいのにと思いました」

エマはまず、事件の直後に自らがそう望んでいたことから切り出した。彼女がこの問題と真っ向から向き合うようになったのは、やがて被害者は自分だけではないことがわかったからだった。この加害者は、彼女のほかにも同様の犯行を繰り返し、しかも、証拠まで残しているように思われた。

最終的には彼女とほかに二人が、この相手に襲われたとして大学内のレイプ被害相談室に訴え出たのだけれど、学生当人は、なんだかんだとごねまくり、聴取そのものを一年近くも引き延ばすという手段に出てきた。すると、この間にある学生記者が、エマとほかの被害者たちに取材して記事を書き、大学側がレイプ事件をどう扱っているかを学内の新聞紙上で暴露した。この段階では被害者たちはすべて匿名のままだったのだけれど、一連はたちまちキャンパス内を席巻した。

こうした事態が進行する一方で、上院議員のカーステン・ギリブランドが、学内レイプへの対応法を改善すべく、法案の作成を進めていた。この時の彼女のスタッフの一人が先の学内記者と接触し、記事中の被害者たちの中に、誰か公的に名乗り出てくれる人間はいないだろうかと打診してきた。頷いたのはエマだけだった。

「こんな感じだったわよ。ああちくしょう、ほかに誰もやる人間がいないんだったら私がやるしかないじゃないって」

彼女はジョナサンにそうも明かした。その後は気がつくと、全国展開のメディアに自分の経験を改めて話していたそうだ。すると人々からはまず、すぐに警察へ行かなかったことを非難されるようになった。規則にはちゃんと従う人間だと自認していたエマは、この新たな批判を受け容れ、初年度の終わりに事件を法的機関に提訴した。

しかしこの聴取というのが、ひどく人間性を欠いたものだったのだと彼女は言った。まずは彼女とこの被疑者の間には、事件以前には合意の上での関係もあったわけだから、決してレイプには当らないだろうと諭(さと)された。彼から受けた暴力の詳細を語っても〝変わってるね〟の一言で片付けられそうになった。刑事の一人など、こうした被疑者の行動を〝暴力的〟ではなく〝創造性がある〟と評しまでした。

エマの説明に拠(よ)れば、事件は結局担当から担当へとたらい回しにされ、その都度エマは同じ話を繰り返すことを強(し)いられたのだそうだ。最終的には地方検事が出てきて、本件を法廷に持ち込むまでには一年かかるだろうと言われた。これはつまり、その頃にはもう彼女は卒業しているだろう、ということだった。

「だから取り下げちまえって言うわけよ」

ジョナサンに向け、エマは言った。

「精神的な負担ばかり大きくて、得るものはなにもないんですって」

そこで彼女はその代わりに、夏をまるまる自身の作品制作に費やすことを決めた。住み込みでそういうことをしないかと某所から誘われてもいたからだ。

「ねえジョナサン、私がどうやってあのマットレスの抗議行動を思いついたかに興味はある？」

一旦話を止めた彼女がそう切り出した。相手が話についてきているかどうかを確かめたのだろう。

「もちろんでござる！」

彼の返事があまりに堂々かつ飄々(ひょうひょう)としていたものだから、エマもこれには吹き出した。

「あなたを退屈させてなければいいんだけれど」

そのまま続けた彼女の顔には大らかな笑みが広がっていた。

「そんなことは全然ないです」

ジョナサンも折り目正しく応じた。

「僕が知っていることっていうのは全部、雑誌の記事かネットで見つけたものなんだ。だから、当事者から直接話を聞けているってのは、なんていうか、すごい」

ようやくあの部屋までたどり着けたようだ。フロアもすっかり磨き上げられている。

ジョナサンからの好反応を得てエマはさらに続けた。この芸術家村のような場所で彼女は、自分の望むことならなんでもやっていいのだという自由を感じたのだそうだ。そこで、制作課程そのものも記録に残しておいてもらおうと思いつき、友人を呼んで、まず自分が部屋から家具を運び出しているところから撮影してほしいと頼んだ。

そしてその映像を見直していた時だった。彼女はそのなんの変哲もない、いわばゴミ捨ての場面に、いきなり貫かれたような衝撃を受けた。映っていたのはマットレスを運び出している彼女自身の姿だった。下に潜り込み、その重さに四苦八苦しながらも、結局は持っていくことに成功している自分だ。

この映像を見たことと、それから謝徳慶(シエダチン)という芸術家からの影響とが相俟(ま)って、彼女の中に一つのアイディアが宿った。パフォーマンスアーティストの謝(シエ)は、長期間にわたってある種の負荷を自分の肉体にかけ続ける行為を、自らの作品として発表していたのである。

そこでエマは、自分の第二学年の間はずっと、キャンパスを動く際には必ずこの重荷(マットレス)を背負って移動するというのはどうだろうと思いついたのだった。場所を限定した芸術演目的作品(サイトスペシフィックパフォーマンス)だ。彼女はこれを〝マットレスパフォーマンス〟と呼ぶことにした。

最初は彼女自身も、そんな大事(おおごと)になるだろうとは全然考えてもいなかった。むしろ、自分はたちまち景色の一部になってしまうくらいに確信していた。卒業まで黙々と、この扱いにくい大きな荷物を運んで歩くのだ。だがパフォーマンスの初日が終わる頃にはもう、記者たちが寮の部屋の前で自分を待ちかまえているような状況になっていた。事態は彼女の予測とはまるで違う方向に進んでいたのだ。マスメディアはあっという間に〝マットレスガール〟なる二つ名を彼女に冠し、傍若無人にもスポットライトを向け、衆目の中へと引きずり戻したのだった。

「事実はそんな感じだったわけよ、ねえジョナサン――」

エマはそう締めくくった。

「私はだから、その――つまり、世間の人々ってのは〝だけどあなたは、自分から進んで注目を浴びに行ったじゃないか〟みたいなことを言いがちなのよ。そういうのを、あなたにもちゃんとわかってほしくてこんな話をしたわけ。事実は本当にたまたまだったの。私としては、今あなたがどう思うようになったかに興味があるんだけど」

「なによりもまず、僕に今の話をしてくださったことに御礼を言います」

ジョナサンが応じた。

「僕は今まで、自分がなにかバズらせたっていう経験は全然ないんです。でも直感で爆発みたいに拡散していったんだろうなというのはわかります。しかもあなたは当時は女子大生だった。そういう諸々をどう扱うのが一番いいかなんて、当然わからなかったことでしょう。だから、僕ができることっていうのはせいぜい、もし自分があなたの立場だったら、ということを懸命に想像してみるくらいなんです」

すごいや、とボクは思った。だってジョナサンはもう、すっかり方向転換を始めているのだ。理解なる種子が彼の中で芽吹き始める、その音まで聞こえてきそうだった。

「でもこうも思うんです――」

ところがそこで彼は軸足を変えた。

「あなたは実際マットレスを運ぶことを続けたわけだ。うーん、どう言うのがいいのか、正直わかりません。そしてあなたは雑誌の表紙を飾るようにもなるわけですよ――」

ようやくボクもそこに奇妙なパターンがあることに気がついた。ジョナサンが共感の側へと踏み出したように見えた直後には、それを撤回するような言葉が続くのだ。さながら潮の満ち引きのように、会話が寄せては後ずさりしていく。なにかしらの歩み寄りはほんの一瞬で撤回される。歩み寄りと、その撤回。

「そういうことをちゃんと言ってもらえるのはありがたいわ」

エマは本当にそう思っているようだった。

「私もね、メディアというものが、その、こと私に関しては、あなたたちを特にそういう方向に焚きつけたがっているという点も、十分わかっているつもりなの。だってあの人たちは世の中を煽(あお)れば煽るほどお金になるんですから。わかるわよね？」

エマは再びジョナサンに〝共感の緩衝材(エンパシイクッション)〟を差し出していた。おそらくは潮の満ち引き的テクニックへの対抗策だった。

「レイプが卑劣な行為だとは、僕だってそう思っています。まったくそうだ。僕は一〇〇パーセントあなたの味方であるつもりです。そこは信じてほしい。信じてもらわなくてはなりません」

ジョナサンは明言した。

「ですが――」

またた。寄り添っていたかに見えていた言葉が、たちまち撤回されてしまう。

「ですが僕は、今これを視聴している人々にも、一度御自身で一連の文書を確かめてみるよう勧めざるを得ないんですよ。実際に起きた出来事です。報告書があります。公開されてもいる」

「ちょっと待ってください。それはどこが公表した文書なんですか？」

彼がなにを言い出したのか、マジでまるっきりわからずそう訊いていた。

「法廷で公になった文書だよ」

ジョナサンの返事はそうだった。

そこで出し抜けにボクも、彼が最初の一対一の電話の時からもう、この文書の存在を持ち出していたらしいことを思い出した。だがあの時のボクは、彼がなんの話をしているのかもわかっていなかったのだ。この中身をここで取り上げていいのかどうかについては、エマに判断を委ねることにした。彼女が気が進まないのであればやめるつもりだった。でも彼女の返事は、かまわない、というものだった。

問題の文書というのは、エマと加害者とされる男性との間にFB上で交わされたという一連のやりとりだった。この男が半ば報復的に大学を訴えた際に、訴状の一部にこれらを転載して公にしたのだ。どうやらジョナサンはどこかの記事でこれに目を通してもいたようだった。ボクが大急ぎで自分のPCを彼女のところへ持っていくと、エマは即座に自分でその記事を捜し当ててみせた。

そしてやはり自ら、一字一句をジョナサンにも聞こえるよう、慎重に声に出して読み上げていき、その都度、元のテキストのどの箇所が削除され、どこが編集されているのかを指摘していった。その作為が、彼女が訴え出た相手によって為されたのか、それともこれを公にした雑誌の記者の仕業なのか、あるいはその両方なのかはわかりかねたが、編集によってどう意味が変わって見えるのかも逐一説明していった。

また彼女は、当時仲間うちで流行っていたジョークについても説明した。それを踏まえて読むと、決して字面ほどぎすぎすした文面ではなくなることを示すためだ。ジョナサンの方も、こうした文章が削除なり編集なりを施(ほどこ)されたものであることについては納得したと口にした。

「私も知りたいことがあるんだけれど、いいかしら、ジョナサン?」

エマが穏やかに切り出した。

「今私は、あそこから意図的に消されていた要素をいくつか復元してみせたわけだけれど、あなたはそれでもなお、この証拠とやらが、私の主張を覆(くつがえ)せるに足ると感じてる?」

「間違いなく、一時間前よりはよほど、あなたの言っていることがまったく真実なんだと信じられるだけのことを知ったと思います。今手にしただけのことをもっと以前に、あなたにあのメッセージをぶつけた時にわかっていればよかったのにとも思ってます。わかってもらえるでしょうか——」

だがそこから先の一時間も、ジョナサンによる、歩み寄りとその撤回というコンビネーションはやはり続いた。彼は基本は女性を信頼したいと思ってこそいたのだが、同時に、男性が不当に告発されるといった事態も世にはありがちだと考えていたのだ。

レイプの被害に遭った女性たちには親身にもなったが、でも彼はそこには〝微妙なものもある〟とも口にした。エマが受けることになった、品性下劣な輩(デューシュバッグ)どもからの嫌がらせには心底同情もするけれど、かといって、自分の疑問がなくなるわけではないと言うのだ。エマの言葉を信ずるに価するとしながらも、それでも視聴者には、自分でもきちんと調べることを推奨したいとも主張した。エマが公の目の矢面に無理やり押し出されたことは理解しても、マットレスを運び続けたことについては、十分に納得してはいなかった。エマが時代の一つの代表例となったことはわかっても、彼女本人の事件については、完全に意見を同じくすることはできないのだそうだ。

「どうも今の僕は、実に曖昧な立ち位置になっちゃったんだよなあ」

彼はとうとうそう口にした。

「僕には証拠を受け容れることや、自分が目にした範囲の内容から、誰かを強姦魔呼ばわりしてしまうことは、すごくキツいんだ。でも、そんなことは一切なかったとも、もう思ってはいないんだよね」

「事件に関しては、今までここで私たち、それこそたくさん、細部に至るまで話してきたわ。私自身もそうしようと思ってきたのだけれど、それがかえってあなたを混乱させたのかしら、とも感じているわ」

そう言ったエマの声には苛立ちが紛れ込んでいた。

「まだ釈然としていない部分っていうのはあるの？」

ジョナサンはこの言葉を、まだ自分が得られていない部分にまで答えを求めてもいいという許可だとでも受け止めたようだった。事件に関してはまだ時系列的な把握が不十分だと感じてもいたようだったし、エマが暴行を想起させるような行為をビデオに収めた点に関しては、当惑を禁じ得ないとも言った。そして、一連を単位のための卒業制作的なものに転化していったのはどうしてなのか、そこをはっきり知りたいとも口にした。

「それって、その——だから、芸術なのかな？　本当に？」

尋ねた彼の声は、自らが選んだはずの、この実りの少ない一連の質問の嵐に、自身でも少し憤慨しているように響いた。結局なにもはっきりはしない、とでも言いたげだったのだ。だがエマの方は、こうした質問にも一つ一つ懇切丁寧に答えていった。

「悲しかったり苛立ったり、あるいは腹が立ったりすると私は作品を作るの。それを材料に制作するの」

彼女はそう説明した。

「それからあなたは、その、緊縛プレイみたいなこともやったのかな？」

質問が終わりそうな気配はなかった。

一連のやりとりには途轍（とてつ）もない違和感があったのだが、ボクはそれをきっちりと把握できないままでいた。ちゃんと元のコースに戻さなくちゃと感じながらも、問題の本質がつかめなくて、自ずと解決法も見えてこなかった。

ボクらはソーシャルメディアのゲームに嵌（はま）り込んでいるわけでもなかった。電話回線で、ではあったがちゃんと緊密に繋がっていた。地平線の彼方（かなた）に〝なんでもアリの嵐〟の姿が兆しているのでもない。むしろたった一つの事柄に徹頭徹尾集中したままだ。それでいて、議論という感じも全然しない。

いったいなにが起きているんだ？　会話が潮のごとき満ち引きばかりをただ延々繰り返している。だけど、それは問題の発現の仕方であって、問題そのものではなさそうだった。レコーダーのディスプレイで走り続けるタイムコードへと目をやった。二人の声には困憊（こんぱい）の気配が影を落とし始めていた。エマは灼（や）かれるような思いを感じてもいることだろう。ジョナサンもまた、自分の望む答えを得られずにじりじりしているようだった。悔いは残りそうだったが、この辺りが潮時だった。

「ああお二方、そろそろこの通話を切り上げなくちゃならないタイミングなんだ」

自分もぐったりしながら切り出した。

「だから割り込ませてもらうね。そこでだ、ジョナサン。君はこの電話をどう思ったんだろう」

「すごかった。こういう機会を与えてもらったことには感謝が尽きないよ。本当に楽しかった」

彼の声は元気いっぱいだった。それからボクはエマに向いた。

「私もすごくドキドキしながら始めたのよ。ああ、この人に、起こったことを全部説明していいんだなって。そうしたら彼もきっとわかってくれるわって感じだった」

消耗を振り払い、彼女はまずそう口にした。

「でも、ついさっきのやりとりでもまだ、あなたは私の言葉を心から信じてもいいという気持ちにまではなっていないわよね。少なくとも私はそう感じた。だからねえ、私としては、なんていうの？　翼を切られて飛べなくなってしまった鳥みたいな気持ち。悲しいし、ちょっとへこんでもいる」

彼女はそこで言葉を切って笑ったが、決していつもの軽快な笑い方ではなかった。隠しようもなく浮かんだ失望にすっかり相殺されていた。

「あなたを信じていない、ということではないんです」

ジョナサンはそう言った。彼女を安心させたいつもりだったのかもしれない。

「ただ、物事を一分の隙もなく証明するのはひどく難しいということなんだと思うんですよ。そして、もし自分が誰かの評判なり人生なりをぶち壊すようなことをしなければならないのだとしたら、僕自身はまずそれを必要とするんです。何故なら僕も、自分がそういう立場に追い込まれたとしたら、そのように扱われたいと思うからです。わかってもらえるでしょうか」

ほかの会話の場合だったら、彼のこの告白はきっと、本人の内省の誉むべき一瞬となっていたのかもしれない。彼はようやく、エマを信じることに対する抵抗の根っこに、もし自分がレイプ犯として扱われたら、という恐怖があったことを自分で認めたのだ。あるいはこの言葉をきっかけに、風光明媚な新たな航路への扉が開かれるということだって十分有り得ただろう。その道筋では、アメリカに蔓延る男性崇拝を巡る繊細な議論が掘り下げられていたかもしれないし、本当に善人と呼んでいい男性たちが、いったいどれほど、いつか自分も虚偽の告発に巻き込まれてしまうんじゃないかと恐れているか、といった話だってできていたかもしれなかった。

でも残念ながら船はもうとっくに港を離れていた。エマはずっと自分の身を守ることで精一杯だった。そのせいで、彼女の気力は最早すっかり潰えていた。それもわかっていた。

「一つはっきりさせておいた方がいいかな、と思いついたことがあるんだけど――」

そこでエマがそう切り出した。

「今のはこんなふうに聞こえたのよ。自分は誰かを虚偽のレイプで告発して、その人の人生をすっかり台無しにするようなことは考えたりもしたくないんだって。それで合ってるかしら？　それがあなたが決してやりたくないこと？」

「ええそうです」

ジョナサンは答えた。

「私もね、そんなことをしたいなんて全然思ってもいないのよ。もし自分が間違った誰かをレイプの罪状で告発してしまったらと思えば、それこそ身が竦むわ。そういうのは、今進んでいるこのフェミニズムの動きを後退させかねないとも思うしね」

　エマは極めて落ち着いた口調で、けれど真っ向から彼にぶつけた。

「確かに私はある人物をレイプで告発しました。するとね、今日の会話の大部分というのは、あなたが私を、虚偽のレイプで誰かを告発してやろうと思ったりはしないタイプの人間だと信じられるかどうかという点にかかっていたような気がするの。そしてね、私が誰かをレイプで告発するのは、彼らがまさにそういうことをやったからなの。これなら筋が通って聞こえる？」

　もしジョナサンになにかが届くとしたら、間違いなくそれはこれだった。彼が彼女を信じられるかは、究極的にはここにかかっていた。

「論理は明快だと思います。でも僕には――ただ僕は、その、そうしてしまうわけにはいかない気がするんです。あなたでなくても誰が相手でもそうだと思う。あなたはとても素敵な人だと思っています。僕だってそこを問題にしたいつもりもない。でも僕は――自分が誰かのことを強姦魔だと信じるためには、それだけでは不十分なんだ。証明が必要だ。疑念の入り込む余地の一切ない、そういうものだ。司法の判断とか、あるいは映像とか。どうしてもそういうものが要るんです」

　彼がまた自分の疑念を持ち出したものだから、ボクらは再び袋小路へと押し戻されてしまった。あるいは脇道か。とにかくは迂回路だ。別の話題だ。ここではさらに、法的証拠の妥当性や、道具を使われたかららといって同意がなかったことの証明にはならないといった内容、それから、時に警察組織がレイプ告発者に対して行う不当な扱いといった辺りが俎上に上った。

「そんなことが実際あるとも思えないんだよな」

警察の問題に触れながらジョナサンはそうも言った。

「僕には上手く想像できないや」

ここに至ってボクにもやっと、彼ら二人が世界を見ているその見方が根本的にどれほど違っているかがわかってきた。ジョナサンは決して〝世界は悪意に満ちている〟といった立場で話してはいなかった。むしろ、あるべき姿を念頭に置いて発言していた。つまり、ボクらがルールを守ってさえいれば、自ずと善が広まり、悪は駆逐されていく、そういう世界に事実自分たちは生きていると考えていたのだ。

翻（ひるがえ）ってエマは現実の世界の立場にいた。彼女が目の当たりにさせられてきた世界だ。必要になったからこそ、彼女はそこで生き抜く術（すべ）を身につけた。

「ねえ、あなたが私のところにコメントを置いていった時、同じようなものが私のところに何百と届いているかもしれないとかは考えた？」

エマが彼に尋ねた。この通話の中で彼女が〝共感の緩衝材（エンパシィクッション）〟を放棄したのは間違いなくこの時が初めてだった。代わりに彼女は、彼が追わせた自分の傷にダイレクトに触れていた。

「それはしなかった」

ジョナサンも率直に応じた。

「そこは本当だ。だから、僕はあなたの立場に立つことはしなかった。受け取って当然起こる、これってもしかして、とか、戯言（ブルシット）では済まないな、とか、こういうのは前にももらった、とか、言われなくてもわかってるわ、とか、そういったことは一切考えようともしなかったよ」

もしこの電話に和解と呼べるものが有り得たとしたなら、この時こそは、ボクらがもっともそこへ近づいた瞬間だったのだと思う。これなのか？　この電話はこのまま終わるのか？　いったいどうなる？

「あのメッセージを送ったことについては、僕はこの先もずっと後悔するんだと思う」

ジョナサンが言った。

「そして、あなたの気持ちを傷つけたことに関してもね。それは本当に済まなく思っています」

「そう言ってもらえたことには御礼を言うわ。私たち、行けるところまで行くことは、ひょっとしてできたのかもしれないものね」

エマの返事はだが、抑揚のない、むしろ平板な音だった。

ボクはヘッドフォンのコードとマイクのケーブルとでできあがった森を透かして、テーブルの反対側にいる彼女を見た。電話を始めた時とまるで同じ構図だ。あの時の彼女は興奮に頬を赤らめてさえいた。だが今やすっかり意気消沈し、精も根も尽き果ててしまったかのようだった。

この番組のお別れの時間というのは、大体が〝喜ばしい〟から〝心洗われるような〟といった辺りの形容の間に収まってくれることが常だった。ボクが仲介役を務めるこの形になってからも、何組かのゲストは今後も連絡を取り合おうと言い合っていたし、中にはそのままオンラインでの友情を繁く育んでいった者もいた。ほかの多数の場合でも、この経験に穏やかな感謝くらいは最低限覚えて立ち去ってもらうことができていた。だが今日はそうではなかった。全然違った。

「お互いに、その、最後になにか言っておきたいことはありますか？　お別れの挨拶的な」

ボクが言うと、まずジョナサンが口火を切った。

「この機会を与えられたことには本当に感謝してるんです。これはその、だから僕は、ああいったメッセージを残すことが、その御本人と実際に話せる機会に繋がるなんて事態は、まるっきり想像さえしていなかったんですよ。それからエマ、ひょっとしてあなたには、あと視聴者の方々にも、僕を信じてもらうことはもう相当難しいのかもしれませんけれど、だけど僕は本当にこの方に、エマに、これから先ずっといいことばかりがあればいいのにと思っているんです。そう祈ってます。どうか長生きして素晴らしい人生を送ってもらいたい。それからディラン、あなたもね。最後にもう一度言わせてください。僕は本当にこの機会をもらえたことには感謝しているんです」

「ありがとうね、ジョナサン」

穏やかに、だが落胆は隠そうともせずエマは応じた。

「エマはどうですか？　なにか最後に言っておくことは？」

「ええ、そうね。今日はねえ、だから、その、ああした一連を、改めて言葉にしなければならなかったことが、辛くないわけはないのよ。思い出せばどうしたって心は乱れる。大学の聴取でも話さなければならなくなった。警官にも同じ話をさせられた。私を信じてくれなかった多くの人たちに向け、何度も何度も繰り返さなければならなかった内容だわ。そしてそれが今――。

ただでさえ、また同じことをするのは辛かったわ。そして反対の立場にいる相手は、彼らが必要だと言う科学的な証拠だかを私が提出できないからという理由で、私を信用してはくれないのよ。そう感じることだって相当辛いのよ。そうね、どうやら私は、こういう気持ちでこの会話をおしまいにするしかないんですものね。私だってね、融和みたいなことが起きてくれるんじゃないかと期待していたの。だけどそういうものは手に入らないのね。やるせないわね。いつだってそう。そもそも私だってレイプされたりなんてしたくなかったのよ。こういう立場になりたいなんて思ったことはないわ。そうね、私はちょっと打ちひしがれてこの会話を後にするわ。でも、だからその、いつかこのやりとりが誰かにとって、なにかしらの意味を持ってくれればいいな、とは思ってるわ」

この壊滅的な幕引きこそは、ボクがきっと深い場所まで届く放送回になるだろうと考えていた収録が、奥深い失望へと変わってしまったその証拠だった。すっかり消耗し切ったエマを見て、ボクもようやく、これが会話なんてものでは全然なかったことを悟った。結局今まで延々続いていたのは〝尋問〟だった。ボクらの居た場所は、デジタル回線の作った宇宙に突如現れた気の利いた小部屋なんてものでは全然なかった。そんな場所には一瞬たりとて足を踏み入れてもいなかった。ここはだから〝世論の法廷（コート・オブ・パブリック・オピニオン）〟で、エマは裁判に引きずり出されただけだった。

番組は基本、相手に質問をすることで成り立っているんだ。

最初の一対一の電話の時にボクは、好奇心を焚きつけておこうとジョナサンに向けそう口にしていた。訊きたいことはなんでも訊けばいいと彼を煽（あお）ったことで、ボク自身が彼の〝捜査〟に加担した形にもなっていたのだ。

そもそもが彼の疑念は凝（こ）り固まって、答えを求める十字軍みたいになっていた。そこへボクがこの会話へと彼を招待したことで、遠征の正当性に、いわばお墨付きを与えてしまった形になったのだ。最初の電話の間もボクはずっと、ジョナサンが自分の書いたことに対しての批判の棘を感じたりしないよう、という点ばかりに気を遣っていた。そのせいで、エマがただそれを経験してしまったというだけの理由で被告席に立たされかねない危険があるのだということをすっかり失念していたのだ。

「このジョナ某ってさ、男に特権があるとか思い込んでる単細胞だよね」

ＦＢにはそんなコメントも見つかった。

「ほぼサイコパスみたいなもんでしょ」

そう書き捨てていった者もいた。

「なあジョン公、もしこれ読んでるんなら耳かっぽじってよく聞きな。あたしはね、あんたなんか生きたまま野犬に食われちまえって思ってるから」

三番目のこのコメントは、さらにこんな具合に続いていた。

「クソッタレのあんぽんたん。論理的にものを考えられないお前のおつむなんて、むしろない方がいいんじゃね？　吊ってこい。今すぐ」

公開されたジョナサンとエマの回のコメント欄は、さながらアンチジョナサン派の集会場のような様相を呈した。アップロードしてまだ一時間も経っていないのに、すでに反応は強烈だった。

収録からしばらくの間は、ボク自身も、はたしてこれを公開していいものかどうかがわからなくなっていた。エマの熱心な後押しを得て、足を引きずるようにしながらもどうにかして前に進み、編集とほかの仕上げを行った。かくして今、いよいよこの回が世に問われる運びとなったのだ。

コメントを読んでいくうちに、きっと今はジョナサンの方が、ある意味では公に知られた存在となり、〝世論の法廷（コート・オブ・パブリック・オピニオン）〟へと引きずり出され、自らが審判を受けているような気持ちになっているのだろうなと思いついて、その皮肉にまた悲しくなった。

同時にこんな懸念も生じた。もしボクの最終的なゴールがジョナサンの心を開くことだったとしたならば、ここまで徹底的に否定され、攻撃までされてしまえば、むしろ本人は一層頑(かたく)なになってしまいかねない。そう不安になったのだ。

聴取者たちからコメント欄に寄せられた内容の多くに関しては、ボク自身は十分納得しもしたのだが、でも、やはりこれは正義とは異なるものだった。少なくともそういう手触りだった。ジョナサンだってこれまでのゲストたちと同様、決して〝レイプ被害者たちの言葉を頭から信じない〟という思想的背景を自らの手で創り出したわけではないはずだった。ただ無意識にそちらに与(くみ)することを選んでいるだけだ。

今回の経験は、関わった誰もにとって、いわば己を試されるような苦行となっていた。エマにも視聴者にもジョナサンにも、そしてもちろんボクにとっても、だ。そして、ボクらにはやりなおすということが許されてはいない以上、次に採り得る最善の道は、そこから学ぶことだった。

好奇心というものが本質的に悪だということではない。ただ、質問を重ねていくことが自動的に有益な会話へと繋がっていくわけでは決してないのだ。事実はむしろ、そういう方法で破滅に至ってしまいもするのである。会話を即興のダンスに準(なぞら)えるのなら、参加者たちはそこで、お互い対等に贈答を繰り返していることを感じられるものだろう。片や尋問の方は、一方的で終わらない穿孔行為(ドリリング)だ。代償など考えもせず、ただただ自身の望む答えのみを目指して突き進むだけ進んでいく。

あの電話が始まるまでは、ボク自身の一番大きな仕事というのは、電話回線の上でエマとジョナサンを互いに結びつけることだと思っていた。そしてまあ、例の〝なんでもアリの嵐〟をきっちり避けて〝闘論(ディベート)戦場(アリーナ)〟にも迷い込まないよう注意しておいて、そのうえでお互いの声を聞き、話す中身に耳を傾けるようにしてさえもらえば、そこには生じて然るべきものが自ずと生じるのだ、くらいに考えていた。二人の人間の間に生起する、なにがしかの感情的な繋がりだ。

　だからボクは、自分のやっていることが、よもや〝世論の法廷(コート・オブ・パブリック・オピニオン)〟からの不意の召喚状の役割を果たそうなどとは思ってもいなかったのである。しかも、自分たちの居場所の正体にようやく気づいたのも、すでにすっかり話を締めてしまった後だった。

　特に相手が有名人ともなれば、人々は得てして〝自分には説明を受ける権利があるんだ〟とか、いとも容易(たやす)く思い込んでしまいがちなのである。ことそういう人種に関しては、こちらの心が、その姿を自分が見たいように見るという行為に慣れてしまっているからだ。

　彼らの存在というのは大きなプロジェクション画面に投影された像なのだ。そこにボクらは、自身の夢や野心やあるいは偏見や、そのほかの、まだ意識さえしていないような発見さえをも一緒に映し出してしまう。無自覚に自分のものにしている文化的な傾向なんてものまで、時にそこに紛れ込むこともある。

　それゆえに、彼らと直接話せるような機会を与えられてしまえば、なにかこっちに貸しがあるような気分にもなってくる。だからとにかく突っ込んで、突っ込んで、突っ込んでしまう。彼らもまた人間であることすらすっかり忘れて。

　でも、これは決して有名人に限ったことではないのだ。どんな会話にも、取り調べ室の作る重力場の餌食になってしまう可能性があった。狭苦しくて、まっすぐ証言台に続くようになっているあの場所だ。ボクらの多くは、自分とは似ていない、そして、自分にはとても受け容れられないような生き方をしている相手に対しては、なにかこちらからの貸しがあるように考えてしまいがちになる。彼らの生き様を辻褄の合わないものとして感じるからだ。そういう相手に関するジョークを友人から吹き込まれたりするような場面もままある。

そして愚かにも、好奇心そのものが答えを求めていい資格でもあるかのようにまで、時に錯覚してしまう。そのうえ、たとえ種子のうちはまっとうでも、好奇心というものは容易く暴力的な反対尋問へと化けていくのだという事実を忘れてしまう。そうなるとボクらは答えを求めて飽くことなく詮索する。話している相手は人間で、こちらが詮索すればするほど向こうは当然疲弊していくものだということも失念してしまう。

突き詰めれば、尋問とはやはり会話の対極にある。何故ならば、関わった者すべてを非人間的に扱うことになるからだ。尋問の対象となっている人間は、際限なく情報を引き出され続けていくうちに、自分がまるで物扱いされているような気持ちになっていく。そして出し抜けにすっかり守勢に回らされていることに気づく。共感をそこから引っ張り出すことなど、相当難しい場所だ。

しかしこの行為は同時に、尋問する側をも非人間化してしまう。尋問が彼らの目標を、広く探索することから、いつのまにか、単に引き出すことへとすり替えてしまうからである。人間だったはずの彼らが、気づかぬうちにただ反復を繰り返す手漕ぎポンプみたいになっている。答えを求めてぎったんばったんやり続けるが、それが手に入ることはない。

いよいよ最後には、見えている者も、それを見ているはずの者も、両方ともがいなくなる。代わりにただ誰も彼もが、正義というものが、本来そこになくてはならない場所に、一切見つからないことに気づかされるだけだ。

この時の電話が、それまでのどれとも比べものにならないほど未知の領域にまで踏み出した、挑戦的なものであったことは本当だ。その後しばらくはボク自身でさえ、自分がこれをこのまま続けていくことがはたして正しいかどうかさえわからなくなった。番組は役目を終え、あとはもう静かに消えていくだけなんじゃないのか。そうも思った。

でもそこで、コメント欄がどんどんと膨れ上がっていく景色を目の当たりにした。番組を聴き、会話の中に自分自身の姿を見つけたレイプ被害者たちの言葉だ。

「エマの声を聴けたこと、そして、彼女が一分の隙もなくジョナサンの不安を指摘してみせた辺りの言葉は、それだけで十分、私にも癒しになったよ」

そう書いてきた男性は、ボクに自分の性的被害を打ち明けてまでくれていた。

「この会話は、聴くには相当辛いものになりました。端々に私自身思い当たるところがあったからです。私たちの声になってくださったあなたの勇気にとても感謝しています」

別のある人物は、ボクとエマとに宛てたメッセージでそう綴っていた。

「打たれたというよりはむしろ、もしあの時警官を呼んでいたらいったいどうなっていたんだろうなってことばかりを考えさせられた」

このメッセージの男性は、暴行された相手から黙っているよう脅されたのだそうだ。

こうした視聴者がいてくれたおかげでボクも、この難しい回を公開まで漕ぎ着けることができて本当によかったな、という気持ちになれた。そして、そのうちのどれほどがエマに自分自身を重ねているかを突きつけられれば、改めてこの問題の根の深さに注目せざるを得なくなった。だがそれ以上に驚かされたのは、ジョナサンの方に自身の姿を重ねていた人々が少なからずいたことだった。

「彼女がここでやってのけたのは、このうえなく勇敢なことだ。〝実社会での英雄行為〟とでもいった表現にも十分価しようというものだ」

初めて番組を聴いたという視聴者がそんなコメントを残してくれてもいた。

「今は私自身も彼女を信じるし、かつて彼女のことを疑惑の目で見ていたことをこのうえなく恥ずかしく思ってもいる。そうだ、君の番組は私の心を変えたのだよ。そして、もし訊かれたとしたらこれも率直に答えるつもりだが、たぶんあの電話の彼の心だって、間違いなく変わっているはずだ。ただ収録の間には自分でも認めることができなかっただけだろう。一週間か二週間ほど経ったところで改めて探りを入れてみるといい。一連の会話は、彼の中でもしっかり煮詰まっているはずだ」

九章

作り替え手品

リフォーム番組だな。よく人から〝ああいった会話を主導した後には、いったいどうやって緊張をほどくんだい?〟なんて具合に訊かれるのだが、率直に応じると、答えはまず冒頭に書いたようになる。だから、仕事の後にはボクは、リフォーム番組を食い入るように観るのである。特に『戸建売家要修理(フィクサーアッパー)』がいい。同番組の基本骨格は極めてシンプルだ。

「まずは素晴らしき御近所界隈の中でも、もっともひどい家をお選びください。その一軒を我々の手で、依頼主様の夢の邸宅に作り変えて御覧にいれましょう」

番組の謳い文句(キャッチコピー)はこうだ。この〝我々〟というのは、チップとジョアンナのゲインズ夫妻のコンビである。奥さんのジョアンナについては、親しみの意も込め、ここから先は〝ジョー〟と呼ばせてもらうことにする。

さて、番組はどの回もまるっきり同じ構成になっている。冒頭ではチップとジョーが、テキサスで家を探しているカップルと面談する。二人はこのカップルに三軒の家を見せて回るのだが、このすべてがおおよそのところ〝やや時代遅れになりつつある〟から〝いやもう、法的にまずいでしょ〟といった辺りまでのどこかに当て嵌(は)まるような物件である。

そして、いざカップルが三つのうちから一つを選ぶと、いよいよ愛すべき我らが匠(たくみ)夫妻は作業を分担し始める。ジョーはデジタルの3D映像を駆使し、カップルに向け、自分たちが同建物に提供できるリフォームのアイディアをプレゼンしていく。一方のチップは、こちらは名前を明かされていない労働者たちの一群を率いて、とっととその建物の壁や、作り付けの家具といった辺りの解体作業に取りかかるのだ。この段階では大体毎回、チップがカメラに向かってさも嬉しそうに〝さあ解体（デモディ）だっ〟と雄叫（おたけ）びを上げるのがお約束となっている。

そのまま順次、新しい壁が建てられ、相じゃくり板（シップラップ）が組み合わされ、あるいは、台所の汚れ止めタイル（バックスプラッシュ）が、こちらはジョーの鍛え抜かれた選択眼により、芸術的に様相を衣替えしたりといった光景が映し出されていく。

番組の三番目のセクション、いわゆる〝転〟パートでは、チップがなにかしらの問題にぶち当たることになっている。配線工事がまずかったり、排水管が有り得ないようなところを走っていたり、屋根が雨漏りしたりといった具合だ。だが心配は御無用だ。これらの問題も番組の最終パートの前までには、チップの機知と熟練の技とが解決してくれる。こちらもまたお約束だ。

チップの仕事が一旦終わると、今度はジョーが〝いざ御開帳（ビッグリヴィール）〟までの数晩をこの物件に泊まり込み、疲れの気配など微塵も見せず、内装や家具調度たちを見目麗しく整えていく。家族の先祖伝来の品がガラスケースに入れて飾られるのも、やっぱりほぼお約束だ。

そしていよいよ番組終了のかっきり六分前になると、依頼主たちはまず、同じ家屋の昔の姿を写した実物大のパネルの前に立たされる。このパネルをチップとジョーが左右に引っ張ると、生まれ変わった屋敷が姿を現わすという段取りだ。依頼人たちは感極まって飛び上がり、あるいは時には地に伏して、悲鳴を上げ、ついに泣き出しまでして、といった具合になる。そして、かつては壁があった、それが今やぶち抜きの、広い空間へと生まれ変わった一室とかそんな辺りを歩きながら、こう口にするのだ。

なんということでしょう。お二人はいまだかつて見たこともないような、実にいい仕事をしてくださった。大の大人を泣かせやがった。これはだって、僕らが精一杯思い描いていたもっとも大胆な理想の、さらに先を行っている——。

ボクが『戸建売家要修理（フィクサーアッパー）』を大好きなのは、この番組がいわば『やつらがボクのことなんて大っ嫌いだってあんまりいうから、とりあえず直（ちょく）で電話して話してみた件』の対極に位置しているからだった。チップとジョーとは、どの放送回でも、どんな建物もラストでは必ず、ほとんど革命的といっていいくらいに変貌しているだろうことを、自信たっぷりに請け負ってみせていた。

翻（ひるがえ）ってボクが提供できる唯一のものは、静かな平和のみだった。それですら、見知らぬ同士の他人の二人が、通話が終わればボクを含めた全員がそれぞれの日常へとただ帰っていくだけなのだと暗黙のうちに了解し合ったうえで、互いの言葉に耳を傾けるということができて初めて成立するものだった。

さらに言えば『戸建売家要修理（フィクサーアッパー）』の毎放送回の骨格が本質的に一定なのに比し、こっちの電話たちは、どの一つをとっても、さながら毎度毎度更新される障害物競走コースみたいなものだった。通話が終わった後ですら、ボク自身、さてここから得られたものはいったいなんだったのだろうと必死で咀嚼しなければならないようなことがままあった。

叶うならばこれらの通話が、四十三分間の『戸建売家要修理（フィクサーアッパー）』の放送回の一つ一つと同じような満足を、毎回ちゃんと生み出せればいいのにな、と願うことは多々あった。だからボクはいつもいつも、奇妙に入り組んだ嫉妬を抱えながら、この『戸建売家要修理（フィクサーアッパー）』を観ていたのだ。どうやったら自分にもこの手の満足を届けることができるのかと、つい首を捻ってしまうのである。

第二シーズンの終わりがいよいよ迫ってきた二〇一八年九月のことになる。一旦休みが必要だな、と感じ始めていた。ボクはほぼ一年まるまる休みなしに、この『やつらがボクのことなんて大っ嫌いだってあんまりいうから、とりあえず直（ちょく）で電話して話してみた件』の制作に突っ走ってきたのだ。コンタクトを試みた潜在的ゲストの人数は、すでに二百五十人を超えていた。そして三十回の電話通話を収録にまで持っていき、そのうちの二十二回分を公開し終えていた。

大体の場合、会話は基本、一応は上首尾で終わりを迎えることができていた。つい最近は、民主党の大統領予備選の際にどの候補者を推すべきかを巡（めぐ）って意見が食い違い、ＦＢ上で喧嘩になってしまった友人同士の仲を取り持つなんてこともした。通話が終わった時には、二人は再びネット上での友情を取り戻してくれていた。

ラテンアメリカ系の見知らぬ二人を仲介したこともある。彼らはラテン系を示す従来の形容である〝ラティーナ／ラティーノ〟の語の代替として登場した、同じ意味を性別を内包させずに表現できる〝ランティクス〟という新語の扱いについて揉めていたのだ。この回は結果として文化なるものへの興味深い探索ともなったし、また、慣れ親しんだものがいよいよこの手から奪われてしまおうかといった時に、ボクらの心がはたしてどんなふうに動くものなのか、といった内容を突き詰めてくれる形にもなった。

それからまた、ボク自身が再び我がアンチ殿の一人と直接対峙（たいじ）した電話では、意見の不一致については基本不一致のままではあったが、お互いの人間性をよく知り合うことはできた。だから、ほとんどの電話は思い描いたダンスになってくれたのだ。その会話が〝なんでもアリの嵐〟を回避し、かつ闘論戦場（ディベートアリーナ）の引力をも退（しりぞ）けて、そのうえ取調室もきっちり避けて通れていれば、ボクにとっては成功に数えられるものとなった。

　でも、たとえこうした電話たちがどれほど素晴らしかったとしても、頭には実はどうにも振り払えないある一事がこびりついていた。番組の第一シーズンが終わった際に知人の一人がメールをくれたのだ。

「よぉダチ公、お前さんの例のやつは毎回聴いてるぞ。実に面白いし、よくできてるな、とは思う。だがなあ、あれ、マジでくそムカつくぞ」

　メールは書き出しからしてこんな感じだった。

「なあ、あれっていったいどこを狙った番組なんだ？　なんでこんなことを訊いてるかっていうとな、あれを聴くたんびに俺は、まあ大体こんな感じになるんだよ。おいおいまったく、ディランってのは聖人かよ、ってな具合だ。そんでこう思うんだ。〝アアクソ、コノ頭でっかちドモ今スグぶんナグッテヤリテエぞ〟ってな。だとするとたぶん、お前さんが考えている視聴者層ってのは、きっと俺じゃあないんだろうな、と考えるようにもなった。いや、それで全然かまわないんだけどよ。ただなあ、あれの目的っていったいなんなんだろうな、とは考えるようになったんだ」

　もらってからあまりに繰り返し、このメールのことばかりに思いを巡（めぐ）らせていたものだから、今やボクは、ほぼ一字一句間違わずに暗誦できるくらいにまでなっていた。

　一つには我がゲストたちに対する彼の分析に憤慨していたせいもある。確かにボク自身も、彼らのうちの何人かが固執している思想信条とは、根本的に相容れられないことがままあった。でも、直接言葉を交わした今となっては、彼らを人間として見るようになり、ひとまとめにして扱うなんてことはとてもできなくなっていた。

それに〝ボクと話しませんか〟という招待に応じてくれたという事実は、それだけでもう、自分が書き送った内容への責任を引き受けるという行為でもあるのだ。これがどれほどすごいことかは、言葉では簡単には言い尽くせない。

でも、彼のメールで一番引っかかっていたのは、実は最後の疑問だった。

あれの目的っていったいなんなんだ？

この問いかけが今もなお、体のあちこちで、皮膚のすぐ下をなにかが這い回ってでもいるような感覚を残していた。最初に受け取った一年前からずうっとだ。ボクが憤慨したのは、彼の見方が不公平だと思ったからではない。こいつのおかげでチップとジョーとが一層羨ましくなってしまったせいだ。あの二人に〝番組の目的を説明してみろ〟なんてあえて訊くやつは絶対にいない。彼らは、環境はいいのに建物がまずい物件を選び出し、それを依頼主の夢の住み処（か）に変えるのだ。それが目的だ。

では、ボクの企画の意図を、はたしてどういうふうにこの彼に説明すればいいのだろう。今までの録音回の中のいったいどこになら、変化の瞬間ってやつが見つけられる？

第二シーズンをどう終わらせるかについてつらつら考えを巡（めぐ）らせているうち、頭には、こうなってくればいいな、と思っていたような和解についにたどり着くことができなかった、ある一つの会話ばかりが思い起こされるようになっていた。ボクに刺さった荊（いばら）の棘だ。またぞろ『戸建売家要修理（フィクサーアッパー）』でたとえるなら、いよいよになってチップが家の配電盤がいかれてしまっていることに気づき、にっちもさっちも進まなくなったところで終わってしまった回みたいな会話だ。

アイディアならばもうあった。でもそのためにはまず、いくつかの電話をかけることから手をつけなければならなかった。

回線が繋がり、呼び出し音が鳴り始めた。なにをどう期待していいのかさえ、自分でもまださっぱりわからないままだった。二度目の呼び出し音が響く。はたして彼は出てくれるのか？

「ディランかい？」

答えたその声に、聞き覚えがないはずもない。けれど実際に耳にするのはずいぶん久し振りだった。

「やあジョナサン、元気でやってる？」

最後に彼と直接こんな具合に声と声とで言葉を交わしたのは、もう三ヶ月以上も前だ。ことのほか息苦しかったあのエマとのやりとりの締めくくりにお別れの挨拶を交わして以来だ。それからの数ヶ月、ボクはずっと、どうしたらもっと違う進め方ができたのだろうということばかりを思いあぐね続けていた。

「ポッドキャストに出演した経験ってのは、君にとってはどんなものになった？」

まずはそこから訊いてみた。

「まあねえ、後悔先に立たずってやつではあるが、でも、もうちょっとでいいから考えて喋（しゃべ）っておけばよかったよなあ、とは思ってるかな」

ジョナサンの返事はそうだった。

「運悪くあの時期は、僕自身もやや極端に偏執気味になっていたタイミングでもあってさ、必要以上に頑（かたく）

なになっていたなあとは、自分でも思うんだよ」

気づけば彼の声は、エマとの電話の時よりはよほどリラックスし、かつ、内省もちゃんとできているような印象だった。そのままジョナサンは、番組のコメント欄に書かれた内容のいくつかについては彼自身も目を通していることを教えてくれた。

「それで君はどう思ってる？」

「そうねえ、マジな話僕は、実際にはどのソーシャルメディアでも、実はひどく地味なんだよ」

彼は言った。

「だからまあ、アンチってのがこんなについていてくれるのも、ひょっとして一生に一度きりの体験なんじゃないかな、とか思ってる」

ジョナサンはすっかり洞察力を身につけ、自分の姿も見違えるくらいよく見えているようだった。もちろんボクは、エマとの会話に先駆けて単独で彼に電話した際にも、ほぼ同じような印象を抱いていたはずだった。それでも、改めて彼の人間性を感じたことで、今温めているアイディアを迷わず押し進めていこうという気持ちになった。それはつまり、またもう一箇所、速攻で電話をかけなくちゃならないところがあるぞ、ということだった。


「もしもぉし」

次の電話に出てくれた声には、明らかなアイルランド訛(なま)りがあった。

「ええと、Kさんで大丈夫ですか？」

ひょっとして違う相手に電話していたりしてないよな、と祈りながら訊き返した。

「聞こえてますかあ？」

受話器越しの彼女の声が耳元で割れた。

「ええ、聞こえてますよ」

慌てて返事してから続けた。

「そちらはどうです？　聞こえてますか？」

「もっちろぉん」

「そいつはよかった。最高だ」

どうやら話が始められそうだなと、心底喜びながらボクは続けた。

「そちらはどんな具合ですか」

「そうねえ。まず、神経の信号はちゃんと来てるみたいだわ。カフェインも効いているのかしら。あと服も着てる。あら、あたしたちひょっとしていい線まで来てるんじゃない？」

訛り（なま）とふざけ方のセンスのおかげで、この段階でもうすでにボクは、彼女と喋る（しゃべ）ことが楽しくなり始めていた。数日前彼女に初めてメッセージを送ってみた際には、正直どんな感じになりそうかなど、まるっきり想像もつかなかった。

ジョナサンの回には実に多くのコメントが寄せられていた。それこそ彼のことを〝単細胞〟呼ばわりしたものに〝どうもごちそうさんこのクソッタレ〟とか言っているもの、挙げ句には〝ほぼサイコパス〟だと診断を下しているものまであったわけだが、中でもボクの目を引いたのが、このKからのものだった。

「このジョン公には一日中アッタマ来てたまんなくなっちゃったからさ、ここに吐き出しに来ざるを得なかったんだ。こいつの無知っぷりって〝笑って拒絶〟的態度の最たるもんでしょ。被害者なんてなかったことにしたい連中が、そういう相手に面と向かって使うやつ。こいつ、自分がなにを話してるかも絶対わかってないわよ。なあジョン公、もしこれ読んでるんなら耳かっぽじってよく聞きな。あたしはね、あんたなんか生きたまま野犬に食われちまえって思ってるから」

今日は、ちょうどエマにとってジョナサンが危険ではなさそうかを吟味したように、今度は彼のためにその同じ作業をやる順番だった。そういうわけでボクは、ジョナサンが〝犬科の生き物によって死に至らしめられればいい〟と思っている女性と話していたのだ。彼らを結びつけることに自分が前向きになれるかどうかを見極めるつもりだった。この段階でもう〝ああ、全然大丈夫だな〟という気持ちにもなりかけてはいたのだが、真面目なボクとしては、やるべきことはもう少しやっておかなくてはならなかった。

話してわかったところに拠れば、Kは〝ちょっとばかりアイルランド系でちょっとばかりカナダ人〟なのだそうだった。仕事は〝ちょっとばかりライター〟で〝でもひょっとするとこの惑星上の平均的二足歩行生物〟なのかもしれないそうだ。自分のことは内向的だと言っていた。海辺の散歩が日課で、音楽と書き物、それに、ブックデザインなんかにも今は手を出しているらしい。

「まあだから、一応はそっち系の業界にぶら下がって生きてるわけ。そう言ってよければだけど」

本人の記憶に拠れば、彼女がエマとジョナサンとの会話を聞いたのは、仕事をしながらだった。で、エマがいくら話してもジョナサンがなにも理解しないので〝どんどん腹が立ってきた〟らしい。実際あまりに怒り心頭になったものだから、帰宅した彼女は、先のコメントを書くためだけにわざわざＦＢを立ち上げたそうだ。ＦＢを開けるのもかなりどころでなく久し振りだった。

「これも些細なことなんかじゃ全然ないと思うんだけどさ、あたしそもそも、フェイスブックってやつ、大ッ嫌いなんだよね」

　彼女はそこも強調していた。

「そうしたらですね、Ｋ――」

　いよいよボクは切り出した。

「これは真摯（しんし）にお尋ねさせていただきますが、あなたの皮膚の下で蠢（うごめ）いて、ジョナサンに向け〝生きたまま野犬に食われちまえ〟とまで書かせまでしたものとは、いったいなんだったんでしょう」

「一番の根っこのところでは、あのジョナサンって子が、他人の傷を弄（もてあそ）んでいるように思えたことね。彼は理解しようともしていなければ、まっとうな敬意を払っているようにも聞こえなかった。エマに対してだけではないわよ。あれを耳にするだろうすべての人に対してってこと。あと、あの話題に関して言うとね、個人的な所感だけれど、最悪なのは、誰かが暴力的に自分の体に入ってきたということだけではないのよ。それだって私が生まれてきた肉体よ。指も爪先も、その時までは全部が全部、完全に、本質的に自分のものだと思っていたもの。それがいきなり、しかもこのうえなく残酷な形で〝お前のものではないぞ〟と突きつけられるわけ。だからそこなのよ。どれだけ強調してもし過ぎには絶対ならない精神的外傷（トラウマ）になるの。あれはそういう痛み」

　こうした電話でボクは、まるっきりの他人であるはずの相手が、まるでこっちが親友でもあるかのように、剥き出しでかつ繊細な告白をぶつけてくるのにしばしば驚かされもしたものだ。この時もそうだ。

Kは、自分が被害に遭ったことを〝親にも、それから信頼していいはずの、たとえば警察とか教師とかあと牧師さんとか、そういうの〟に信じてもらえなかったことが〝腹は立つし自分の無力さは思い知らされるしで、とにかく最悪だった〟のだと説明してくれた。だからこそ、エマの主張に一々疑いをぶつけるジョナサンの態度が癪に障ったのだという。

そこでボクはKに、番組のような、いわば普通ではない形でジョナサンと会話してみることは、かえって彼をテーブルから遠ざけてしまうみたいな結果に繋がると思うかどうかと訊いてみた。こっちに引き込もうとして逆に追いやってしまうような流れになったりはしまいか、ということだ。彼女の方は、ことこの話題となると、ちょうど今みたいに普通に落ち着いて話をできる場面もあるにはあるが、そうではない日には、自分でも怒りを意味のある会話に転化することは難しいのではないかという懸念を口にした。

「あたしもさ、クソみたいなことを山ほど生き延びて今ここにいるわけよ。そのほとんどは記憶にも残っちゃいないんだけどね。なんせまだ六つだったから――」

「すいません、ちょっと聞き落としたみたいなんですけれど、ええと、今ひょっとして〝六歳の時に〟と仰いました？」

聞き間違いであってくれ、と祈りながら訊き返した。

「まだ・六つ・だった・から、と言った」

Kは改めて明言した。喉になにかを押し詰められたような気持になった。

「あなたが気ぐぁ――気が進まないのでゅ――であれば、もちろんここでこれ以上その話題に踏み込む必要はないです」

思わず声が張ったうえ、あちこち噛んだ。そんなひどい経験を掘り下げたいつもりはこちらにはなかったし、彼女を取調室に引きずり込みたいとも思ってはいなかった。それでも、もし彼女が打ち明けてくれるのならば聞く準備はあった。そのためにボクはいた。

「あたしね、ざっくばらんな方が好みなのよ」

そう言った彼女はむしろ自信ありげにも響いた。通話を終えにかかりながらも、このアイディアはきっと上手くいってくれるだろうな、という手応えを感じ始めていた。

「きっちりと記録に残しておいてもらいたいからこれも言うけど、あたしは本気で、ジョナサンだかが殺されるのを楽しみに待っているわけじゃあ全然ないわよ。みんなわかってくれているとは思うけどさ。わざわざ支度して出かけていって、野郎を殺って帰ってこようなんてことは考えてもいないから」

笑いながらKはそんなことも口にした。その手の危険があるとはもう思ってもいなかったけれど、K自身からこの点にも念押ししてもらえたことはありがたかった。どうやらパズルはすべて嵌まってくれたらしい。であれば次はもう、日程調整の段階だった。

ボクは自宅の食堂に一人で座っていた。いつもであれば、こうした仲介タイプの会話を収録する際には、参加者の一人はボクと一緒にいて、二人してもう一人のゲストに電話をかけるという形を採っていたのだけれど、今回はそうはいかなかった。我々三人、すなわちジョナサンとKとボクとは、この大陸のあっちこっちに散らばっていたのだ。だから、それぞれの場所で、各自の電話を前に待機していた。

エマからも背中を押してもらい、また、ジョナサンにも異存がないことを確認し、そしてKの側の安全も吟味したうえで、いよいよジョナサンとKとを引き合わせる日程の調整に入った。そして今、ボクの目の前には二台のPCが据えられて、マイクが伸び、ケーブルがこんがらがっていた。

なんだか昔懐かしき電話交換手みたいな気持ちになった。あっちの入力プラグをこっちの出力孔に差し込んで、いろいろと点滅するボタンを順番に押し、そうやって、数千キロを隔てた二人の人間を取り持つのだ。準備はできている。

時計に目をやると、ニューヨーク時間で七時五十九分だった。表はすでに暗い。だが、三人それぞれの暮らす地域の時差を鑑(かんが)みると、落としどころがここしか見つからなかったのである。あと一分だ。そう思えば不安が波のごとく押し寄せた。この最後の瞬間はいつだってそうだった。

ひょっとして自分は、ジョナサンとエマとのあのやりとりを再現しようとしているだけではないのか？今度はKが取調室に押し込まれるような結果になったりはしまいか？　ジョナサンが、またもやコメント欄みたいな罵詈雑言(ばりぞうごん)を浴びせられ、我慢できなくなってしまうといったことにはならないか？

もし上手くいかなかったとしたら、その時は、この電話はお蔵入りにすればいい。そう我が身に言い聞かせることで、ボクはこうした雑念をどうにか押さえつけていた。でもその可能性もかなりありそうだ。

八時になった。ボクは二人の番号を発信して待った。

もしもし、とジョナサンが出た。ほぼ同時にKからの同じ言葉も聞こえた。地球の半分にもまたがろうかという僕らの三角形が完成した。

「ジョナサン、君は今、Kと電話回線で繋がっている。K、あなたはジョナサンと繋がった。そういうわけで、いよいよ三人が揃ったんだ」

交換手の義務を忠実に果たすべくそう言った。

あらあらあら、とK。やあ、K、とジョナサンがこれに応じた。

そこからは、とりあえずはお互いにまず少し知り合ってよ、とボクが促し、二人が短い自己紹介めいたやりとりを交わした。趣味に出身地、現在の仕事に将来の目標といった辺りだ。まるで両者の間には何事もなかったみたいだった。それこそ今初めて会って、互いの情報を得ようとでもしている感じだ。

一瞬だけ、もし政府の諜報員がひそかにこの電話を聞いていたとして、はたして彼らはどう思うだろうか、なんてことを想像した。きっと〝通常の業務範囲、相互理解の実践〟とでも書き留めて、そそくさと次の標的に移っていくことだろう。

「さてK、ではまずあなたの方から始めてもらっていいでしょうか」

いよいよボクは切り出した。

「ジョナサンにあのメッセージを書き送った理由をこの場で説明してもらってかまわないですか？」

「そもそもあれを書いた時には、あなたが読むかどうかなんて考えてもいなかったわよ。たぶんエーテル層だかどこだかにいる存在だ、くらいに思っていたんでしょうね」

Kは認めた。

「だけどね、あの放送回を聴いた時はマジでムカついたわよ」

「ではジョナサン——」

今度は注意を彼に向けなおしながらボクは訊いた。

「ああいうものを読んであなたはどんな気持ちになりましたか？」

「うん。最初にあれに目を通した時は、やっぱりショックだったんだろうな、と自分でも思うよ」

彼は続けた。

「僕はソーシャルメディアには、そんなにがっつりとハマっているわけではないんだ。だから、誰かからあそこまで熾烈な内容を、しかも真っ向からぶつけられたのは、間違いなく初めての経験だった」

そこで少しでも空気を軽くしておこうと思い、Kがただあのコメントを書くためだけに、ものすごく久し振りにFBを開けたのだというネタをジョナサンにもばらした。二人が二人とも笑ってくれた。

「ある意味そいつは光栄なことですよ、K」

ジョナサンが冗談を言った。どうやら上手く進んでいるみたいだ。だけど自信過剰は禁物だぞ、とボクは自戒した。だってこのボクは、エマとジョナサンの時だって最初は、上手くいきそうだな、と考えていたのだ。だがあれは結局反対尋問みたいになってしまった。望みは低くしておくことだ。そうすればそれだけ失望させられる可能性は減る。それもわかっていた。

「あの回でのジョナサンの発言で一番ムカついたのはどれでした？」

どのくらい本人に明かしてくれるものだろうかと訝りながらKに振った。

「あたしはね、すごいガキの頃にひどい経験をしてんのよ――」

彼女はいきなり核心に触れた。

「その時のあたしが心底欲しかったのはね、ちゃんとこっちを向いて理解してくれることだったの。そういうのが必要だった。誰かからこんなふうに言ってほしかった。ああ、そいつはひどいな。そんなことは起こるべきじゃなかった。間違ってる。だけど、誰だかが実際に口にしたのはこんな具合よ。ええと、自分にはわからんね。信じられないよ。だってちゃんとした証拠がないもの。もうねえ、本当に無力感に苛まれたわよ。傷口に塩ってやつ？」

これをどう受け止めますか、とジョナサンに訊いた。

「まず、僕はその、他人にモラルを説けるような人間では決してありません。自分が全能の神で、なんでもお見通しだなんて思っちゃいないし。皆さんと同様最強にはほど遠い、しかも進化の不十分な霊長類でしかない。ただ、今はネットで得た知識からは離れようと努めています」

答え始めたジョナサンの口調は、守りに入っているという感じは全然なく、ただきっちりと最低限の礼節を弁えていた。数ヶ月前エマとやりとりしていた本人と比べても、まるで別人みたいだった。

あっちのジョナサンであればきっとここで疑問を呈し、答えをせっつき、証明を求めようとしていただろう。しかし今の彼は、まずは耳を傾けているといってほぼ間違いのない状態だった。以前の彼はすべての細部の説明を欲しがったのに、今の彼は、Kが自分の話をなるべくスムーズにできる余地を作ろうとしているように思えた。

「だからね、あなた個人がどうこうってことではなかったのよ、ジョナサン」

Kの声も心なしかやわらいでいた。彼女が〝共感の緩衝材〟を作ろうとしていることも明らかだ。

「あなたとよく似た反応を見せた誰も彼も、っていうことだったんだと思うわ。だから、あそこのあなたは、もう〝一人のジョナサン〟でなど全然なくて、ああいう具合にしてあたしを傷つけた人たち全部の集合体になっていたのよ。調子のいい時にはね、あたしも理性的でいるのが好きだし、辛抱もできる。ちゃんと説明して、あたし自身の経験と結びつけてもらうことができるのよ。そうすればあなただって、そういう人たちがどんな思いをさせられたか、本人の目からはすべてがどんなふうに見えているか、といったことが理解できると思うの。だって、他人の人生に関わるって結局はそういうやり方しかないじゃない。少なくともあたしはそう思うんだ。だけどね、自分が最悪に低調な時には、だから、今回みたいなタイミングだと、そういうのも全部ぶっ飛んじゃうのよ。とにかくどんな方法でもいいからぶつけるしかなくなる。どうしようもないの。そういう怒り」

ちょうどエマがそうしていたように、Kもまた、ジョナサンに寛容であろうとしていた。そうやって、ジョナサンが彼女の憎しみの対象そのものでなどなくて、ただたまたま、それを代表する立場に選ばれただけの存在であることを教えていた。

そうした彼女とエマの共通点を見ているうち、もう一つ気がついたことがあった。ジョナサンにとってエマがある種の象徴となっていたように、だから、それが表わしていたものとは普通の無実の男性に降りかかった、生涯を破滅させるような出来事とでもいった感じだったのだけれど、そうした事態と同様に、今ジョナサンはKにとって、彼女を信じてくれなかった人々の全体のシンボルとなっていたわけだ。

だがKは今〝象徴としてのジョナサン〟から〝個人としてのジョナサン〟を切り離してみせていた。それを耳にするうちボクは、この会話が、いや、すべての会話というものが、一番得意なことを再び思い起こしたのだった。

会話はシステムから個人を切り離してみせる。全体から部分を、極大から極小をすくいあげるのだ。

それでもボクは、エマに対してそうしていたように、ジョナサンがまたこのKの〝共感の緩衝材(エンパシイクッション)〟に対抗するため、潮の満ち引き的会話テクニックを引っ張り出してくるんじゃないかという懸念を拭えないままでいた。

「僕があなたにそういう思いをさせてしまったことについては、心の底から申し訳なく思います」

ジョナサンはまずそう応じた。それでもボクはなお、この先にはきっと〝でも〟という言葉が続くのだろうな、と予測して身を固くしていた。

「誰かを傷つけたいと思ってああいう言葉を発していたつもりは全然なかった。でも、そういうのが口から出てしまったのは、一重に自分の無知のゆえだったんだと思います」

ボクは待った。でも、逆流は起こらなかった。彼は自分の謝罪にどんな留保もつけなかったのだ。純粋な、素のまんまの謝意だった。

「ありがとう」

Kが言った。

「あたしも、そういうのを全部あなたにぶつけていたことはわかってる——(中略)——あなたを非人間扱いした。まっとうなことではないわよね」

「ああいうことを経験させられてしまった方たちにとって、自分の発言が、一つの引き金みたいに働いたことも、今は理解しています」

ジョナサンが言った。

「それを聞けてとても嬉しいわ。これマジよ」

ジョナサンの謝罪に付帯事項はなかった。二人は自分たちだけで、自分たちのリズムを見つけ出していた。ボクは自分が、ここに加わって一緒に進んでいける三番目の車輪になれることを嬉しく思った。

でも、一歩下がって彼らが絆を作っていく様を耳にさせてもらえていることを喜びながら、このタイミングなら、二人がそもそも関わることになったあの問題を持ち出せるだろうな、とも感じた。だからそうした。虚偽の告発だ。

「ねえジョナサン、確かにあたしたちここで、そういう〝レイプされた〟と嘘をついて相手を告発するような連中に対するあなたの嫌悪を話題にしておくべきだと思うのよ」

先に口を開いたのはKだった。

「だからね、まず最初に、あなたはそうじゃない人をミンチの機械に突っ込むような真似をしたわけ。だからくたばっちまえってこと。それからね、ああいうことは、ある種の神話を補強するような行為でもあるの――だってね、だから、告発された側がまず真っ先に口にするのはああいうことなんだから。その、だから、それがとどのつまり、威力行使なのか復讐なのか、それともほかのなにかなのかはあたしにはよくわかんないけど、そのために虚偽の告発をする連中がいるってことは、究極的に、ほかの被害者を襲った別の強姦魔どもが大手を振って歩ける助けになりかねないのよ」

「ええ、まさにそういうことだと思います。異存はありません」

ジョナサンが応じた。

「一歩下がって見てみると、実際にそういう虚偽の告発をする人というのは、そうそう滅多にいるわけではないだろうな、とも思うんです」

今や潮の満ち引き的テクニックを封印したのみならず、むしろ彼は、Kの意見への同意を自ら強調までしてみせていた。彼は続けた。

「僕も自分のあの最初のインタビューを、五回六回と、いや、もう少しかな、とにかく聞きなおしてみたんですよ。そのうちみんなが何故――ですから、実際あそこの僕は、どこかタガが外れているように聞こえた。特にそういう被害者の方たちにはそう思えたことでしょう」

よもやジョナサン本人が、自分とエマとのやりとりを、それほどの回数聞きなおしたりまでしていようとは、こっちは夢にも思ってさえいなかった。でも、彼の口からその事実を教えられてこのうえもなく嬉しく思った。

「あらあら、どうやらこっちも謝らなくちゃならないみたいね、ジョナサン。あなたにあんなふうに当たってとても申し訳なかったわ」

穏やかにKがそう申し出た。

「そう言ってもらえるなんて、光栄ですよ。許さないわけがない。こちらこそあなたに、いや、あれを聴いた、彼女と同じように思い出したくない経験を通過してしまったすべての方々に、改めてお詫びしたいです。これは本当に心の底から言いますが、僕はまるっきり無知だったうえ、言葉を重ねるごとにどんどんとひどくなっていった。でもこの経験のおかげで僕は、まったく新しい見方でものを考えられるようにもなったんです。またぞろもの知らずに聞こえちゃうかもしれないこともわかってるんだけど、僕はおかげで、そういう見方があるということすらそれまで知らなかった考え方で、ものを考えられるようになったんですよ」

彼の最後の言葉が頭を駆け回った。僕はおかげで、そういう見方があるということすらそれまで知らなかった考え方で、ものを考えられるようになったんですよ。まだボクには、いったい全体どんな手品がこの変化をもたらしたのかも皆目わからなかったのだけれど、でもとにかく、それがそこにある事実に心の底から感謝した。

「うん、あんたが生きたまま野犬に食われちまわなくて本当によかったわ。さもなきゃ、野垂れ死んでやっぱりワン公の餌になったりしていなくて、さ」

切り出したKが続けた。

「こうやってあんたと直接話せたことで、なんだか胸のつかえが取れた気がするわ。時間を作ってここに来てくれたことにも御礼を言うね。すごく意味があった。ありがとう」

「こちらこそ御礼を言いますよ」

ジョナサンが応じた。

「絶対そんなこと無理だろうなと一度は思った相手と、こんなふうに友情を築けるのって本当に素敵なことですね。僕もすごく嬉しく感じています」

「はげしく同意するわ」

それからKはこう言い添えた。

「だけどほら、またクソみたいなコメントが来たり、あるいはネタにされたりとかは、やっぱりするかもしれないからさ、あんたも気持ちの準備だけはしときなよ」

笑いながら言った彼女は、最初こそマンガみたいな軋るような音を立てていたけれど、最後の方ではすっかり穏やかな、優しい笑い方になっていた。

「万全でござる！」

ジョナサンの返事はそうだった。

それぞれにお別れの挨拶を口にして電話を切った後、ボクはまず録音がきちんとできていることを確認した。それからほとんど熱に浮かされてでもいるようにして立ち上がり、ソファまで行って横になって、天井を見つめながら今起きた出来事を反芻（はんすう）した。

これこそは〝劇的な変貌〟だった。自分がずっと夢見ていたものだ。憧れていた『戸建売家要修理（フィクサーアッパー）』的エンディングだ。ただ、ボクが予測していたよりも数ヶ月遅くになってからようやく姿を現わした。あの新たな家主さんたちが、広々とした吹き抜けに驚嘆し、目の前の空間が、かつてそうだった姿とはうってかわったなにか別のものに変わっていることを驚きとともに確かめていくようにして、ボクは今、自分の目の前で起きた一切にすっかり胸を打たれていた。

ジョナサンは明らかに変わっていた。でも、なんで？　いったいどんな要因が、ほかの放送回とこれほど違う結果を導き出したというのだろう。

ある種の啓示的瞬間ならば、これまでだって何度も目の当たりにしていた。それは間違いではない。ゲストたちが自分の先入観を考えなおす場面だって、幾度もこの耳で確かめてきた。筋金入りとも思われた彼らの態度が不意にやわらぐ瞬間を耳朶（じだ）で察知した。沈黙の間に彼らが、自分の書き送った内容が実は、思っていたよりもよほど相手を傷つけていたのかもしれないのだなと認識していることならばわかった。

でも、同じ相手がまるで別人みたいに聞こえたという経験はこれが初めてだ。

ほんの数ヶ月前のジョナサンは、エマの説明には断固として抵抗していた。けれど今夜の彼は、初めて話をする相手が自身の性的暴行の経験を語るのを、注意深く聞いていた。疑義を呈するのではなく、ただ耳を傾けていた。

　彼とエマとの電話の時には、ひょっとしてボク自身がなにかやらかしてしまっていたのだろうかとも考えた。本当は今夜のジョナサンは実はあの時もずっとそこにいて、もしボクがもっと上手に彼にたどり着けていたなら、もう少しまともな質問を引き出せていたとでもいうのだろうか。あるいは、ジョナサンの立場がコメントの書き手からそれを受け取る側へと変わったことが、彼に心を開かせたのか。それとも、電話を収録した日がまずかったとか？　そんな具合にいろいろな理由なり背景なりを捏（こ）ねくり回してみたけれど、でも、彼の変容を説明するのに一番筋が通りそうな要因は、ひどく単純なものだった。つまりはそういうことか？　これが〝時間の問題〟ってやつなのか？

　ここではっきりしたように、変容というものは、リフォーム番組の類（たぐい）がついついボクらにそう思い込ませがちなほど簡潔明瞭に起こるものでは決してない。いや、ボクも『戸建売家要修理（フィクサーアッパー）』が唯一にしてすべての元凶だなどと言うつもりは毛頭ない。テレビ番組も映画も本も、その手の一切が、進化の一連というのはきっちりと調整された単位の時間の中で完了するものなのだと言わんばかりの体（てい）をしてみせている。

　だがこうしたメディアのどれにおいても、現実の〝時間〟というものが、いわば折り畳まれてしまっているようなものなのだということを、ボクらはつい忘れがちになっている。隠されている、あるいは摘（つ）ままれているという言い方もできよう。

　公平を期して言い添えておくが、ボク自身だって番組を作る際には通話の実際の時間を圧縮している。視聴者たちに最適な形になるよう刈り込んでいる。一つの起伏を描いたまったく同じ物語が、もし四十分の編集ヴァージョンでわかるとしたら、いったい誰が好きこのんで、二時間にも及ぶ元々の通話の全部の内容を聴きたがる？

　より楽しく面白くすべくボクらは時間を圧縮する。しかもまさにこれこそがボクが『戸建売家要修理（フィクサーアッパー）』を大好きな理由でもあるのだ。あそこでは、編集箇所の隙間にあった〝時間〟は一切隠されている。数ヶ月、あるいは時に数年かかったかもしれないような作業が一瞬で完成していたりする。そうやって、観る側にとって都合のよい、四十三分間のきっちりしたパッケージに仕上げられている。

　しかし現実というものは生憎（あいにく）そういうふうには運ばない。人生を編集することはできないし、進化には近道もファストパスもない。元歌になにか切り貼りして笑えるようにするなんてこともできないし、ＣＭの間に問題解決、といったことにも決してならない。

　本物の変化は現実の時間の中でしか起きない。人生ってやつがそれを強（し）いる、わやくちゃで、しかも秩序なんて見つからないような日々の流れの中だ。けれど僕らは物語の類（たぐい）を通じ、変化というものを、あたかも一人の人間が、その時点まで信じてきたものの一切を棄て去り、新しく〝正しい〟考え方を採用するといった事象であるかのように捉えている。それまでの人生を放り出し、新しい自分をそこらから拾い上げでもしたかのように思い込んでいる。

　現実の時間というのは、普通に物語というものが語られる、整えられた容量には決して収まることはない。しかしながら、この普通の物語というものこそは、ボクらが自分自身や周りを取り囲む世界というものを理解する方法でもあるのだ。そしてそれがある種の規範を作り上げ、今度はボクらの方が自分自身をそこに当て嵌（は）めていく。

この現実と夢物語との間の、すなわち、本物の時間と編集された時間との間の亀裂が、だからまあ、ボクには〝作り替え手品(メイクオーヴァーイリュージョン)〟くらいしか呼び方の思いつかないなにものかを生み出す正体なのである。すなわち、変容というものが一瞬で、それこそ切り貼りみたいにして起こってくれるという、いわば無意識の期待のことだ。

本物の時間の流れが物語を教えてくれる、そのやり方はひどく退屈だ。リフォームの完了までの六千時間のライヴ中継なんて、いったい誰が観たがるだろう？　たぶんそんなやつは一人もいない。ボクらは美味しいとこだけ観たいのだ。かくして代わりに世にリフォーム番組なるものが生まれた。

けれど人間存在というものは、テレビに出てくる家とは違う。我らの信仰なり思想信条なりは、四十五分間のうちにすっかり上書きされたりといったことには決してならない。ボクらにできるのは、拷問みたいな現実の時間の流れに歩調を合わせることだけだ。

不意にわかった。例のあの、番組の目的ってのを教えろとメールでボクに迫ってきた知人はきっと、むしろ彼自身が〝作り替え手品(メイクオーヴァーイリュージョン)〟にすっかり騙されてしまっていたようなものだったのだ。そのこと自体はまるっきり彼の過(あやま)ちではないわけだが、それゆえに彼には、テレビの中の時間の流れ方よりはよほど現実の時間のペースに近いような会話なるものをあえて取り上げようと考える人間がいることなど、まるっきり理解できなかったのだ。

もちろん時間そのものが必ず変化を保証しているわけではない。〝時が癒(い)やす〟というのは有史以来もっとも美しい言い回しの一つではあるけれど、容易に空っぽのおためごかしにも成り得てしまう。そろそろお役御免となり、名言たち用の墓地辺りで〝愛は憎しみに勝つ〟の隣の区画を終(つい)の棲家(すみか)とし、永遠の眠りにでも就くべき頃合いだろう。

なるほど両者はともに、実に有益な中身をボクらに思い出させてくれはする。そもそも扱っているものがすこぶる強靭（きょうじん）だ。なんたって〝時間〟と〝愛〟だ。しかもこの両方をさも、ボクらが一歩引いて休んでいるうちに勝手に混乱を片付けてくれる、ある種のロボット掃除機みたいなものに見せまでしている。だがこの言い回しのどちらともが、こうした強力な概念をいざ実践に持ち込む労力については、きちんとは教えてくれていない。

行動なしに愛は憎しみに勝ったりしないだろうし、時ならば、医学的な見立てがない状態でもどんな傷でも癒（いや）せてしまうというわけでもない。傷の具合によっては、包帯とか抗生物質入りの軟膏とか、ある場合には縫合用の針が必要にもなるだろう。

二番目の電話でジョナサンの考え方がやわらいでいたのは、最初の電話から十分な時間が過ぎていたから、という理由だけでは決してないし、もちろん、魔法の数字の日没と夜明けとを数えたことが、彼に自分の立ち位置を考えなおさせたのだ、なんてことでもない。

そういうことが起きたのは、最初の電話が終わった後からずっと本人が、エマの言葉を自身の胸に沈めておいたからだ。彼が自分とエマとの会話を〝五回六回と〟繰り返し聞きなおしたからだ。そして彼が、相手からは〝生きたまま野犬に食われちまえ〟とまで言われていたにもかかわらず、Kの言葉に耳を傾けたからだ。そして、Kの方にも〝個人としてのジョナサン〟を〝象徴としてのジョナサン〟から切り離せるだけの度量があり、かつ、後者ではなく前者へと向けて言葉を放つことができたからだった。

『戸建売家要修理（フィクサーアッパー）』を成功の尺度とすることでボクは、自分の失敗を自分でお膳立てしていたような形になっていたのだ。ジョナサンが、いや、たとえほかの誰だとしても、とにかくその相手が一回の電話で変われるなどと考えることが、そもそもからして非現実的だった。

新たな考え方に出会えたからといって、瞬時にそっちに飛び移れるやつなどいない。少なくともボクには絶対できない。十分な時間とそれからたぶん、場所と機会にも恵まれていたからこそ、ジョナサンは自分の考え方を刷新し、かつての自分の抵抗の壁を瓦解させることができたのだ。

革命的な変化など、電話の一本だけではさすがに起こらない。それに、会話がまあ、なかなか喜ばしい感じに終わったからといって必ず生まれてくるものでもない。聞こうという気持ちを持つ誰かがいて、そこに手を差し伸べられるもう一人がいて、そして、二人が出会える場所としての橋が架かっていた時に、そういうことは起きるのだ。

あれの目的っていったいなんなんだ？

知人はそう、メールでボクに訊いてきた。どうやらボクにもやっとその答えが見つけられたようだ。ボクが目指しているのはこの橋を架けてやることなのさ。謹んでそう、彼に申し上げたい気持ちになった。それも、なるべく安全かつ快適に渡れる橋ならなお望ましい。だからボクの目的とは、この橋で起こる出会いを記録にとどめ、みんなと分かち合うことなのだ。それも願わくば、美しくも無茶苦茶で、勇ましくも輝かしい栄光のうちに。

そして同時に、そうしたみんなが期待というものを、テレビ番組の類(たぐい)がでっちあげる、有り得ないような時間配分ではなく、むしろなんとも地味な現実の時間のペースで測れるようになる、その手助けになればいいな、とも望んでいる。少なくとも手品みたいなリフォーム番組よりは断然そっちの方がいい。

十章　ゴミ

一切なにも書かれてはいないまっさらなワードのファイルが、じっとこちらを凝視している。堪(こら)え性のないカーソル君が、自分の居場所でちかちかと瞬(またた)いている。姿を見せたり消えたりしてこっちを揶揄(からか)ってでもいるようだ。

床には紙が散らばっている。大量のメモにプリントアウトした記事の類(たぐい)、それに、ゲストたちとの電話でのやりとりを書き起こした書面。一応それぞれ自分でおおまかに〝章〟と呼んでいるものに対応させていくつかの山に積み上げられてはある。

そう、吾輩は執筆中なのである。でも原稿はまだない。いや、これを〝執筆〟などというのがそもそもおこがましいだろう。正直ボクはせいぜいがところ、いったいどうやったら本なんてものが書けるものかと精一杯首を捻っている最中だった。我が社会的実験とそこから自分が学んだ諸々を、一冊の書物にまとめようというつもりだった。

最初に取り決めてあった締切の日付は、もう一年も前だった。第二締切だかいうのもとっくに通り過ぎていた。ふむ。きっとこの本は、決して世に顕現できないような呪いをかけられているのに違いない。

二〇二〇年の六月もそろそろ終わろうかという時期だった。ジョナサンとKとの電話から数えても、ほぼ二年に迫ろうという時間が過ぎていた。本書がとっくに仕上げられていなければならなかったことはボクだってよくわかっていた。本当ならこいつはまさに今月、店頭に出ていなければならなかったのだ。

これはだが、ボクがポッドキャストの制作に忙しくしていたせいではなかった。むしろ執筆により集中できるよう、あえて本数を減らしていたほどだ。それから、書くことが大変だから、という理由でもやっぱりない。いや、実際に書くというのは大変だし、時には字義通りまるっきり不可能になることもある。だけど基本そもそも書くということは大変なのだ。この点は決してボクに限った話でもないはずだ。

さらに悩ましいことには、本がまだないのは、ボクが全然手をつけていなかったからでもなかった。ちゃんとやっていた。しかもコツコツと。でも、こうした作業の一切が生み出したのは結局はメモとその写しの山だけで、ゴールなんて全然見えてきてはくれなかった。

いったいどうしてこうなるのか、さっぱりわからないんだよな。散歩の途中にボクは、友人に向かってそう告白しもした。全然辻褄が合ってくれないんだよ。毎夜ぐったりへろへろになりながら、トッドにはそんな愚痴を吐き出していた。そして担当編集者氏へのメールでは、せいぜいお気楽なふうを装いつつ、こんな具合に請け負っていた。もうすぐなんだ、マジもうちょっとなんだよ――。

でも本当を言うと、そばに誰もいないまるっきりの一人きりの場面では、自分が前に進めなくなった理由については、あるいはこれなんじゃないかなという心当たりがあるにはあった。本書を公にすることでひょっとして自分は、世間に大々的に赤っ恥を晒(さら)すことになるのではないのか。そういった事態を恐れていたのだ。それも、それこそ偏執的に。

多くの人から、君がビビる原因になっているのって、例の〝キャンセルカルチャー〟ってやつだろう、といったことを言われたのだが、でもこの用語はボクにはどうも、使う人によって微妙に意味が違っているように聞こえてしまう。
ある人々はこの言葉を特に〝前衛左翼の集団による懲罰的行動〟を指すものとして採用していた。また別の集団は、いよいよ政治家とか、そのほかの悪党どもを引きずり下ろすための武器が大衆の手に渡ったのだと、これをことのほか喜んでいた。そして第三の一派は存在すら否定していた。彼らはこんな具合に口にしたのだ。

「だから〝キャンセルカルチャー〟なんてものはないんだってば。あるのは自己責任の考え方（コンセクエンスカルチャー）だけだ」

今のところボク個人としては、この三つのどれについても、ちょっとずつ頷けないところがあるんだよなあ、というのが基本的な立ち位置である。

まず第一に指摘しておきたいのは、この〝キャンセルカルチャー〟とは、決して政治的主義主張の分野にだけ作用するものではない、という点だ。むしろそうであったことなどいまだかつてない。十代のうちにボクは、保守主義者がザ・チックスのＣＤを燃やしていた一連の出来事を目の当たりにしてもいる。彼女たちはこの時期はまだ〝ディクシー・チックス〟という名前で活動していたのだけれど、リードシンガーが当時のブッシュ大統領の政策を非難したところ、こうした事態に至ったのだ。

また、フットボールプレイヤーのコリン・キャパニックは、権威的暴力によって黒人の命が犠牲にされていることへの抗議だとして試合前の国家斉唱の際に起立しないようになったことで、ＮＦＬのリーグ全体との交渉の途を一切断たれてしまった。

それからボクは実は、テッド・クルーズ上院議員が、当時の党の大統領候補だったドナルド・トランプへの支持を表明しなかったせいで、お身内のはずの共和党員の皆様から盛大なブーイングを食らっていた同党の全国委員会の現場にいたりもした。仕事で取材に出向いていていたのだ。

さらにつけ加えておくと、こうした〝排斥行動(キャンセレーション)〟の全体をもっぱら進歩主義の暴徒たちの仕業と見做(みな)すことは、しばしば〝排斥〟を伴う歴史学的な再考と混同されがちにもなっているようだ。たとえばクリストファー・コロンブスは、いなかったことには決してされない。歴史から削除(キャンセル)されたりはしないのだ。歴史学の方はただ、同時代の人口の全体をも危機に陥れた人物の伝説の実態を改めて捉えなおしているだけである。

そのうえこの〝キャンセルカルチャー〟だかは、考え方それ自体はなんだかすごく素敵なことに思われているのかもしれないが、決して〝悪いやつら〟ばかりを標的にして行使されているわけでもない。世間一般に普遍的に〝とてもひどい〟とされているような事柄に足を突っ込んでしまった人々は——たとえば性的虐待の常習者とか、人種嫌悪による犯罪の加害者とか、さもなきゃパワハラ上司とか、そういうふうになってしまった個人は、なるほどこれらによって今いる地位から引きずり下ろされもする。そういう場合も確かにある。

だが一方で、これらの標的とされた人たちのほとんどが、そこまでひどいというほどでは決してない過(あやま)ちによって糾弾(きゅうだん)されてもいるのである。いわゆる公人ではない人々が、ちょっと考えの足りないツイートをしたという理由だけで、仲間から排斥されたりするような事例なら、ボク自身もけっこう目撃してきたし、ソーシャルメディアでは〝やらかしたよねえ〟くらいの理由ですぐにいたぶられるのが常態だ。ただ〝キモい〟という一事だけでこれらの重荷を背負わされてしまう人々もいる。

そしてまあ、三番目の〝そんなものは存在しない〟という考え方に疑義を呈することが、自分にとってギリギリな感じである点は、ボクも十分にわかってはいる。なんとなれば、我が聡明なる友人たちのほとんどすべてがこの一派の構成員で、しかも、友だち以外の人々も基本は思想的なお仲間だからだ。

確かに〝排斥された（キャンセルド）〟と言われる人々の多くが、実際にはこの〝排斥行動（キャンセレーション）〟の対象となった後も、自らの社会的成功をそのまま謳歌している事例があることを鑑（かんが）みれば、ここでの〝キャンセル〟の語が実質的にどういうものを指しているかを問うことには、確かに意味はありそうに思える。でも、だからといってただちにそういうものが存在しないという証明にはならないはずだ。

だから、トランス忌避（フォビア）的なジョークを口にして批評家たちから総スカンを食らったとある有名なコメディアンは、その後も大きなコメディ特番から普通にオファーが来ているようだし、差別主義者でかつ反ユダヤ主義者で、ほとんど虐待に近いハラスメントで勇名を馳せているハリウッドの映画監督も、まだ現役でやっている。しかし、ある種の選ばれた人間が、ほかの人々と同じ憂き目にまで遭ってはいないからといって、決して〝キャンセルカルチャー〟が絵空事だということにはならないはずだ。そこからわかるのはただ〝罰の与えられ方が公平じゃない〟という事実のみである。

こうした現象に対する正式な命名は、今なお〝目下絶賛定義中〟とでもいったところなのだろうと思われる。あるいはより正確を期して言うなら、主に黒人向けのソーシャルメディアで用いられ始めた〝キャンセリング〟という言い方が、いよいよメインストリームで採用される段になり、再定義されつつある、といったところか。いずれにせよボク自身も、こうしたなにかしらの潮流があることは日々感じており、そしてこの動きがこの身をビビらせているわけだった。

数年前にジャーナリストのジョン・ロンソンが、こうした事象を〝辱め（シェイム）〟と呼び始めた。

「我々は今、公的な〝辱め〟というものが大きく変容し出した時代にいる」

彼は二〇一五年に発表され大きな話題を呼んだ著書『ルポ　ネットリンチで人生を壊された人たち』の中でこのように書いている。

「赤っ恥を書かせるという行為がとんでもない力を持った手段となりつつある。しかもこいつは強引で見境もなく、そのうえ伝播速度と影響力とを日に日に増している」

だからボクは、この〝とんでもない力を持った手段〟だかが、自分の身に狙いを定め、ひしひしと迫ってきているように思われて、怯えていたのだ。恥辱だか排斥だか、とにかくそういう潮流だ。あまりに怖くて、なにか書くなんてことはとてもできなくなってしまった。どこかで一線を踏み越えて、自ずとその罰をこっちに引き受けさせられかねない内容の本なんてなおさらだった。

本書の話に乗ってくれそうな複数の出版社をプレゼンして回っていたのは、二〇一八年の十一月頃だった。この際にはしばしば、書き終わるのにはどれくらいかかりますか、みたいなことを訊かれもしたのだが、その都度ボクは自信たっぷりにこう答えていた。

「筆は速いんですよ。六ヶ月もあれば耳を揃えて原稿をお出しできると思います」

まあ、厚顔無恥ってやつである。今振り返ればお恥ずかしいことこのうえない。だけど実際、心配なんて全然していなかったのだ。だって書きたいことならもうはっきり頭の中にあったから。

まずはジョシュとの会話の回想から始める。おしまいはジョナサンとKとの電話だ。その間には、なお絶賛進行中の我が社会的実験の中でボク自分が学んだことを織り込んでいく。ほら、楽勝じゃん。

ところがいよいよ書き始めて、書物というものは、ボクのこの思想まがいを半永久的に世に顕現せしめてしまうのだな、という点に改めて気づいて圧倒された。いや確かに、これまでに作ってきたビデオだって捜せばまだきっとネットのどこかに見つかるのだろう。ポッドキャストの各回も、ツイッターの投稿もFBの書き込みも、もちろんインスタグラムに上げた写真だって、各自サーバーのどこかに永遠の居場所を見つけているに違いない。でも書籍となると話はちょっと違ってくる。神聖な感じさえする。

そもそも本（ブック）とは、基本は石に刻まれた、公的な情報だったはずだ。だとするとすなわちこいつは、ボクの思想と意見とを、消し去りがたく、かつ詳細にとどめてしまうことになるんだよな。そう考えるようになったのだ。一度刊行されたら後戻りは利かない。それはつまり、どの一ページに関しても、そこに載せる内容については、事実に即し、自分の気持ちに正直でなければならないということでもあろう。

そしてなにより、全体がきっちりと〝歴史の正しい側〟に立脚していなくてはならないということではないのか。釈然としない部分は残らないでもないが、でも、そうでないと、ボクも本書も両方とも〝恥辱に塗（まみ）れる〟という事態を回避できなくなりかねない。

さっきも書いた通り、この〝辱める〟という行動は、どこか特定の政治信条的集団の専売特許だといったことはまったくないわけだけれど、ここで我が身がなんとしても避けなければならないのは、ボク自身のお仲間から、そういった行為の対象にされてしまうことだった。革新派の皆様方である。そもそもが、ボクと意見を異にしている向きに自分の考えを侮辱されることは、確かにへこむかもしれないけれど、まあそれはそれとして対処できる。しかし本来味方であるはずの人たちからずたぼろにされてしまったとしたら、きっとたとえようもないほど傷つけられるに違いなかった。

けれどこんな怯えも、考えてみれば奇妙なものだった。だってボクは、自分を大っ嫌いだという人たちと――少なくともそう見えていた人たちと会話することを言祝ぐ本を書こうとしているのだから。しかしそれでも〝ネット上での辱め〟というのは〝ネット上での憎しみ〟とはまた別の怪物なのである。確かにネットで憎しみをぶつけられればチクリと来る。でもそれは、ボクが思うにではあるが、その憎しみを向けられた人間よりも、ぶつけた方の人間のことをより多く語っている。

翻ってこの〝辱め〟の方は、もっぱら受け手の側にばかり責めを追わせることができているようにも見えた。なにか〝受け容れがたい〟ことをやってしまったという理由で、その人物をその共同体の規範からはみ出してしまった存在として際立たせてしまっていた。

だから、書き始めてほんのすぐの段階でボクは、暇さえあればソーシャルメディアばかりを眺めているようになってしまったのだ。なにが受け容れられなにがそうはならないのかをきっちり見極めようというつもりだった。そうすれば自分の考えを〝辱め〟られずに済むのではないかと考えたのだ。

かくしてボクは、来る日も来る日もネットの外野席に陣取って、目に入ってくるあらゆるものを飲み込んだ。ボクがフォローしている人たち、その彼らがさらにフォローしている人々、その全員がそれぞれに追いかけている様々なメディアたち。そうしたものどもが、日々更新され続ける考え方の指針となった。彼らの動向に意見、観察といったものが、本書の非公式な諮問委員会からの提言となり、ボクがそこで繰り広げようとしている思想を導いてくれるはずだった。劇的な共感とか会話の大切さとか、ネット上のアンチにボクが見つけた人間性といったものを扱う書物だ。

最初に書き上がった一部を編集者に送って一週間も経たないうちだった。〈アムネスティ・インターナショナル〉とカナダの〈エレメントＡＩ〉社とが共同で行ったある調査結果が公表された。前にも少し触れているものだが、有色人種の女性たち、とりわけ黒人女性らが、ネット上で不均衡なほど夥しい虐待を受けている、という内容のものだ。公開された文書では〈アムネスティ総研〉の相談役ミレーナ・マリンがこうコメントしてもいた。

「ツイッターがこの問題に対する規制を十分に行っていないことはすなわち、同社がそもそも、周縁に押しやられている者たちの声を黙殺するのに貢献しているのだ、ということを意味します」

うーん。ボクが今作ろうとしているのは、ネット上のアンチと直接声でやりとりすることの利点を説こうとする本なのだ。それが、こんなにしっかりとしたデータに〝ほかの人にはそんな実践はそもそも不可能なのだ〟とまで言われてしまって、どうやって書けばいいという。公の場で〝ネットでの人間関係の架け橋を作ろう〟なんてことを発信してしまって、こいつ全然わかってねえな、と思われたりしないで済むものなのか。そういう本を出すということは、こうした社会的実験をやれる気力も時間もなく、それどころか、思いつきもしないような大多数の人の前で〝自分は特別だから〟と誇示するような結果になりかねないのではないか——。

それでもなんとか、足を引きずってでもどうにか前に進もうとした。リンディ・ウェストのインタビュー記事を見つけたのは、おおよその章立てが大体定まってきたくらいのタイミングでの出来事だった。作家の彼女は、ボクが『やつらがボクのことなんて大っ嫌いだってあんまりいうから、とりあえず直で電話して話してみた件』に着手するより数年も前に、自分のラジオ番組『ディス・アメリカン・ライフ』で自身のアンチと話し合ったことでも有名だった。ちなみに番組のこの回は今や伝説となっている。

ボク自身も、この時のウェストが、彼女の亡父を騙って偽アカウントを作るまでしていた自分のアンチとまったく冷静に向き合っている様を、口をあんぐりと開けながら聴いていたことを忘れていない。それこそあごが床に届くかと思った。そういうわけでボクはずっと彼女を〝我がスタイルの先駆者だ〟くらいに思っていたのだが、見つけたリンクの貼られた先にいた彼女は、またもやボクの前方遥か彼方にいた。ウェストは記者にこう語っていたのだ。

「今ではもうネット弁慶のアラシたちにやり返すことになんて、ほとんど興味もなくしてるわよ」

いやまあ、彼女が彼女自身のことを言っているのは、ボクだって十分わかってはいるのだが、この言葉がなんだか自分に向けられたもののような気がして仕方なくなった。まるでこう言われたみたいだったのだ。ディラン、もう前に進むべき時よ。違うかな。

けれどその先の数ヶ月も、我が諮問委員会からの勧告とは相反しそうな内容を自分が書いてしまおうとするその都度に、指の方が勝手に抵抗をし始めるといった状況は、ただただ激しさを増すばかりだった。やや希望的に過ぎると受け取られかねない内容を文にしようとすれば、手の方がそれを拒むのだ。この種の凌ぎ合いは止むことなく続き、やがて二〇一八年の五月十八日に最初の締切がやってきて通り過ぎたところで、ボクもいよいよ、こりゃやり方を変えないとまずいな、と考えた。

我が百万人規模の諮問委員会からの提言はいまだ舞い込み続けていた。友人たちが公人らの見せかけだけの共闘に対し噛みついていた。世間に優しさを求めるささやかな願いは、それこそあっという間に、ボクの尊敬している人たちからの揶揄いの対象となっていった。共感を求める訴えはその場で〝無責任〟呼ばわりされた。

あからさまに挑戦的であったことも手伝って、ボクの計画の核を成しているある部分はすでに、我が非公式諮問委員会のメンバーのうちでも舌鋒(ぜっぽう)鋭く頭の回転も速い方の一部の向きからは、とっくに軽蔑の対象となっていた。そうなると集中するにも普通以上の工夫が要ったものだから、公共の自習室的な場所の席を一つ借り切った。そこで草稿やメモをカードにして並べ、新たな気持ちで全体を作りなおした。すると二〇一九年の秋になるまでには、あとはちょっとした呪文でも唱えれば、目の前にたちまち書物が現れてくれるのではないか、というくらいのところには、こうした断章の類(たぐい)もたまってくれた。

全体の構成を頭の中で煮詰めなおしている最中のその二〇一九年の十月初頭の日曜日、ボクは一枚の写真を見つけてしまった。長寿トーク番組『エレンの部屋』の司会者エレン・デジェネレスが、フットボールの競技場でジョージ・W・ブッシュと隣り合って座り、親しげに談笑している、というものだ。

なかなかよさげな雰囲気の一枚だった。同性愛者の女性ジャーナリストが〝由緒正しき男女間の婚姻という制度を守る〟と公言してはばからなかった前大統領閣下のジョークに笑っているのだ。そこで交わされた会話の内容がどんなものだったかまではわからなかったが、容易に見つかる親しさについ、ああ、自分もこんな瞬間を経験させてもらったんだよな、と考えた。

電話口の向こうで、何故同性愛が罪なのかを延々語っていたジョシュが、ふとレゴを踏んづけてつい変な声を出した時には、ボクも思わず吹き出してしまった。プライドデイのパレードを〝意味なんてない〟と一刀両断していたEとは、ボクの〝突き(ランジング)〟という言葉の誤用をネタにして冗談を交わした。レイプ問題とその告発を巡(めぐ)る、実に難しくもややこしいやりとりとなったエマとジョナサンの会話の時も、ちょうど真ん中辺りで一旦小休止となった際、はたして彼女はもう彼のことを〝ジョン〟と呼んでいいものかどうかについて、本人たちの間に笑えるやりとりがあったものだ。

このいわば〝人間性のひらめき〟の思わぬ発露は、救いになっただけではとどまらなかった。むしろ今自分が目にすることは必然めいてさえ思えた。国民的人気番組の司会者と前大統領とでは、代表例とするにはどちらもいささか大物過ぎる気もするけれど、でも、彼らが一緒になって作ってくれたこの一瞬が、ボク自身にも、自分だってこういった、滅多には起きない関係性について知ることができる経験をしたんだよな、という事実を思い出させてくれたからだ。

そこで今度は、同じ写真が呼び起こした反応の方を見ていった。

友人の一人はこの空気を〝許しがたい〟と評していた。エレンの方の写真の説明に寄せられていたコメントは〝もうやっちゃえばいいじゃん〟だった。さらにはもうちょっと微妙な批判も複数見つかった。

「我々が今現在置かれている政治的状況下では、どうやらもう、人柄のよさですべてを補うといったことは難しい模様です。そしてまた、批判的態度を伴わないいい人ぶりというものも同様に、最早そこからなにかを芽生えさせるということには繋がらないのだと思われます」

『ヴォックス』誌にそう書いていたのは記者のコンスタンス・グラディだった。

「様々な場面で最早、人当たりがいいとか優しいといっただけではもう十分ではなくなっているのです。逆にそれだけで済まそうという態度は、むしろ不道徳の謗り(そし)を免れ得ません」

まあ確かにボクは、自分の『やつらがボクのことなんて大っ嫌いだってあんまりいうから、とりあえず直(ちょく)で電話して話してみた件』で、この合衆国のかつての指導者と会話したわけではないし、ゲストたちの誰一人、どこだかの国の大義などない戦争に兵士として送り出したりもしてはいない。

だけどひょっとして、ネットでこっちを傷つけた見知らぬ他人に対し、懐（ふところ）を広げて共感してみせたことは、この女には〝批判的態度を伴わないいい人ぶり〟だかを助長しているとか言われてしまうのだろうか？　人々に、優しい気持ちで穏やかに話せる機会を提供することは、なにかしら〝不道徳の謗（そし）りを免れ得〟ないような行為なのか？　これじゃあまるで、公人たちの見せかけだけの共闘は、全部が全部仕込みだとでも言っているみたいじゃないか。ボクが仕込みをやったとでも言い出されたらどうする？

我が私的諮問委員会殿からの提言は、一貫して明快だった。劇的な共感とか共闘とか、いや、そもそもの対話というやつからしてがもうすでに、ボクが居場所として見つけたネットの世界では、今や社会通念上の罪となりつつあるのだ、ということだった。

だからこうした提言を受け取るたびにボクは、まるで町の繁華街のどこもかしこもに、写真入りの指名手配のポスターが貼られてでもいるみたいな気持ちになった。よく見ようとして近づけば、手配犯の容貌というのはボクとそっくりなのだ。だから、諮問委員会はきっとこう言いたいのだろう。共感ってのは支持することだからね。うーむ。

寛大なる我が担当編集者殿がありがたくも設定してくださった二番目の締切ってやつまでもを、相変わらずの低空飛行でそそくさと通り過ぎてしまった後で、二〇二〇年がやってくる頃までにはもうボクは、書くことなどすっかりやめていた。〝正しくない考え（ロングソウト）〟を紙の上にとどめ、その〝正しくない考え〟を公刊したりしてしまえば、たちまち容赦なく血祭りに上げられるに違いないという、それこそ自分の正しくない考えに、とことん消耗し切ってしまっていたのだ。

よしんば最初のうちこそボク自身も、こうした非公式諮問委員会の百万単位の構成員たちのことを〝まあおっかなくはあるけれど、基本は利発な人たちで、結局は当てになるんだよな〟くらいに考えていたのだとしても、気がつけばいつのまにか彼らのことを、いよいよ自分に対しても、いつ一斉に辱め的攻撃キャンペーンを展開してくるかもしれない一大勢力と見做（みな）すようになっていた。諮問委員会の呼称は改め、いっそ〝羞恥兵団（シェイムアーミー）〟とでも呼んだ方がいいんじゃないか。そのくらいに考えていた。

この頃にはボクはもう、書きものなどそっちのけで、構成員をつねに入れ替えていくこの大隊の、攻撃パターンなり手法なり、あるいは動静などを研究分析することばかりに躍起（やっき）になっていた。もちろん連中の魔手からこの身を守るためだ。敵を知りさえすれば十分逃げおおせるとでも思っていたらしい。以下、この時期の観察を多少まとめてみることにする。

まずこの羞恥兵団（シェイムアーミー）は、各構成兵士らの自発的な志願によって成り立っていた。こうした兵士たちは、その時々の布告によって招集されていたのだけれど、個々の志望動機は様々だった。自分も盛大なジョークの一旦に加われそうだから手を出してみるといった具合にしか見えない者もいれば、別の人間は、もっぱら自陣営の旗を歴史の正しい側にはためかせてやろうという熱意のみに拠（よ）って参加を決めているように思えた。中には少数ではあるが、自分が興味を持った流行の話題に対し意見を表明することが、意図せずして即座に軍服を支給され袖に腕を通しているような事態になっているということすら理解していない輩（やから）も紛れ込んでいた。

かくして複数の大隊のそれぞれは、互いにどれとも似ていない編成となっていた。だってそれはそのたびごとに異なる志願者たちによって構成され、そのうえ一回戦線の片がついたなら、そのまま解散してしまっていたからだ。こういう中にはボクの友人たちもいたのだけれど、戦場にいる彼らの姿はほぼ即座には識別不可能だった。ほかの場面では柔らかな物言いで有名で、かつ知的で通ってさえいる知り合いの一人が、テレビに出ている有識者が書き込んだ品のないジョークにこんな反応を返しもしていた。

「俺のブツを根本まで咥えさせたろかな」

　さらには、個々の兵士が用いる武器弾薬の種類も実に変化に富んでいた。一部は読むだけで縮み上がるような、鋼鉄製の鋭利な矢を用いていた。まだ出てもいない回顧録（メモワール）にこんなコメントが残されているのを見つけたこともある。

「電気椅子送リケテイ」

　もうちょっとお手柔らかな弾薬には、こんなのも見つかった。

「やっちまったなあ、おい」

「お呼びでないから」

「お前がそう思うんならそうなんだろ、お前の中ではな」

「どうやら経年劣化には逆らえんようで」

　で、こういうのがネット上で〝皮肉と無感動と軽蔑との、聖なる三位一体〟を形成していたのだ。個別に扱えば、この程度ならまあ、ゴム弾みたいなものだろう。無害だし、大体は適度に笑える。

　しかし羞恥兵団（シェイムアーミー）の脅威というのは、彼らが装備した武器弾薬の質ではなく、どれだけの量の兵器銃火器が戦線に投入、展開されているかの方に拠（よ）っているのだった。数が形勢の優劣を決めるのだ。投稿に〝よくない〟ボタンを押したり、ユーチューブのビデオにまとめて同様のことをしたり、あるいはあるツイートに対し〝いいね〟の数を上回るほどの反論を書き込んだりといった具合だ。好意的意見より否定的反応が多いことを示す隠語（スラング）〝レイショ（RATIO）〟は今や動詞にもなっていた。

個々の大隊の規模も様々だった。どの部隊も、百万のソーシャルメディアユーザーで構成されているようにも見えたし、でも実は五人かもしれなかったし、ひょっとして二百十二人くらいなのかもしれなかったし、大体その辺りの間ならどれでも有り得そうに思えた。屁の突っ張りにもならないけれど、こうした旅団の軍事行動は、あまりにも刈り込まれ過ぎた見出しによって喧伝されるものだから、たとえ事実は部隊がどの程度の規模であったとしても、言葉の上でだけなら、さながら彼らが戦略を展開している、そのプラットフォームの全体がそのように動いているようにも見えてしまうのだった。

「ツイッター様はお怒りだ」

「ソーシャルメディア各位は、現在本件に関し協議中です」

さらにこういうのは、時に世界中のウェブサイトを平気で代弁したりまでした。

「ネット激怒」

まあ確かに、ボク自身の心もこういうことをやりがちだった。十二人くらいの集団を、なんの裏付けも取らずに〝みんな〟呼ばわりしていたし、考えもなしに、たとえばそう、どうして世界はこのビデオゲームの映像を映画にしたがったりするんだろう、などと首を傾げてもいたものだ。

想像上の羞恥兵団（シェイムアーミー）がどんどんと巨大になっていったこともまたこれと同じだった。ネットの持つ、規模を歪める不気味な力に影響されていたのだ。

そしてこうした羞恥兵団（シェイムアーミー）が標的（ターゲット）とするのは、違反者（トランスグレッサー）たちだった。この個々の標的（ターゲット）がそれぞれに話題の中心へと引きずり出され〝本日の主役〟などと称されて、ネット上にあまねく知られるところとなるのだ。要はその時々の人間サンドバッグ、ということだ。

ところが、ではどういうことが〝違反〟なのかという話になると、これをきっちり指摘することはひどく難しかった。確かにどこをどう取っても〝悪事〟だし〝間違っているだろう〟という普遍的な合意ができているような所業が攻撃対象になることもあった。だけど、ついついネット上で〝誠実さ的なもの〟を垣間見せてしまったというだけの理由で標的となってしまうケースも有り得るのだった。

「このカットは言語を絶するほど美しい。映像の授業では必ず観せるべきだ」

大人気番組『ゲーム・オブ・スローンズ』のシーズンフィナーレのある場面について、こんな熱烈なツイートをしてしまったある男性がいた。すると、ほんの数時間のうちに彼のこの感想はネタ動画となり、同じテキストが、凡庸なミュージカルや、大昔の映画の今となっては間抜けにしか見えない映像効果や、あるいはテレビ番組の、何故そこに挿入されているかが皆目わからなくて話題になったシーンなどの静止画像にどんどんとコピペされていったのだった。

「あれがバズっても全然嬉しくなかったよ」

元々のツイートを削除した後、本人はこのように呟いていた。

やばさの程度などまるっきり様々な、ありとあらゆるレベルのしくじりの類が、すべてイジリの対象となっていた。ネットが本質的に備えている容赦のなさのゆえだ。辱めに必要以上に残酷な揶揄、まっとうな批判と、それから多数による正義とが渾然一体となって曖昧だったボクのイメージへと環流していた。要するに〝ネットは底意地が悪いのだ〟ということだ。

執筆中に、いや、執筆しようと懸命に足掻いている合間にも、ボクの目の前では以下のような違反者たちが羞恥兵団（シェイムアーミー）の標的（ターゲット）となっていた。

〝やらかしちまった〟記事をアップした筆者、〝やらかしちまった〟ツイート主、左右が釣り合ってない髪型にカットした美容師、電車の中で黒人の女性を相手に、人種差別と外国人嫌悪だらけの長広舌をぶった男性、全然香辛料の効いていないジャークチキンを売っていた露店、保守系の雑誌に登場した自称左派のジャーナリスト、すでに故人となっているラッパーをジョークのネタにしたピン芸人、自分の人気のためにビヨンセが好きな振りをしていたユーチューバー、絶滅の危機に瀕している動物を狩ったと自慢していた企業家、トランス忌避（フォビア）をネタにしたピン芸人、奥さんが分娩室にいる真っ最中に〝頑張れ〟とか書いた類（たぐい）のプラカードをずっと掲げていた旦那さん、とある有名女性ロッカーの記事に性差別的な見出しをつけてしまったニュースサイト、スーパーボウルのハーフタイムへの出演予定が発表されたラテン系女性の二人組、保守派の超大物のプロファイリングをやってみせた政治記者、しょうもない結果となってしまった試合を主催していたプロレス団体、夏期講習で講師として講演し、学生の評判が最悪だったマスコミ関係者、人気ミュージカルの映画化作品で特殊効果を担当していたチーム、あるヤングアダルトジャンルの作家の作品が大っ嫌いな一般人、さらには、半ばこれに報復的に、その一般人に喧嘩を売った問題のヤングアダルト作家が血祭りに上がってもいた。あと、燃え尽き症候群（バーンアウト）を説明するのにテンプレの定義を引用したという理由で某教育者が糾弾（きゅうだん）され、甘やかされた赤ん坊みたいな話し方をするという理由で視聴者参加番組の出演者が炎上し、熱心過ぎるという理由で十代の活動家が口撃されていた。

羞恥兵団（シェイムアーミー）の標的にされてしまったことでもたらされる結果の方も、実に様々だった。デジタル空間での

〝手首にしっぺ〞程度で済む者もいれば、現実に職を失った者もいた。懲罰が罪過に対応している必要さえないのだ。

しかし、こうした羞恥兵団（シェイムアーミー）が、自ら進んで避けて通る人々というのもいるようだった。どうもある種の集団は〝たとえどんな犠牲を払ってでも〞徹底的に守られるらしいのである。この分類には以下のような人たちが含まれる。

ネット用語に精通しているセレブの皆様、それから、可愛く思えてくるほどネット用語の使い方はぎこちないが、それでもどうにかして使おうとしているセレブの皆様、ネットの世界には全然登場しないものだから、存在そのものがすでに、基本は本人のファンの外野たちが、そこに自分自身の考えや意見を投影できるまっさらなスクリーンみたいになってしまっているセレブの皆様。あと、本当はシリーズ物のアクション映画の登場人物なのに実在していると思われているような人々に、Kポップのグループ、過小評価されていると言われているある年代の一部の女優、そして、ホッケーリーグのフィラデルフィア・フィリーズのマスコット、グリッティ君。また時には、無作為に抽出された般ピーが突如この地位に昇進するようなこともあった。

「今さ、ピザを二切れ向かい合わせに重ねて、サンドイッチみたいにして食べてる子がいたのよ。この子を二〇二〇年の大統領選に擁立するって、なんかよくね？」

ある女優がこんなツイートをしたことがあった。突っ込みどころ満載だと、ボクなんかには見えるのだけれど、でもこうした徹底的に守られている側のメンバーらは、あたかも触れることすら禁忌な半神半人（デミゴッド）のようなものなのだ。

そして彼らには〝史上最高（GOAT）（＝グレイテスト・オブ・オール・タイム）〟とか、さもなきゃ女王（クイーン）とか王（キング）といった称号が冠せられることになる。そうなると、彼らをイジることなど、むしろそれ自体が糾弾（きゅうだん）の対象たる罪過にもなりかねなくなってくる。

仮に羞恥兵団（シェイムアーミー）がネットの世界を戦場に変えてしまったのだとしたら、その戦場はたぶん、人間株式取引所みたいな空間と密接に関係して存在しているに違いない。そこでは個人の価値というものは、その人物の居場所が〝違反者〟と〝史上最高（GOAT）〟の間の、はたしてどこにあるかによって決定されるのだ。

しかも不可触のはずの半神半人（デミゴッド）の価値ですら、間違った一歩を踏み出す気配でも見せようものならたちまち急落しかねない。一方の羞恥兵士（シェイムソルジャーズ）らの方は、攻撃対象を面白おかしく引き回しにすることで、自分たちの株価を高めていくからだ。

二〇二〇年が進んでいくにつれ、古来稀（まれ）なるコロナの世界的感染爆発という事態と、脈々と受け継がれてきていた〝人種的差別を糺（ただ）せ〟という運動とが相俟（ま）って、この羞恥兵団（シェイムアーミー）に新たな光を当てる結果となった。××ケイサツなんて呼ばれ方まで出てきたことは記憶に新しい。

ああ確かに、社会はこうした力を手にすることで、偏向し切った宇宙の道徳律を正義の方向へと撓（た）めなおすことができるようになるのかもしれない。ついそうも考えてしまった。現実的にも、一部方面からは人材の入れ替えが必要だろうとまで言われ始めていた、今や綻びだらけの既存の司法警察システムと比べれば、多少なりともましなのではないかとも思ったのだ。

もちろんボク自身は、悪事を為しても全然平気な連中に与（くみ）することは絶対になかったから、こうした趨勢についても期待を抱いて見守っていた。この時期にはボクも〝これが世論なのだ、気高き労働者たちがいよいよ決起したのだ〟くらいに思っていたものだ。

でもやがて羞恥兵団（シェイムアーミー）たちが、本当に極些細な言葉尻を捉えては標的と定め、自分たちの攻撃の対象としていく様を繰り返し見せられるうち、こうした楽観的見方はとうとう消滅を余儀なくされた。あまりに無力な自分には、この銃火器工作隊から彼らを守ってあげられる術（すべ）などないのだ、と突きつけられているようだったからだ。失態は〝キツイ教訓だな〟くらいの言葉で片付けられてしまった。おそらくこの新しい司法制度の綻びは、以前の制度が持っていたそれと本質的に同じものであるに違いなかった。

問題のある制度を打ち壊さんという彼らの聖なる遠征においては、しかしながら個々の歩兵たちはむしろ、ただひたすら、個人を引きずり下ろすことばかりに興味を惹かれているようだった。まるで相手がシステムそのものでもあるかのように、彼らは執拗に違反者たちを追い詰めた。強引で自己本位な白人女性を現わす〝カレン〟という呼称が定着した。有名なテレビディレクターは縁故主義者だとされた。『イマジン』を公の目につくような場所で歌えるセレブは、それだけで特権の持ち主なのである。

あたかも羞恥兵士（シェイムソルジャー）らは、攻撃を社会の病巣に届けることや、ぶっ壊れた健康保険制度を〝レイショ（RATIO）〟ること、あるいは、数世紀単位で維持されている頑迷な差別主義を〝やらかし〟呼ばわりすることは到底できないのだとわかってでもいるかのようだった。そりゃもちろん、やる気になればできる。でも意味がないのだ。羞恥兵団（シェイムアーミー）とは、ヴァンパイアよろしくもっぱら血だけを求めて彷徨（さまよ）い出てくるものなのだ。であれば彼らは、そもそもが血を流さない相手に対し自分たちの矢を無駄遣いすることなど、決してしようとはしなかった。するわけがない。

これら工作分隊の行動パターンや動静を仔細に観察していくうちに、ボクは次第に、入隊候補生たちの兆候がなんとなくつかめるようにもなった。自分の自尊心のゆえに、彼らは標的に狙いを定めるのだ。そしてこの自尊心という代物が、ボク自身がビデオを武器にゴリアテどもをやり込めていた時期に感じていた栄光に似た手応えを思い起こさせた。金貨の響きにこの身を駆け巡ったアドレナリンなら、今なお鮮明だった。公の場で自分自身を〝歴史の正しい側に置けたのだな〟と思って感じた名誉の手応えも同様だ。

認めることには忸怩たる思いもあるけれど、だからボク自身もまた、彼らの一人だったのだ。数年前には、時にカメラのレンズを覗き込みながらまさにこれと似たやり方で、誰であれ〝その日の敵だ〟と自分が狙い定めた相手に対し、鋭利なジョークの舌砲を放っていたのである。それも、こうすることで自分は〝保守主義そのものをやっつけているのだ〟とか思い込みながらだ。

そのボクが今、ほかの連中がまるっきり自分と同じことを飽きもせず繰り返しやっている様を目の当たりにしていた。都合よくも、自分がこの同じ戦闘に参加していた、しかも叙勲まで受けたベテランの戦士であったことなどすっかり忘れ、穿った目つきで彼らの戦略を観察し、標的にされてはたまったものではないと、体を震わせていたのだ。

さらにもう一つ気づいたことがあった。自分が奇々怪々な新規の社会現象を目にしているわけでなど全然ないという事実である。ボクが観察していたのはつまり、かつてはボク自身が主役まで張っていた、そのまさに同じゲームのアップデートされたヴァージョンで、新規参画のプレイヤーたちがそこで競い合っているとでもいった事象なのだった。ちょうど議論が会話をスポーツにしてしまったように、辱めは正義を見世物にしてしまうのだ。

それでも、大きく異なる点も二つあった。

一つ目は、ボクがこのゲームに耽っていた頃は、基本的には〝攻撃は対立陣営に仕掛けるものだった〟という点だ。翻って、今の彼らは互いに攻撃し合っているようにしか見えなかった。警察廃止かそれとも再編かを巡って起きている言い争いは、銃規制にまつわる思想信条を超えた議論と比べれば、ボクからすればだが、圧倒的に陳腐に思えた。自分がトランプ大統領に向け放っていた攻撃とは比較にならない量のちょっかいが、民主党の予備選候補者に対して繰り出されてもいた。どうやら世界平和を希求する、やや感傷的に過ぎるツイートをしてしまった人間に噛みつく方が、恥ずかしげもなく〝アメリカを再び偉大な国にする〟などとのたまう人物に絡むより、よほど価値があるらしい。

あるいはこれは、かつてのボクが、いわばアルゴリズムの反響室的場所に押し込められていて、そこからは、似たような思想信条を持つ相手の姿しか見えなかったのだ、ということなのかもしれない。そうでなければ、自分たちの矢が対立陣営なんてものには届かないのだと気づいてしまった我々が、なら代わりに、こっち側にいるお互いのことでも狙おうかと決め込んでしまったかのようではないか。

二つ目の違いはより個人的なものになる。ボクもまあ、以前はゲームのＭＶＰ選出の栄誉に浴したようなこともあるわけだけれど、今この身は外野席にあった。フィールドの外から観戦させてもらっているのだ。しかし、我が懐かしき本拠地球場であるはずの場所は、今やさながら未開の地のようだった。

そしてボクは、当時自分が使っていたデジタルの武器が、今度はボク自身を標的として行使されることだって、全然容易に有り得るのだな、という事実に改めて気づかざるを得なくなっていた。こうやってより見晴らしのいい場所から眺めてみると、以前には目に入ってもいなかったこのゲームの、身の毛もよだつ必然的帰結までもが視野に入ってきた。

要はこの場所（フィールド）には、復権へと続く明確な道筋など一切ない、ということだ。羞恥兵団（シェイムアーミー）は違反者に謝罪を要求しこそするが、それを受け容れることの方は徹底的に拒むのである。さらにひどいことには、まさにその謝罪のコメント欄で、文言それ自体をイジり始めるような傾向さえ見つかった。たとえば当該の謝罪のスクショと一緒に〝代わりに修正しといたよ〟と書いてあるレスが入る。もちろんスクショの方には注釈みたいな赤字が入っているというわけだ。

こうした修正は、時にはまっとうに、どうすればより他者の心に届くものになるかといった点を示している場合もあるにはあったが、大抵は謝罪の当人をさらに辱めるきっかけを作り、仲間の兵士たちを面白がらせてやろうといった意図で書かれているのだろうとしか思えなかった。

でも、ボクがなによりも震え上がったのは、こうした辱めに用いられる言語につきまとうある種の救いようのなさだった。違反者たちは大抵が〝化け物〟とか〝キモい〟といった、容赦など、微塵の欠片も入り込めないような呼び方で扱われていた。そして見物客らの方も、その都度都度の加害者すなわちお仲間の兵士に向け〝オワコン化〟しろとか〝殲滅（せんめつ）〟しろとかいった言い方でさらに煽（あお）るのだ。

だけどこれらのレッテルの中でボクが一番戦慄したのは〝ゴミ〟ってやつだ。この言葉ならばありとあらゆる場所で見つかった。どうやら皆様方のお気に入りの兇器（きょうき）であるらしい。しかもこいつには、他の追随を許しそうにない圧倒的な威力があった。だってこの単語は、たった二音節しかないのに、違反者をまるっきり無価値なものへと貶（おとし）めてしまうのだ。だからとっとと棄てちまえ、と。

こんな極端な用語用法というのはきっと、誇張と冗談とだけを選んで評価し、そこに報償を与えることばかりしてきたこのデジタル時代の副産物なのだろう。しかし、自分たちの同胞であるほかの人間を〝ゴミ〟呼ばわりすることは、はたしてボクらの魂にどんな作用をもたらすものか。他人を捨ててもいいものとして扱うことは、相互理解というものにはいったいどんな影響を及ぼす？　あるいは自分自身を理解することには？

こういうのがまさに、当時のボクがそれこそ毎日のように目にしていたものだった。外野席でボクはこうした疑問ばかりを反芻した。その間も羞恥兵団たちは、ボクの周りで瞬く間に編成されていき、ゴミ箱に放り込まれた違反者たちが還ってくることもなかった。

あたかもシステムが人間であるように混同され、その人間がサンドバッグ扱いされるような世の中であるなら、このボクはなんとしてでも、団結と共感と、そして人間性とを心から言祝ぐ本を世に問わねばなるまい。ゴミ扱いされる違反者たちと、彼らを侮蔑する兵士たちの両方のうちに、同様に人間性を見出そうとする実験を扱った本だ。一旦出してしまったら、たちまちボク自身も、そのせいでゴミ扱いされるようになるに決まっている本を出すのだ。なんとしてでも。

一切なにも書かれてはいないまっさらなワードのファイルが、じっとこちらを凝視している。堪え性のないカーソル君が、自分の居場所でちかちかと瞬いている。姿を見せたり消えたりしてこっちを揶揄ってでもいるようだ。

出版契約に拠ればボクは、草稿の段階でも、八千語は書かなければならないことになっていた。だけどこの新たなゲームの盤上では、いや、同じステージ上での自分の新たな立ち位置から見ると、といった方が正確なのかもしれないが、とにかくそうすると、これはつまり、もみくちゃにされる機会が八千もあるということにも思えた。ボクがその日の生け贄となれるための、八千もの違った道筋が用意されている、ということだ。羞恥兵団が登場し、ボクを役に立たないゴミとして糾弾できる契機が八千もあるのだ。

　こうやって座りながらも、とにかくは最初の一行を書くことに持てる全精力を注がなければならないことはわかっていた。だがそうする代わりにボクは、どの考えをどう言葉にした時に、それが公の場でどんな具合に扱われるものかをシミュレーションすることばかりをやめられずにいた。書いているなんてとても言えない。むしろ演算という言葉の方がよほど相応しい。ボクはだから、いかなる検閲をもすり抜けてくれる、魔法の言葉の組み合わせとその語順とを編み出すべく、四苦八苦していたのだ。

　頭に文が浮かぶなり、心の方がすぐ、その文が〝過ち〟に分類されかねないような落とし穴の有無の検証に取りかかった。インスタグラムに本書の発売予定を投稿した際に〝お呼びでないから〟とレスを寄越した十代の子には、さてどう言えばいい？　もしある文を捕まえて〝もうちょっとましな書きようがあったろう〟とか見知らぬ誰かから指摘され、そのまま〝今日の主役〟に祭り上げられそうになったら、その時はどうする？　思想信条的には同胞であるはずの他人が、ボクの本の予約サイトに〝君はこれを書こうと決めたようだが、そうすべきではなかった理由をお教えしよう〟的なネタ動画のリンクを貼ってきたとしたら、乗り越えるのにはいったいどれくらいの時間がかかる？　それだってきっと〝そうすべきではなかった理由〟のまっとうな説明などでは全然なく、むしろ〝そんな行為は目も当てられない過ちだ〟みたいな当てこすりに決まっているのに――。

　いったいどうすれば、必要な批評とスポーツ的辱めとの違いをちゃんと示すことができるのだろう。気がつけば頭の中でメモ帳を開き、自分がやったのかどうかすらまだ定かではないような過ちに関し前もって謝罪文の下書きを作り始めている自分がいた。同時にその、ボクが謝罪を書くのに使ったアプリを特定するなり揶揄(からか)ってくるのであろう〝羞恥兵士〟たちの姿が頭を駆け巡(めぐ)って決して離れてくれなかった。

とっとと諦めてしまいたいと切に願っている自分がいたことも本当だ。もらった前払印税(アドヴァンス)を返却してしまえばいい。ポッドキャストもやめちまおう。会話の収録もこの先は一切なしだ。あの番組は打ち切りにする。この身を〝今日の生け贄(にえ)〟に追い込みかねないようなことはたとえなんであれ、二度とやらない。

それでもボクには、自分が今ここにいるのは自分のやっていることを信じたからこそなんだ、ということもわかっていた。ボクが今こうしているのは、ジョシュとフランクとアダムとEと、エマとジョナサンとKとそれから十人単位に及ぶほかのゲストたちが、コミュニケーションの新しい形の可能性を感じさせてくれたからだった。懲罰的だったり辱めを与えたりというのではなく、むしろ懐かしくて愛おしい、そういうコミュニケーションだ。

とにかくまず、一文でもいいから書くことを自分に強(し)いた。

できあがったのは、これまで書いたことのないような最悪の文だった。それでも文は文だ。そこからまた、今度はどうにかして文を段落にしてやろうと足掻いた。

モチツケって。まだあわてるような時間じゃないさ。

数時間後には、目の前にはどうやら段落で埋まった一ページがあった。

それからの数日間ボクは、似たような小さな一歩を必死で積み重ねていった。辱めの矢への恐怖に抗(あらが)いながら、同時に、現れては消えていく兵士たちにしかと目を配っておくこともやめてはいなかった。彼らの連携の兆候を察知するためだ。そうやって執筆を休んでいるボクの目の前でも、やはり新たな兵団は編成され、新たな違反者が標的とされ、その結果として儚き〝人間株価市場〟の変動が起きていた。

ようやく最初の章の終わりが見えてこようとしていたある夜だ。十分だけ休憩し、直近のニュースに関するコメントをツイッターに投稿することにした。それくらいならまあ、許容範囲だと考えたのだ。テキストを書いてアップして、そのままボクは、執拗にツイッターの通知を更新し続けた。間違ったことなど言ってはいないと自分で確信できるためだった。要はだから、こっちに狙いを定めそうな兵団の最初の兆候を見逃すまいとしていたのだ。たとえば誰か一人でも、異議を呈したりあるいは懐疑的であるようだったら、すぐさま当該のツイートを削除するつもりでいた。

更新、更新、更新――。

顔を上げ、自分がこの、ただの反復だけの、行き場などどこにもない行動にまるまる一時間を費やしていたことに気がついた。

羞恥兵団だかいう時間泥棒に怯えるあまり、ボクはすでに一年という月日を彼らに差し出してしまっていた。そして今、またもや新たな一時間を掠め獲られてしまったのだ。ここに至ってボクはとうとう、十四年前にまず、各ソーシャルメディアに載っけるための自分のプロフィールを作成し、やがてはインターネットへの非常な注視を必要とする自分の計画にこの身を捧げるようになって以来、ただの一度としてやっていなかったことをした。以前ならそんなことは考えられないくらいに感じていたことだ。

ログオフしたのだ。

十一章

リサイクル

ソーシャルメディアを断ち切ってまだほんの二日か三日だったが、もうすでにボクは、自分が生まれ変わったように感じ始めていた。毎日の散歩の途中には写真を撮った。映え(バ)てフォロワーが喜びそうなものではなく、自分が嬉しくなった景色に向けシャッターを切った。たとえば蛍光ピンク色の夕焼けや、樫の樹が作り上げたアーチ、公園に広がる丘の光景などだ。こうした写真を友だちにメールしたりもしたし、そうしながら、ソーシャルメディアでしか知らないような相手ではなく、たった一人だけの知人とだけ自分が見たものを分かち合うことの、いわば時代遅れに近い喜びを再発見してもいた。

それよりもなによりもありがたかったのは、ようやく本が書けるようになったことだった。原稿は毎日着実に増えた。羞恥兵団(シェイムアーミー)たちの最新情勢を追いかけるために割いていた労力を使わなくなったことで、ソーシャルメディア御意見製作所謹製の鋳型に言葉を嵌(は)め込んでいくのではなく、自分が本当に考えていることを書きためていけるようになったのだ。

まあ、集中力が多少ましになったとはいえど、書いている間にも、注意力散漫という自分の宿痾(しゅくあ)には、相変わらず悩まされ続けてはいた。よかれ悪しかれボクはやっぱりボクだったのだ。だけど今は、書くことに飽きた時には——確かにそういうタイミングは、まだほぼ九十秒に一回くらいあったわけだが、そういう時には、電話機を立ち上げてせっせとスクロールしていく代わりに、ただ表を眺めることにした。

窓は書き物机の左側だった。そこからはブルックリンの通りの活気に満ちた景色が見渡せていた。ご近所さんらが一日中休みなしに通りかかっていた。些細な用事をこなすために小走りになったり、犬の散歩をしたり、さもなければ、行かなくてはならない場所へと大急ぎで向かっていたり、といった具合だ。

ボクはこれを、自分の新しい、アナログヴァージョンのソーシャルメディアなのだと考えてみることにした。そうするとより好きにもなれた。窓の向こうを流れていく映像はこちらからはどうこうすることができない。生き物みたいだ。地理的な近さによってのみ決定された、自然の織りなすアルゴリズムだ。

こうした景色は亜米利加皀莢（ハニーローカスト）の樹とそれから、真っ黒の街灯の柱とで縁取りされていた。生い茂る皀莢（さいかち）の葉はさながら緞帳（どんちょう）のようで、街灯は日没とともに点灯し、夜明けを見届けると明かりを消した。そんなものがそこにあったことにも改めて気づいて愛おしいような気持ちになった。

でも、意識がそういう方向へと向き始めると、今度は表で起こるあらゆることに目が留まるようになってきた。中には〝街灯の根方で収拾されずに積み上がっていくゴミ〟なんてものもあった。より正確を期しておくと、折り重なってたまっていく古紙の山が気になって仕方がなくなったのだ。

ニューヨークにおけるほかの多くの物事と同様に、リサイクルもまた、厳格な複数のルールによって維持、運用されていた。まずはそもそも決められた曜日の決められた時間に出されなければならなかった。ボクらの住んでいる地域では、資源ゴミの回収は火曜の朝だけだ。さらに出し方にも決まりがあった。ガラスと金属とプラスチックはそれぞれに分別し中の透けて見える袋にまとめて出すことになっていたが、古紙に関してはちょっとだけ手順が違った。透明な袋の類（たぐい）には到底入らないような大きさの段ボールについては、折り畳んで紐で縛って出すようにと定められていたのである。

そういうわけで毎月曜の夜にはボクらは、その一週間で貯め込んでしまった瓶に缶にプラスチック包装に古い郵便物に段ボールといったものどもを抱え、せっせと階段を小走りで降り、収集場所に定められていた街灯の根本へと運んでいた。こうした資源ゴミは、曜日が間違っていたりあるいは出し方が正しくなかったりすると、回収されずに放り置かれた。この惑星を守るための大きな善に多少なりとも自分も貢献しようと思うなら、規則を遵守するしかなかったわけだ。

ところがどうも近所には、このルールをよく知らない誰かさんがいるようだった。おかげでボクは、縛られていない段ボールが積み重なり、景観を乱している様を眺めさせられる羽目になっていたのだ。

縛られていない段ボールなんてものを目にするのは初めてだった。ひょっとしてこういうのはしょっちゅうある事態で、自分は電話機から顔を上げたからこそ、ようやく気づけたということなのか。そう訝りもした。最初は無視しようとも思ったのだが、ほぼ一分半ごとに表に目をやっているような状態ではそれもなかなか難しかった。しかもこの箱たちは、今や趣味ともなりつつある毎日の散歩へ出かけようとするそのたびに、玄関口でボクを出迎えるのだった。

数日待っても誰かがなにか手を打とうとする気配も見当たらなかったものだから、やむなく自分で対処した。手術用の手袋を装着し、ゴミ袋を抱え、いざ階段を降りていったのだ。どうやらソーシャルメディア断ちも、芝居っけたっぷりのボクの性格までは矯正してくれなかったらしい。

「ゴミを片付けてくれてどうも！」

すると近所のタコスタンドの店主からそんなメールが届いた。

「僕たちがどれほど懸命にこの辺りの掃除をしているかは、簡単には説明できないくらいなんだ。誰も気にすらしていないんじゃないかと思ってた」

ボクはこの、ほとんど基本的といっていい自分の地域への貢献に御礼が届いたという事実を、我々〝この美しき街の善き住人たち〟が、今こそ手を取り合って、共通の敵に立ち向かうべきなのだという天啓のしるしとして解釈することにした。善なる我々対彼ら、すなわち〝不敬なる段ボール遺棄者ども〟だ。いざこの手に勝利をつかまん。

翌週にもまた同じことが起きた。数日前の自分がせいぜい〝気に障るなあ〟という程度のレベルだったとしたら、今やボクは完全に腹を立てていた。いったい誰の仕業(しわざ)だ？　この二週目も引き続き、どデカいサイズの段ボールを回収できる程度にまで折り畳むのに悪戦苦闘しながらそう訝った。そして、さてどうすれば犯人を見つけられるものかと首を捻り始めたところで、箱の一つの複数の面に、貼られたままの白いシールがちょこちょこ垣間見えていることに気がついた。届け先の住所だった。ふむ。謎はすべて解けた。DQN君(デリンクエント)はボクのところから二つ先の建物の住人だった。悪人の正体がわかった以上、いよいよ報復の計画も立てられる。

さらに三週目にもまた、縛られても袋にまとめられてもいない古紙の山が積まれていたものだから、今週の掃除をもって〝善意の安売り〟は店仕舞いするものと決意した。頭の中にはしっぺ返しのアイディアが駆け巡(めぐ)っていた。もし来週も同じことが起きたなら、今度はこの箱を連中の玄関前に運んで置いてくるっていうのはどうだ？　向こうだって、住所がバレている事実に驚き慄(おのの)くに違いない。タグがそのままだったことをそれとなくイジっておくのも忘れないようにしよう。あるいは今度の月曜の夜、窓際に立ってずっと見張っていてやろうか？　現場を押さえて騒ぎ立て、犯人の姿を公に晒(さら)してやるのである。そうすれば地域社会の全体に、本当の悪党が誰だったのかも知れわたる。さもなきゃ、警告文を作って街灯の柱に貼っておくっていうのは？　こんな感じだ。

「ケイコク!!」

想像の中のボクは、基本全部をカナ書きで綴っていた。

「ココニ段ぼーるヲオ出シニナル前ニ市ノりさいくる条例ヲ熟読戴ケルヨウ謹ンデオ願イ申シ上ゲル。夜露死苦」

どうせやるなら彼らのアパートの方向に向けて貼ろう。わさわさしたままの紙束を抱えた連中が、近づいてくるだけで読めるようにしておかないと。その時の、ついに見つかってしまったことを恥じ入っている連中の表情を想像するだけで、全身をアドレナリンが駆け巡(めぐ)った。近所の善き住人たちが皆こぞって繰り出して、ボクの単独での今回の〝ペーパーリサイクルゲート事件〟の見事な解決に拍手喝采(かっさい)してくれるに違いない――。

四度目の火曜日が近づいてきた。いよいよ計画を実行に移すべき時だった。でもボクはちょっと及び腰になっていた。彼らの玄関前に段ボールを置いてくるというのは挑発的に過ぎるように思え出していた。かといって、連中を捕まえるために延々窓際に立っているのは時間の無駄だ。そうなると残された選択肢は一つきりだ。カナ書きの戒告文である。だけどこれだってまともではない。もしも張り出しているところを向こうに見られたらどう思われる？　そう想像するだけで居心地の悪さに寒気が走った。

しかも相手は、我が家からほんの十五メートルばかりの場所で暮らしているのだ。もしボクが貼り紙の主であることを向こうにも知られてしまったら、通りですれ違うのでさえ、気まずいことこのうえなくなりかねない。

　それでもなお、ボクは連中の古紙をこれ以上自分で処理することにはもう気が進まなかった。同時に窓からの眺めが台無しにされていることに我慢したくもなかった。そこで紙一枚とサインペンとを引っ張り出した。別のやり方を採ることにしたのだ。

「こんちわ」

　そんな具合に書き始めた。

「こちら近所に住んでいる者ですが、この数週間お宅の古紙が、縛りもまとめもされずに出されていることに気づいています。何度か代わりに縛ったりなどしましたが、今回お知らせしておくことにしました。あの規則は、時にあちこちわかりづらかったりもしますから」

　もう一度自分で自分の書いた文章を読み返してから、紙を畳んで封筒に入れ、階段を降り、彼らのアパートまで行って郵便受けに突っ込んだ。数週間腹を立て、数日は報復計画立案に頭を働かせていたというのに、この解決策には数分しかかからなかった。注意書きをしたためて、そっと彼らに届けておくという単純な方法が、積もり積もっていた自分の憤(いきどお)りをすっかり氷解させてくれもしていた。

　やがて落ち着いてくると今まで自分でも気づいていなかった二つのことが見えてきた。一つ目は、あれだけ羞恥兵団(シェイムアーミー)のことばかり気にかけていたのに、そのおかげでボク自身が羞恥兵士(シェイムソルジャー)と化したりはしない、ということには全然なっていなかったんだな、という事実である。そして二つ目は、それでもボクは、たぶん無自覚のまま、辱めなる文化に対する解毒剤の開発にも成功していたのだな、という点だった。

「辱めを癒してくれるのは、ただ共感のみである」

前掲の『ルポ　ネットリンチで人生を壊された人たち』の後書きで、著者ジョン・ロンソンはこう記している。ボクもまったく同意する。お互いを人間であると認められるようになればなるほど、辱めなんてことはできなくなっていくものだ。

しかしながらボクも共感というものが、ここでは要は本物の〝共感〟ということだが、そういうのが、教えたり教えられたり、あるいは掘り下げろと言われてそうできるものだとも思ってはいない。さらに言えば、それはたとえば目に絢な彩りで〝共感〟というロゴを胸元に綴ったシャツや、さもなきゃ〝共感が勝つ〟とか書かれたバンパーステッカーによって育まれるものでもないはずだ。ある本の「共感は支持ではない」なんて章にも無理だ。だが案ずることはない。共感が栄えられる場所だってあるのだ。ボクはそう信じている。そして、その一つが会話なのだ。

ボクは会話こそがネットというゲームとスポーツとしての議論の両方とものの解毒剤であることを発見したわけだけれど、さらにどうやらこいつは〝辱め〟という文化に対しても、同様にかなり有効な解毒剤として機能するようだ。得点制を取っ払い、微妙な匙加減なり複雑さなりの入り込む余地を与えることで、会話というものは、そこに加わるすべての人々を人間として扱うことを可能にする。これこそは辱めの文化が失くしたものだ。そして我々がお互いを、敵でも標的でも、あるいはサンドバッグでもなく、個々の人間として見るようになると、破門よりも贖いの方を大事にしたい気持ちになってくる。議論は失態を戦いの原因として受け止め、片や〝辱め〟は排斥と侮蔑の理由とする。しかし会話はそうした逸脱を、むしろさらなる理解の契機として捉えるのである。

辱めに対し対話をもって対応しようというのは新たな考え方ではまったくない。こうした辱めの文化は時に〝噛みつき傾向〟といった言い方でも扱われる。そして、活動家でもあり大学で教鞭を執ってもいるロレッタ・J・ロスが、以前から〝噛みつく代わりにお声がけしましょう〟といったことを提唱してもいる。

「こうした噛みつき傾向は、人々に〝自分も標的にされるのではないか〟という恐怖を与えます。神経過敏な完璧主義者が明らかな過ちを指摘するようになると、人々は重要な会話を避けるようになっていきます。そしてこれが、人が人を喰らうようなキャンセルカルチャーの餌となるのです」

ロスは二〇一九年の『ニューヨークタイムズ』にこんな解説を寄せている。

「でも我々にはこの趨勢を変えることもできます。お声がけとはつまり、愛をもって噛みつくことなのです。ある種の訂正であれば、誰にも気づかれない形でやることだってできるはずです。それでも、どうしても公の場で正されなければならないような内容も時にあるでしょう。でもそういうのは敬意を忘れずにやればいいのです」

紙ゴミを捨てていたご近所さんに直接連絡するという選択をしたことでボクは、彼らの失態に対し懲罰的な態度で出るのではなく、ある意味そっと持ち上げるような形になった。共用の街灯に人目につく警告を出す代わりに個別に手を差し伸べたことで、侮蔑ではなく話し合いを選んだ結果となったのだ。

でも、なんでこの決断をするのにあんなに時間がかかってしまったのだろう？　最初に頭に浮かんできたのがこいつじゃなかったのはどうしてだ？　ボクはこの三年という時間をかけて、まさにこういうことに我が身を捧げてきたんじゃなかったのか？

自分の『やつらがボクのことなんて大っ嫌いだってあんまりいうから、とりあえず直で電話して話してみた件』では〝辱め〟を扱っているつもりは全然なかった。少なくとも最初のうちは間違いなくそうだ。企画の段階での、番組の中身や、何故今やるのか、続けていくのはどうしてか、といった内容をとどめたどんなメモにも〝辱め〟という言葉は出てきていない。

そもそもがまずこの着想自体が、いわば個人的な対処機能として始まっていた。日に日に増え続ける我が〈ヘイトフォルダー〉の中身をたどり、アンチたちと一対一で話すことで、彼らを人間として見ようとしたのだ。それがただ勝手に、意見を異にする相手との対話の、一つの定型へと育っていった。

しかし今や、番組でボク自身がやったりあるいは仲介したりしてきた電話での会話が、どうやら〝辱め文化〟に取って代われる役割を果たせそうだという構図が見えてきた。アンチたちを侮蔑するのではなく彼らに直接の接近を試みることによってボクは、彼らとの間にもより生産的な関係を築くことができた。彼らを辱めるようなことからは手を引いて、だから、匿名性は守ってほしいといった類（たぐい）の願いを尊重したり、彼らを〝アラシ（トロル）〟ではなく人間として扱ったりといった行動でボクは、そうとは知らぬままに、いわば〝対辱めモデル〟の形成に一役買っていたということになる。もし辱め文化が、侮蔑を通して個別の責任を要求しているものなのだとしたら、ボクの電話たちは、すなわち会話とは、愛をもって責任の所在を議論するのだ、という方法を提示していることになるのではないか。

多くの人々にとって、この〝自分の責任（アカウンタビリティ）を認める〟という行為は謝罪に等しくも見えるのだろう。でも経験から言わせてもらうと、そもそも会話そのものが生起しつつある謝罪だとも言えるのだ。それがどんなにぐちゃぐちゃでも、時にそれすら通り越し、むしろ不格好でさえあったとしても、それればかりか、その中に〝ごめんなさい〟の一言が一度として登場してはいなかったとしても、それでもそうなのだ。

もちろんボクがここで言っているのは本物の会話のことだ。議論でもなければ尋問でもないし、〝なんでもアリの嵐〟にすっかり囚われてしまった通話でもない。ちゃんとダンスになった会話だ。人と人との間にだけ生まれる、心の底から相手を理解し、理解してもらいたいと思っている同士の穏やかな交感だ。

ボクにしてみれば、たとえ世界一詩的な〝我ガ過失ヲ認ム(メアカルパ)〟を持ってこられても、ボクを〝間抜け(モロン)〟呼ばわりしていたジョシュが彼についてボクが知るのを許してくれたことや、あるいはフランクが、何故ボクが〝クソのそのまた欠片〟であるのかを説明してくれたことには到底及ばない。これ以上はない心の底からの〝済まなかった〟でも、アダムが彼自身の信仰のもっとも根幹の部分へとボクを誘(いざな)ってくれた経験や、Eが自分の子供時代について打ち明けてくれたあの言葉とは比べものにもならない。

知ることは恐怖に対する特効薬だ。そして恐怖は距離を隔てるほどに激しくなる。会話はこの距離を縮めてくれる。ボクのゲストたちはそもそもまず、ボクと話をすることに同意してくれた。彼らの全体像をボクに見せ、知ることを許してくれたのだ。かくしてボクは彼らを恐れなくなった。そして、恐れなくなったからこそ、ボクは彼らを赦すことができたのだった。

だけど〝赦し〟ってやつの方も、こっちはこっちでそこそこ厄介(やっかい)だ。というのも、これをそういうものとして受け取ることは過ちを犯した側にしかできないからだ。言い換えればこれは、先方の謝罪がはたしてどんな現れ方、見え方をしているかにかかわらず、少なくともこちらに向けられているのであるなら、それに対しできるのは、唯一受け容れることだけだ、といった言い方にもなるかと思う。

エマにとってジョナサンの一連の通話が、彼が彼女を〝嘘つき〟呼ばわりしたことを許せるに足るだけのものとなっていたかどうかは、ボクには決めることができない。同様に、Kがジョナサンと話すことに同意したからといって、ボクはジョナサンに対し、Kが誰の目にも触れる場所で、ジョナサンが〝生きたまま野犬に食われ〟てしまえばいいと望んだことを許せと要求できるような、どんな権威も裏付けも、決して持つわけではないのである。

さらにもう少しだけこの二人に関して言えば、ボクはKに対しても〝ジョナサンはわざわざ君と話しに出てきてくれたのだから、彼にもきちんとした機会を与えてくれ〟といったことを命じるわけにもいかないのだ。そういうのは彼らのそれぞれに委ねられている。決めるのは彼らだ。それでもなお、会話のためのダンスフロアがそこにあるという事実が、赦しがそこに起こりうる土台として機能していることは本当だろう。そしてこうした支持こそが、辱めに対する抑止力として働くのだ。

会話というものがかくも精妙で、一方で辱めが最悪なのだとしたら、ボクらがつねに侮蔑ではなく繋がることを選んでいないのはいったいどうしてか。そこには実は大きな理由がある。辱めというものは基本的に本能的な衝動なのだ。逸脱に対してボクらはまずそう反応するようにできている。

この点についてはボク自身がまさにわかりやすい例となる。アンチたちと話すようになる前にボクがまず最初にやったのは、〈ヘイトフォルダー〉に貯め込んでいたスクリーンショットを晒し、そこに見つかるミスタイプや論理の破綻に突っ込んで笑いものにすることだった。それでは全然気が晴れたりしないことがわかって初めて、やり返して揶揄う代わりに直接彼らと繋がってみようと思いついたのだ。

でもどうやらボクは、こうした経験をきっちり内化することにはしくじっていたようだ。ここまでの数年間を、お声がけによって、デジタルの世界での正義をなるべく前向きに機能させるという一つのモデルにも成り得そうな、いわば一つの実践とも呼べる社会的実験に我が身を捧げてきたというのに、御近所さんの些細な失態を見つけて反射的に起こした自分の反応は、羞恥兵団（シェイムアーミー）の兵士たちが顔色も変えずに振り回しているのを目の当たりにしてきた、そのまさに同じ武器に手を伸ばすことだった。悲しきかな〝辱め〟とは、いわばボクらの反射なのだ。

さて、ではボクらはこの〝辱め〟なる文化をどうすればいいのだろう？ 単純に、辱める者をさらに辱めるのがいいのか？ あるいは例によって基本カナ書きで、こんな攻撃的な声を上げるとか？

「敬白。人ヲ辱メルノハヤメマショウ」

それで〝バズればいいな〟と望むとか？ それとも、羞恥兵団（シェイムアーミー）の力の前にすっかり屈し、しぶしぶながらも連中の仲間に加わるのか。

答えはたぶん、ボクがご近所さんとの間に繰り広げていた〝リサイクル神話〟の中に見つかるのだと思う。とりわけ辱めを思いとどまった理由の部分だ。ボクが頭の中にあった侮辱行為をやらなかったのは、もちろんボクが聖人で、こと人々の相互受容なる問題に関してなら、ほとんど筆頭師範といっていいくらいの人物だったから——では全然ない。そうではなく、ボクが人の見ている前で相手に噛みつく代わりに先方に直接コンタクトしようと決めたのは、なによりもまずは、界隈の平和をこのまま維持しておきたいな、と考えたからだ。とどのつまり自分のためだ。

リアルで近所に暮らしている人々というのは、本質的には、いざという時にお互いを当てにできる、一番基本の人間関係である。様々な種類の人々がいれば、そこには自ずと様々な種類の失態も起こるものだろう。それでも、それぞれの善なる部分みたいなものは、究極的にはきっちり結びつくことができるのではないだろうか。

たとえば隣の部屋の住人がボクに対し腹を立てているなんてことになったら、日々が今よりやりにくくなるだろうことはほぼ間違いがない。上の階の住人に深夜にトレーニングをする習慣があったりしたら、こっちはきっと上手く眠れなくなる。一階の店舗部分の店主の誰かとの関係が緊張を孕んだものだったりすれば、出かけるのにも一々躊躇しなくちゃならない羽目になる。

では、こうしたフラストレーションのたまるような状態を、いったいボクらはどうやって解決すればいい？　結局はせいぜい頑張って修復に努めるだけだ。たとえ同じ地域に暮らす誰も彼もと親友になるなんてことはできはしないにしても、毎日をできるかぎりつつがなく過ごせるよう頑張るのだ。

翻って、デジタル空間の共同体が提案してくる解決策というのはよほど極端で、言ってみれば取りつく島もない。ボクらは相手をブロックしたりミュートしたりできる。あるいは運営に報告なんて手段だってある。憎しみをぶつけてやってもいいし、辱めてもいい。何故ならボクらはあの場所では、自分の存在を誰の目にも見えなくすることができるからだ。名前も変えられれば、アカウントをすっかり削除することもできる。

しかしリアルの人間関係でこうした行為に対応するものは、決してそこまで単純ではない。ただこっちがきっちり八時間眠れなくなるという理由だけでは相手を立ち退かせたりまではできない。ああ、これは後々面倒臭いことになりそうだなという予兆を感じただけで、そそくさと郵便番号の違う住所にまで引っ越せるお金とエネルギーの余裕がある人間など、数えるほどもいないだろう。

ではこうした思考をネットに応用したらどうなるだろう。デジタルの空間に浮かんだ天体を我らが御近所と見做し、その住人たちを隣人と思うことにしたら。

もちろん仮想空間に持ち込めるものとそうでないものは当然あろう。そこは認める。リアルの隣人というのは自ずと規模が限定されている。そして、このおかげでボクらは、自分の手の届く範囲で暮らしたり働いたりしている人数が、せいぜいどのくらいになるかといった辺りまでは把握することができる。

一方でデジタル空間の住人というものは、つねに流動的で、しかもそもそもが、四億四千八百万ともいわれるソーシャルメディアのユーザーのすべてを隣人と見做すことなど、そりゃあもう、笑えてくるくらいに到底実行不可能だ。それでも、ネットでとはいえ多少なりとも袖振り合った相手を自分の近隣住民と考えてみることは、きっと軋轢（あつれき）というものを扱う術（すべ）を考えなおす役には立ってくれるに違いない。

あえてはっきりさせておくけれど、こういった比喩でボクは、誰も彼もが本当は無害な天使みたいな存在で、悪いことなんてできるようには決して作られてなどいないんだ、とか言いたいわけではまったくない。〝地域一帯の全体に多大な迷惑を及ぼす住民〟なるものは事実存在するし、内側からそういうものを破壊してしまうタイプだっている。途轍（とてつ）もない経済力なり権力なりを持っていて、そういう力を不当に振り回してくる輩（やから）もいよう。ネットの世界を一つの巨大な大衆だなんて夢見る夢子さん的夢に浸（ひた）り、万が一にも我が身を危険に晒（さら）したりするべきではないとも思う。

でも一方でボクは、マジでやばいのがどいつで、直（ちょく）で繋がってみたら案外こっちにも得るところがあるかもしれない相手が誰であるかは、自分でしっかり見極めておいた方がいいだろうと信じてもいるのだ。意識的になにか要望を出して絡んでみるとか、手紙を書いてみるとか、表に出ない会話とか、繋がり方はなんだってかまわない。

作家で同性愛者で活動家のサラ・シュルマンは、著書『軋轢（あつれき）は虐待ではない』の結論部分でこのように書いている。

「意識的でかつ互いに信を置き合える、そういった癒しの文化へと私たちが姿を変えていくためには、本当の危険と危険として映し出されているものとが、広範に区別されるようになることがまず必要です」

ボク自身、こうした区別をずっと実践しようとしてきたのだと思う。『やつらがボクのことなんて大っ嫌いだってあんまりいうから、とりあえず直で電話して話してみた件』の全体を通じてボクは、ゲストたちを隣人として扱ってきた。デジタル空間の我が家の窓に石を投げつけてきた隣人ではあるが、隣人であることには変わりない。

そしてロレッタ・J・ロス言うところの〝お声がけ〟的に、彼らがドンドンとやってきたその家の中へと本人たちを招じ入れてきた。つまり、彼らが放った石のまだ残る部屋の中を、もっと近くで見てもらったのだ。この行為に懲罰的な意図はなかった。ただ、彼らが攻撃を仕掛けてきたのがデジタルの家だったとしても、やはりそこにいるのは人間なのだと示すことにはなったのだろう。そしてボクの方もまた、彼らを招待することで、相手も同じ人間なのだと認識することができたのだった。

それでも、ボクが決して〈ヘイトフォルダー〉の住民すべてをデジタルの我が家に招待したわけではないことについては、ここで触れておく意味がある。こいつはちょっとマジでヤバそうだな、と感じた相手は避けてきたのだ。たとえば〝てめぇんとこにヒットマン送ってやるからな〟と書き送ってきた男は、ついにボクからの招待状を受け取ることはなかった。ほかにも、もっとうんと長いこと、あらゆる手段を駆使してボクに嫌がらせをしてきている人物というのがいるのだが、この相手も対象にはしなかった。こういうコメントを残していった相手も同様だ。

「ああ、こいつの喉元まで俺のイチモツ突っ込んで黙らせてずたずたにしてやりてえ。想像するだけで身震いが止まんなくなる」

こういうのもまた確かに、隣人っちゃあ隣人なのだ。ただ、こっちが話してみようというだけのエネルギーを持てないだけだ。いずれ誰かがこの手の連中のことも、愛をもって〝招じ入れ〟てくれればいいのにな、と、これは心底そう思っている。でも、そういうのは〝是が非でもボクがやらなくちゃならないことだ〟とまでは思わないだけだ。

近所に暮らすということは、それぞれに持っているいろいろな姿をお互いに間近で垣間見させられる、ということでもある。善い面も悪い面も、その間にあるあらゆるものも。時に今日という日が隣の住人にとってはあまり喜ばしいとは言いがたい一日だったんだろうな、と、こちらが気づくようなこともある。壁越しにとんでもない大声での喧嘩が聞こえてきてしまう場面があったりもする。朝早い時間にはしばしば、近所に住んでいる子供が癇癪(かんしゃく)を起こしている声が響いてくるようなこともある。見れば両親が、なんとかしてその当人を学校へ連れていこうと躍起(やっき)になっていたりする。階下の男がやった奇妙なことを五年経っても忘れられない、なんてことだって実際にある。

だけどももちろん、近所に暮らしていることで、その相手の一番素晴らしい姿を目にすることもあるわけだ。地区のお祭りで盛り上がっている様子や、最寄りの公園を笑顔で歩いている場面。壁の向こうから、たぶん自分のお気に入りだろう歌を、レコードかなにかに合わせて口ずさんでいるのが小さく聞こえてくるようなこともある。リアルな距離の近さは、同じ人間の様々な側面を垣間見させてくれるのである。そして、彼らだっていいことと悪いことの両方ともできてしまうものなのだと理解すれば、それだけでボクらは、その誰かの人間性をもっと知りたいという気持ちになってくる。

ネットという共有空間にあふれているのもまた、そうした繊細にして複雑な、三次元の質量を持つ数多の人間たちなのだと理解することでボクらは、その場所で袖振り合うたくさんの他者に対しても、まっとうな好意を向けられる準備ができることになる。羞恥兵士たちと彼らが標的とした相手との、その両方ともに、だ。

君の勇気を褒(ほ)め称えてくれた人に、勇気が何故贅沢品(ぜいたく)なのかを諭(さと)してくる相手。レイプ被害者を嘘つき呼ばわりした人間に、そんなやつは〝野犬に食われちまえばいい〟と望んだ女性。ネットからはいつも変わらず大好きですと崇め立てられているような、不可触の半神半人(デミゴッド)たち。あるいは逆に、ほとんど日常的に羞恥兵団(シェイムアーミー)の標的にばかりなっている人。さもなければ、紙ゴミの適切な出し方すら知らない近隣住民とか、あるいは最初のうちは〝そんなことをするやつは是が非でも罰してやらなくちゃならないな〟と意気込んでいた青二才とか。そういったすべての人たちだ。

ボクがご近所さんにメモを残した翌日のことだ。散歩に出てきたボクはまず、街灯の下にゴミの類(たぐい)が一切ないことに嬉しい驚きを覚えることになった。ところがさらに帰路の途中で、思わず足が止まってしまうような出来事が起きた。彼らのドアにメモが貼ってあったのだ。よく読もうと近づいた。

「リサイクルのことを教えてくれた隣人殿へ」

冒頭にはそうあった。

「ドウモアリガト!!　御厚意にはマジ感謝です。今後はもうちょっとましにやりますね」

もし〝辱め文化(シェイム)〟が、いや、ここは〝嚙みつき文化(コールアウト)〟でもいいのだけれど、だからそういうものが、違反者逸脱者たちを〝ゴミ〟扱いするのであれば、会話は人々を〝再生可能資源(リサイクリング)〟だと見做(みな)す。そばにあって全然平気だし、いずれは姿を変えてくれることだって有り得よう、ということだ。

会話とはだから、ボクら自身の一番いいところだけをとっておき、ほかの部分を洗い流してしまうといったことを可能にもしてくれるのだ。こうした一切はやがてさらなる善へと繋がっていくだろう。

十二章 スノウフレーク

本書の幕引きでは是非、我がゲストたちの全員を一つに括れるような、斬新で特別な一語を提示したいものだとずっと考えていた。だから数ヶ月をかけ、彼らとやりとりしたメッセージの出力を次から次に、それこそ穴の開くほど見つめ、一字一句を徹底的に分析した。〝ふむ〟とかいった類の音に、ため息の一つ一つ、笑い合ったりあるいは一触即発の緊張を挟んで向き合ったりしたその瞬間、それから優しさのひらめきといったものたちまで、一切合財だ。そうやって、彼らの全員を結びつけてくれそうな唯一無二の要素を探し出そうとした。自分が番組に招いて話をした一人一人を正確に一語で示せるような根源的な切り口を、一つでいいから見つけ出したかった。

自分では、彼らの喋り方のすべてにどこかで顔を出している、隠された話法の癖のようなものにこだわっているのだろうというつもりでいた。そういった兆候が未知の精神病理のようなものを明らかにしてくれるはずだと考えていたのだ。だったらその症例には、ボクが名前をつけてやろう。やがてはそれが、来たるべき世界のあらゆる診断マニュアルに載っかることにもなるだろう——。

まあでも、結局なにも浮かばなかったんだけどね。

個々に異なる背景から現れてきた我がゲスト諸氏は、行動原則もバラバラなら、価値観も様々だった。欲しいものも必要とするものも違ったし、望みも目標もそれぞれに異なっていた。各々に違う経験が違う人生を作り上げていたのだ。そうした経験の語り方すら多種多様だった。要は、今回の社会学的実験でボクが対話した数十人を余さず均等に描写できる言葉など、ついになかった、ということだ。

とっくに明らかにしていることだが、まず〝アラシ(トロル)〟という語は、まったくもって適切ではない。彼らの誰一人として、遙か遠方の橋の下で暮らしている理解不可能な人外の生き物なんて存在では全然なかった。そのうえこの語は、今やあまりにいろいろな意味を持たされ過ぎていた。顔を出さずにネット上で嫌がらせをしている輩(やから)に対して使われる場合もあれば、単に特定のプラットフォーム上で意見が一致しない相手を指すこともある。羞恥兵士(シェイムソルジャー)をこう呼ぶ場面もあるし、時にちょっと勘違いしてしまった方々が、熟慮のうえでの批評を公にしている人物に向け、この呼称を使ったりもする。しかもこいつは〝悪意のないおどけ者〟を指すことまでできる。これだけ相反するような定義を持たされてしまうと、このレッテルでは結局なにも意味できないことになる。

そして、ボク自身もようやく理解できるようになったのだが〝ヘイターズ(憎む者)〟というのもやっぱり正しくはないのである。少なくともボクが把握しているかぎり、ゲストたちの中には、現在と過去とを問わず、真性のヘイトグループに所属していた者は一人としていなかった。それに、ボクが当初〝憎しみ(ヘイト)〟だと受け取っていたものは、多くの場合、大袈裟に表現された不満に過ぎなかった。

さらに言っておくと、彼ら彼女たちを番組に迎える契機となった様々なコメント群は、やはりそれぞれが全然違うきっかけによって生み出されてきたものだった。耐えがたい痛みがそうさせていた事例もあった。他の者の場合は、深い場所に根差した本人の恐怖が、デジタル空間での攻撃という形を採って現れていた。自身が受けてきた宗教的な教育やメディアの洗脳的宣伝の言葉が彼らにコメントを書かせていたこともあった。ものでも人でも、本人が信じ切れていない対象に対して自ずと起こる嫌悪の作用でそういう行動に走っていた人物もいた。

自分が標的としている相手を嫌いなものの象徴のように捉えている人たちがいる。一方で、自分たちが悪戦苦闘しているのはその相手のせいだと考えて、噛みつきにかかるような人々がいる。中には、自分では否定的なことなんてなにも書いてないぞ、と思いながら同じことをする面々だっているのである。また、ボク自身がゲストたちを政治的主義信条によって分類していない以上は〝保守主義者〟という表現も同様にここでは適切でなくなる。ボクが話をした人々は、政治的なスタンスに関して言えば実に多岐(たき)にわたっていた。そもそも〝右派〟なり〝左派〟なりといったグループ分けの中にも、現実には様々なタイプがいるものだ。ボクの保守派のゲストたちだってそれぞれ互いに異なっていた。

優しくて穏やかな気性の相手とは、会話の全体を通じて上手くダンスすることができた。敵意や好戦的態度を比較的あからさまにしがちな人物とは〝闘論戦場(ディベイトアリーナ)〟で終始鍔迫(つばぜ)り合う羽目になった。ボクには忌まわしいとしか思えない考え方を信奉している者もいれば、逆に〝その点には自分も同意せざるを得ないのだな〟という事実にむしろこっちの方が驚かされてしまうような鋭い意見を表明した者もいた。

もちろんボクの招待を、信頼なんかできるか、といった類(たぐい)の言葉で乱暴に拒んで寄越した者もいた。一方ではこの機会に即座に飛びつき、思想信条を隔てた相手と喋(しゃべ)るなんてちょっとワクワクするかもな、と言ってくれた人物もいた。この手の偏位はゲストがリベラルで進歩派の人たちである場合でも変わらなかった。彼らだって、番組に出てくれた動機も思想信条も、そうした信念の表現の仕方も、それぞれ独特で個性的だった。

そういうわけで、我がゲストたちをまとめられるような言葉はとうとう見つからなかった。そればかりか、共通した動機も同様だった。支持政党で区分できればそれはそれで正確なのかもしれないが、そうはいきそうにない。

それでも、たとえ彼らが互いにどれほど違っていても、そのそれぞれにボクが、わずかとはいえ自分自身の姿を見つけ出す場面は必ずあった。そういうのはほんの儚い一瞬だけふとそこに現れるのだった。

たとえば、ようやく会話に馴染んできたところで向こうが漏らした引き攣った笑い方が自分とそっくりだなと思う場面があった。まず初めての電話で、かけてきたのがボクだと気づいたところで、こちらの真意を測りかね、戸惑いを隠せないでいる慌てぶりがこちらの記憶をくすぐるようなこともあった。

あるいは彼らが自身の思考を組み立てて言葉にする、その奇妙でやや回りくどいやり方に、不意に我が身が重なったりもした。新しい考え方に抵抗している彼らの声に、自分自身が聞こえている気がした場面もあった。そういう時には人はまず混乱し、次には必死でガードを固め、それから嫌悪し、その後からようやく、大概の場合はある程度の時間をおいてから、どうにかして心を開き、受け容れられるようになるものなのだ。

保守主義者の父親の中に、一瞬ボク自身がひらめいた。歯に衣着せぬ進歩派の論客が相手の時にもそういうことが起きた。政治に無関心な大学生でも、熱狂的銃マニアでも、芸術家でも信仰に篤い人物でも、十代の若者でも中年期に入った大人たちでも、有名人でも市井の一般人でも、挙げ句にはいよいよ、自称〝格安淫売オカマ〟さんの姿の中にも、それぞれに自分が重なって思えた瞬間というのは事実確かにあったのである。

それに、仮にボクらの間に共通する要素など、本当の意味では一切なかったのだとしても、一番ぎりぎりのところでは、こう言うことだけはできるはずなのだ。少なくとも我々は、まさに同じ時間に電話で喋(しゃべ)ることには、互いに同意したのだ、と。

結局のところボクにもちゃんと理解できたと言えそうなのは、次のようなことだけだった。

我がゲスト諸氏に共通するひそかな習性なんてものはなかったし、人々にネット上で悪意ある言葉を書かせる唯一の要因なんてものも存在しなかった。なるほど特定の信仰なり信念なりを一(いっ)にする集団に属する人々の行動パターンを解析する、有意義な研究というものだって、世には確かに存在するだろう。だがそれでも、構成員のそれぞれと実際に会ってしまえば即、彼らを個別の人間として見るほかはなくなる。どの二人のゲストも、区別できないほどそっくりだ、ということはまったくなかった。

で、ここまで考えて初めてボクも、彼ら彼女たちをまとめて表現できそうな言葉が世に一つだけあることに気がついたのである。

ウィキペディアに拠(よ)れば、俗語の〝スノウフレーク〟とは、特に以下のような人たちに向けて用いられる侮蔑的表現なのだとされている。

「個性に過剰に重きを置く者、根拠なく自分の地位を高いと思う者、感情的に過ぎたり、しばしばすぐに攻撃的になりがちなタイプ、さらには、対立する意見に対し上手く対処できないような人々」

政治的分断が激化していた二〇一六年の段階では、この言葉は、主に保守派の人々の側からボクらのような存在に向け使われることが多かったように記憶している。すなわち、政治的正しさ(ポリティカルコレクトネス)を旗印とし、社会正義（ソーシャルジャスティス）を求めて声を上げたがりがちなネットユーザー、ということだ。要するに、感情とか敬意とか、退避場所（セーフスペース）とか代名詞問題とか、あるいは閲覧注意警告の必要性といった話題を好んで取り上げたがるようなタイプを揶揄（やゆ）するための言葉だったのだ。

ところがある段階からこの表現が、当初は標的とされていたボクらの側の人々によって再利用されるようになってきた。情勢の変化に伴って、ボク自身の友人たちや仲間たちまでもが、保守層の側のささやかな感傷を揶揄するのにこの〝スノウフレーク〟なる言葉を持ち出すようになったのだ。

特定の祭日にグリーティングカードをやりとりしないと気が済まない人たち。民間人の重火器所持の権利を記した憲法修正第二条を信奉する、銃なしでは夜も日も明けぬといったおのおの方。あるいは、性別というものが連続体的様相（スペクトラム）を示すものだという考え方についていけない人々などが、この表現の対象となった。結局最終的にこの言葉は、数え切れない人々が数え切れない人々に向けて使う、なんであれ感情的な行動に対して侮蔑的に用いられる武器となっていったのである。

二〇一七年の戦没将兵追討記念日（メモリアルデイ）の週末だった。こんなメールが送りつけられてきた。

「貴兄のビデオのいくつかと、ほかの細々としたものを拝見した。ふむ、貴兄はどうやら酸素を浪費するだけの存在なのだと結論せざるを得なかったよ」

ちょうどこの頃ボクは『やつらがボクのことなんて大っ嫌いだってあんまりいうから、とりあえず直（ちょく）で電話して話してみた件』の初回公開分になるはずの録音データを編集している真っ最中だった。そういうわけでボクは、ほぼ反射的に、番組制作の前段階として確立されつつあった自分の手順に即座に従った。すなわち、まずはメッセージのスクショを撮り〈ヘイトフォルダー〉へと突っ込んで、次にはそのまま送り主のプロフィールとほかの投稿内容の確認をしていったのである。

どうやらまた、ネギを背負ったカモ君が向こうから飛び込んできてくれたようだ。これで新しい回ができる。ほとんど胸高鳴らせながらボクは大急ぎで返信を作った。

「こいつはどうも。でも、なんでですか？」

「我は猟犬――そなたは羊――そもそも世界の見方が違う。そなたは夢の世界を信ずる。我は悪意を俯瞰している」

彼の返信は、それだけでもうやや薄気味が悪かった。

いったいボクのどういう部分が、こう、皮膚の下でなにかがむずむずしているような気分にあなたをさせてしまったというのでしょう。改めてそう尋ねると、向こうはボクが〈シリアスリーＴＶ〉で最後に作ったビデオを持ち出してきた。左派の友人たちを集めてインタビューした回で、ボクらはそこで、保守派の議論なんて〝黙らせちまえ〟と怪気炎を上げていた。

「偏向は避けるがよろしい――」

彼は続けた。

「異なる見識を持つゲストを同数迎えるようにするが吉。全員左派進歩派というのではなく」

「実は今まさに、意見を異にする人と会話してみようっていう企画をやってる最中なんですよ」

そう切り出してボクはいよいよ、御招待を伝える段取りへと踏み出した。

「仕上がったらその都度私にも教えておくれ。興味はある」

彼はさらにこうも続けた。

「違う見方というのは肝要だ」

「そこにはまったく同意します」

ボクは返信した。

「最初のメッセージは撤回する」

さらに幾ばくかのやりとりを重ねた後、彼の方からそう切り出してきた。

「済まなかった」

どうやら番組への御招待を投下すべきタイミングがきたようだ。けれど申し出た途端、相手は腰砕けになった。

「いや、私はそこまで頭が回るわけではないよ」

彼が言う。

「そんな、大したお手並みだと思いますよ」

ボクはそう、極力丁寧に返信した。

「異教徒(ヒーザン)扱いされそうだが」

抗弁は続いた。

「いやいや、そんなことはしませんって」

ボクも即座に切り返した。もうすでに、電話通話での彼は、きっとちゃんと本物の人間に響いてくれるだろうと、ほぼ確信してもいた。

「私は自分の意見を言葉にするのに時間をかける」

彼が重ねた。

「御心配は要りません。是非ともあなたにゲストとして登場してもらいたいんです」

こちらもそう改めて主張しながら、ボク自身だって、考えを言葉にするのには相応の時間を使っているよなあ、と感じていた。

やりとりの残りの時間にも、こうしたボクからの番組への招待と、彼の方からの丁寧な固辞というパターンは続き、それはやがてその先数ヶ月にわたって繰り返されることにもなった。その間もボクは彼に、新しく公開した回へのリンクや露出記事の切り抜きなどを送信し、この社会的実験は、素敵でしかもまっとうなものなのだと説得を重ねたのだけれど、彼の方はやはりつかみどころのないままだった。

年が明け二月が訪れて、彼の最初のメッセージからすでに九ヶ月が過ぎたところで、いよいよ最後にするつもりでもう一度だけ打診した。

「是非あなたに番組に来てもらいたいんです。やっぱり興味は持てないですか?」

返信が来たのは翌日だった。

「電話通話までできそうだなという環境が整うようだったら連絡する。しかし目下のところ、テキストのやりとり以外のことは気が進まない」

以降、彼からの連絡は一切なくなった。どうやらやらかしてしまったらしい。〝酸素の浪費〟なんて、放送回のサブタイには実にうってつけだったんだけど。

やがて落胆も薄れてくると、この相手がボクからの直接のメッセージに反応して寄越した際に含まれていた、とある皮肉に気がついた。最初のうち彼はボクを〝スノウフレーク〟と呼んでいたのだ。いや、単に

〝フレーク〟だったかもしれないが、とにかくボクが、自分と思想信条の似通っている相手としか話そうとしていないからだそうだった。

ところが彼は、ボクが避けていると自分で糾弾した、まさにそういう形の会話をしませんか、と招待した途端に姿を消してしまったのである。ついこうも考えてしまった。

さて、今やどっちが〝スノウフレーク〟なんだろうな。

この挿話が大層気に入ったものだから、二〇一八年の秋にいよいよ本書の計画に乗り出した当初は、タイトルは『スノウフレーク』にしようと考えていた。ボクを傷つけるために使われた言葉を再利用するのだから、捻りも効いてる。

ところが執筆を進めるうちに、どんどんと、この語が痛罵の手段として用いられていること自体のいびつさが透けて見えてきた。突き詰めればこれは、感情を持ち、個性を尊重しようという人々をイジってやろうというものなのだ。

だけどこういうのって——いや、あるいはボクが種というものをきちんと理解しているのなら、という留保が必要なのかもしれないが、とにかくこういう性質こそは、人間そのものを定義している要素なのではないだろうか。ボクらは皆、感情に従って行動する。たとえばこの手のセンチメンタリズムの類に抗おうとしたとして、その気持ち自体もまた〝感情〟なのだ。それに、自分にとって自分が特別だと考えることは、神経機能が正常に作用している証拠でもあろう。

さらに言えば、ボクがかけていたどの電話でも、自分が何故きっかけとなった最初のメッセージなりコメントなりを書いたのかを説明しようとする段階となれば、ゲストたちのそれぞれが、自身の感情と取っ組み合っている気配が聞こえてきた。全員が全員そうだった。

それから個性のことにも触れておけば、彼ら彼女たちは皆、自分については自分の言葉で語りたがったし、それもあってか、たまさかボクの方が相手について事実とは違う仮定を持っていたことがわかったりすると、穏やかに訂正して寄越した。まあ、そこまで慇懃ではないことも、決してなくはなかったが。

そうなると、もしゲストたちを括れる要素というのが、彼ら彼女たちが皆、独特で、個別の個人で、同時に世界に一人だけの人間で、しかも自らも、自分が独特で、個別の個人で、世界に一人だけの人間であると見られたがっているという部分なのだとしたら、それはつまり、みんな〝スノウフレーク〟なんだということになる。そして、彼らの誰もが決して例外的人間でない以上は、これはつまり我々すなわちボクらの全員が〝スノウフレーク〟なのだということでもあろう。このことに気づいてボクも、最初は書籍のタイトルにしようかとまで考えていたこの言葉が実は、本書の締めくくりに最も似つかわしい比喩であることに気がついたのだった。


ちょっとだけここで、字義通りの〝雪片〟の方について考えてみたい。遠くから見ているうちは、それらは実に微細な粒子で、大多数の中の一つでしかない。でも、近くまで寄って観察すれば、それぞれが実に美しく、かつ独特であることがわかる。つい自然の荘厳さに思いを馳せて、息を呑むような場面だってあろう。ボクが通過してきた、自分を大っ嫌いだという人たちと会話してみるという経験の一切を、ここまで完璧に要約してくれるものなど、どうやら思いつけそうにない。

遠くから見ている雪が圧倒的で、時に恐怖まで誘うのと同様に、ボクのゲストたちもまた、最初は圧倒的で、かつ恐怖の対象だった。アラシコメントを送りつけられるようになったばかりの頃は、自分の受信トレイとコメント欄が、侵略部隊が無慈悲に暴れ回る戦場と化したかのように思われた。そうして、今度は彼らアンチのプロフ欄へと飛んでそこにほとんど情報がなかったりすると、ひょっとしてマジで一番やばいタイプに目をつけられたんじゃないかと恐怖した。

着信通知で起こされて、三州も隔てた場所にいる見知らぬ他人が、ボクが死ねばいいと望んでいることを教えられるような場面もあった。そうなればもう朝っぱらからただ、ひょっとしてこいつはもうボクを片付ける段取りまで練り始めているんじゃなかろうかと、頭を抱えるほかなくなった。

そしてまた、近くで観察する雪が息を呑むほど美しいのと同様に、近寄ってみたゲストたちの姿もやはり、息を呑むほど美しかった。電話で初めて彼らの〝もしもし〟を耳にした瞬間からボクは、彼らも一人の人間なんだと感じられるようになった。そしてこうした声と声とによる親密なやりとりの中で、彼らが自分の敵なんてものではまるでないことがいよいよはっきりしていった。よしんば互いの意見の食い違いがどれほど激しいものだったとしても、その点は変わらなかった。

ジョシュの笑い声やフランクのロングアイランド訛(なま)りを耳にしたり、さもなければEがまさにボクらが電話で話しているこの時間にも、バイトの面接準備の真っ最中なんだなんて日常の細部を教えてもらえたりすれば、ボクの中で彼らは即座に人間になった。そしてこういう感覚が、共感へと至る扉を開いてくれたのだ。そのドアをくぐれば恐怖は消えた。

しかしながら、息を呑むような意匠(デザイン)を個々に備えているからといって、雪というものがなしうる害のすべてが埋め合わせられるわけではない。ほかの雪片たちと一体になると、その存在は混沌と損害をもたらしもする。道路は滑り、まかり間違えば死に至るような状況さえ生まれる。

そこまでは行かずとも、雪は基本厄介(やっかい)だ。たとえば吹雪の中で誰かの車が事故ってしまったとして、その彼らに対し〝とにかくいいことだけ考えて、落ちてくる雪片の美しさにでも目を留めましょうよ〟なんて励まし方は、到底できるはずもない。できるのは、救急車とレッカーを呼び、助けが来るまでそばにいてあげることだけだ。

同様に、人々が不幸にも、ネット上で繰り広げられるネガキャンの被害に遭っているような場面では、そうした波のごとく押し寄せる憎しみや、そこまでするかというくらいの羞恥兵団(シェイムアーミー)どもの行動なりというものは、彼らからすれば、さながらネットのすべてが虐待と揶揄(からか)いの猛吹雪へと化(ば)けたようなものだ。そういった、ただ生き残ることにのみ必死にならなければならないような状況で、平然と〝アンチとも会話してみるのがいいですよ〟なんて考え方を押しつけるわけには、さすがにいかない。

ジョン・ロンソンが、やはりこの同じイメージを、公的な辱めの中で個々の人間が集合的力というものをどう認識しているか――あるいは認識していないかを説明するのに用いている。こう書いているのだ。

「個々の雪片は、雪崩に関して責めを負うことなど一切考えなくていい」

個別の複雑な美しさというものが各自の過(あやま)ちを免責するわけではないし、集合的意識のもたらした結果を打ち消してくれるわけでもない。だからといって、一つの雪片に雪崩の咎(とが)のすべてを負わせることも叶わない。

ネット上の他人との会話に挑むという行為は、手のひらに載っけた雪片を間近に引き寄せ、よく観察しようとする瞬間にも似ている。それが雪というもののほんのわずかな代表でしかないことなど十分にわかっている。そして〝仲間の欠片たち〟と一緒になって甚大な被害をもたらすことも。

だが同時に、その繊細さに見入り、複雑さをつくづく観察すれば、まるで宇宙の小さな断片を目にしているような気持ちにさえなってくる。巨大な真理の一端にでも触れたかのように錯覚してしまう。

今や君の目の前には、細部と全体がある。雪片と吹雪、すなわち極小と極大だ。すると力と畏怖とが同時に感じられてくる。独特で個性的なこの雪片なるものを創り上げた、世界の持つその同じ力が、君自身をも作ったのだと感じると同時に、君自身と雪片とのどちらともが、所詮はとてもとても途轍（とてつ）もなくたくさんのうちの一つでしかないと知るからだ。しかもそんな思いや気持ちはほんの一瞬しか続かない。雪片が溶けて宙に消え、自らの再生を始めるまでの束の間だけだ。

もちろんどれほど詩的であっても、雪片のそれぞれすべてを間近で観察するなんてことは、現実にはほぼ不可能だ。実際にボクらが経験させられる事態とはだいぶ違う。一旦雪が降り出せば、そりゃあ一つか二つくらいならその輪郭を自分の目で確かめることも可能なのかもしれないが、細かな雪片個々の子細な込み入り具合を全部把握することなど、無論できるわけがない。

同じように、ネットで袖振り合う人々のすべてが、生きて呼吸する、それぞれの生い立ちを背負った人間なんだということを肝に銘じておくという行為が、やや感傷的になってくるくらいに古式床しく思えたとしても、その全員と現実に会話してみることはやっぱり不可能だ。そんな時間と気力を持ち合わせている人間など一人としていない。それに、中には存在さえ知られたくないと思っている雪片だっているはずだし。それでもボクは、会話というものは、いずれ社会に活力をくれるはずだと考えるのである。

ボクがこれを書いている今日のこの日にも、いろいろと大きな出来事が起きている。でも、あなたがこれを読んでいるのは、今のボクからは確実に未来のことだから、あなたの今日にいったいどんなことが起きているかはボクには正確にはわからない。その一日は、うんとたくさんの今日たちがさらに積み重なったその先にある。でもボクとしては、ひょっとするとそれらの事件は、ボクの今の今日に起きている出来事とどこか似通っているんじゃないだろうか、とも思うのである。

不正が行われ、人々はその不正が為された原因に異議を唱え、どうすれば修復できるかを論じている。セレブたちはおそらく〝めっちゃわかるわあ〟と思えてしまうような可愛らしいことや、そうでないなら〝イミフ過ぎて腹立ってくる〟と思わせるようなことをやっているだろうし、ボクらはその両方を、各自の色眼鏡を通して眺めている。

権力は濫用され、政治的な意見の不一致がボクらの未来を左右しにかかる。人道の危機が、世界のあちこちで同時多発的に明らかになる。こうした大きな出来事が、またもやこの地上に混乱と痛みとを引き起こしているのだろうことも、やはり想像に難くない。

そして自ずとボクらは、こうした混乱と痛みとを精査検証したくなる。でも、こいつは実は相当にハードルの高い行為だ。何故ならボクらの大部分が、これらの大きな出来事を知り、それについて語り、それがもたらすだろう混乱と痛みの検証を実施する場所というのは、基本ネット上になるからだ。

この空間は、ボクらをかつてなかったほど多くの人々と繋げ、数多の可能性や、有り得るとすら思ってもいなかったような世界の姿を見せてくれもする一方で、同時に意見の相違を増幅しもする。かくしてボクらは、渾身の虚勢で威嚇し合いながら、互いに敵対することを始める。あそこでは〝ちょっと考え方合わないよね〟くらいの相手が仇敵（きゅうてき）となり、全然噛み合わないところまで行ってしまっている連中に至っては、たちまち人外の怪物と化す。しかもその間ずっと各自は、ただ時間を浪費するだけのウサギの穴へと押し込まれ、情報と虚報とが解読不可能なレベルで攪拌されている嵐に見舞われているわけだ。

　でも、会話とは、こうしたネットなるゲームに対する解毒剤なのだ。〝なんでもアリの嵐〟を防ぐための傘で、〝闘論戦場（ディベートアリーナ）〟や〝世論の法廷（コート・オブ・パブリック・オピニオン）〟の取調室からの、一番手っ取り早い抜け道でもある。見知らぬ他人同志が行う親密なダンスだ。

　不幸にも今や対話は、ことに意見を異にする者同士のそれは、そもそもが同好の士を集めるべく設計されている各種のプラットフォーム上では、容易には成立しなくなっている。だが幸運なことに、こうした会話の不足に関しては、至極簡単な解決法がある。やればいいのだ。まずは自身の安全や労力についての妥協はせず、誰となら気持ちよく喋（しゃべ）れるものか、その境界を確かめてみるところから手をつけてみよう。だって、一番遠い場所にいる敵や、あるいは憎しみで凝（こ）り固まったアンチへと手を差し伸べる必要まではこっちにはないのだから。ただ時間を使う価値がありそうな相手だけを選べばいい。それだって自分の安全地帯から踏み出すことには変わりなく、そういうのには、やっぱり勇気が要るものだ。

　本書の全編を通じてボクは、自分を大っ嫌いだという相手と直接会話してみたこと、そして、互いに憎しみを抱いている二人が直接言葉を交わせるようになる、その仲立ちを務めたことでボク自身が学んだ内容を、いずれあなた方が似たような、いわば、難易度の高い対話にまで挑めるようになれるための指針とすべく頑張ってきたつもりだ。確かにこれらは、僕自身のある意味特殊な経験から導かれたものではあるけれど、それでもこのマニュアルはきっと、どんな対話でもちょっとくらいやってみようかと考えているあらゆる人々の役に立ってくれるだろうと思っている。最初の方でも言ったかと思うが、こういうのは都合のよさそうなところだけ拾い上げ、あとはうっちゃってしまってくれて全然かまわないからだ。

たとえば今あなたが話し合ってみたいと考えている相手が誰だとしても、そりゃあ、家族の誰かということもあるだろうし、今つき合っている相手かもしれないし、同僚やら御近所さんやら、あるいはそれこそあなた自身のネット上のアンチなんて場合もあるだろう。そして埋めてみたいその相手との距離ってやつがたとえどれほどかけ離れていたとしても、そっちもやっぱり、イデオロギーや思想信条上の隔たりだったり、ネットの中での軋轢（あつれき）だったり、逆に現実の地理的な距離だったり、ひょっとすると時には〝世代の壁〟だかってやつだったりもするんだろうけど、どの場合にもきっと、ここに記したルールたちは当て嵌（は）まってくれると思う。

対話の一つくらいじゃ世界を癒（いや）すことなど到底できない。共感だけで苦悶の源が消えてなくなるわけでもない。どれほど啓示に満ちた言葉でも、ボクらを世の害悪から守ってくれたりなどしない。

だけど、こんな具合に孤絶感だけが日々高まるような世界では、それも、会話というものがもっぱらあちこちのプラットフォーム上だけで交わされ、さらにはその仕組みそのものがただただボクらを分断し、繋がるよりはむしろ競い合うことばかりを推奨しているという悲惨な状況でもあるわけだけれど、だからそうした場では、対話というものは、ちっぽけでかつ広大で、ありふれていてかつ目覚ましく、そして、退屈で同時に胸高鳴る、単純で複雑な反攻の試みで、いずれはそれが、かつてはその場所にはなかった橋を架けてくれもするのである。

そういうことをやるつもりなら、人生ってやつを目一杯愛さないとならないね。ある人物からこんなふうに言われたことがある。これはまったくその通りだった。

本書については、それこそ何度もう書くのをやめてしまおうかと思ったかも数え切れない。続けられたのはほぼ、ボクの代理人を務めてくれているローレン・アブラモの目覚ましき忍耐と支援とのおかげだ。ありがとう、ローレン。ボクでさえできていなかった時にもあなたがこの本の可能性を見つけてくれていたことについては、本当に感謝が尽きない。そして〈DGB〉社の優秀なるあなたの部下たち、アンドリュー・ドゥーガンにマリア・エステヴェス、それからエイミー・ビショップにも、この場を借り、慎んで謝意を表させていただく。

同時に担当編集者となってくれたローン・リーの、やっぱりほとんど聖人みたいな堅忍不抜ぶりのおかげで、本書はどうやら窒息死もせず、あるべき姿になることができた。ボクを信じて導いてくださったことに心から感謝しています。なんとかなったね。

それから〈アトリア〉のみんなにも——ソーニャ・シングルトン、リビー・マクガイア、リンゼイ・サグネッティ、ダナ・トロッカー、カーリン・ヒクソン、アリエラ・フレッドマンの各位にも御礼を。キャロライン・レヴィンには、本書を徹底的にチェックしていただいた。こんなに美しい表紙に仕上げてくれたのはレイワン・クワンで、こうした装丁周りの希望を言葉にするのを助けてくれたのがグレッグ・コザテックだった。

リサ・デューゼンベリーには、個人的に事実検証（ファクトチェッカー）をお願いした。光栄にも快諾いただいたうえ、細部への徹底的な目配りのおかげで、原稿からは危うい記述が一切なくなった。彼女の参加によって本書がよりよいものになったことは間違いがない。真実に対する彼女の献身ぶりには一生頭が上がらなさそうだ。

我が顧問弁護士であるセス・ホロウィッツは稀少石みたいな人間で、本件にまつわる一切にも、心底気合いを入れて当たってくれた。番組と、そこから繋がって完成を目指すことになった諸々を彼がきっちり評価してくれればこそ、ともすればドライな仕事上の関係になってしまいかねなかった一切が、実りある友情へと化（ば）けてくれた。

ケイトリン・フリンには、まずボクのために扉を開いてくれたことに御礼を申し上げる。マイケル・グリンスパンとジェニー・チャーチ＝クーパー、アヤラ・コーエン、ブリタニー・ペルルミュテール、アリエル・リーヴァー、マイケル・チャーニー、それからアイラ・シュレックと、そのほかの〈ＩＣＭ〉〈ヘイヴェン〉〈ＳＲＤＡ〉各社のスタッフの皆様には、この一連の間ずっとボクを支えてくださったことに。スコット・ランズマンとジェシカ・シャルキー、そしてリンゼイ・ライアンには、ボクの生活に秩序を与えてくれたことに。

イーサン・バーリン、ダスティン・フラナリー＝マッコイ、デニス・デノービレ、アレン・ラヒミッチ、アリソン・ゴールドバーガー、コーリー・ドム、ジェニー・モリッシー、マーク・マロニー、アリ・リヴェラ、アレックス・フィッシャー、ダン・ゴーシュ＝ロイ、サチ・エズラ、ニコライ・バーサリッチ以下〈シリアスリーTV〉の全員が、ボクが自分の言葉を研ぎ澄ませていく時期を支えてくれた。あなたたちと一緒に仕事できて光栄でした。

本書は元となったポッドキャストがなければ世に存在することはなく、そして同ポッドキャストは、最初の段階でのジョセフ・フィンクとジェフリー・クレイナーからの支援がなければ、決して今と同じ形ではなかった。二人が彼らの番組『夜の谷へようこそ(ウェルカム・トゥ・ナイト・ヴェイル)』にボクを誘ってくれたのは二〇一三年のことだった。彼らはそれまで知らなかった世界へとボクを招じ入れてくれた。おかげでまったく新しい未来が見えた。また、二人が自分たちの手で生み出した仕事でどんどん前へ進んでいくのを間近で見られたことも暁光だった。

二〇一七年にジョセフから、なにかポッドキャストになりそうなアイディアはあるかと訊かれてボクは、即座にこの『やつらがボクのことなんて大っ嫌いだってあんまりいうから、とりあえず直(ちょく)で電話して話してみた件』を提案した。すると彼が、自分たちが新規に立ち上げた配信会社でやってみる気はあるかと訊いてきた。あの時この話に乗っていて本当によかったなと思っている。彼らのおかげでボクは、番組のエグゼクティヴプロデューサーとなってくれたクリスティ・グレスマンと一緒に仕事をすることもできたわけだし、番組が今の形になるために決定的な役割を果たしてくれたのがこの彼女だったのだ。

ヴィンセント・カッキオネの存在も番組の成功には不可欠だった。彼が全部の回のオーディオミキサーを務めてくれたのだ。アダム・セシルには、大らかな心と友情とに感謝を。大好きだよ。クリスティーナ・レガーサとミーガン・ラーソンには広報を担当していただいた。いつも潑剌(はつらつ)として目を輝かせているマーク・ストールとエミリー・ニューマンには、必要な場面で逐一元気をもらった。

そしてこの番組が、さらなる百万単位の視聴者たちにまで届くことができたのは〈TED〉のコーリー・ハジム以下の、複数のキュレイターと管理部門、イベント設営チーム、それから偉大なる思想家たちのおかげでもある。人生を変えてくれるような相手と出会い、そのうえその人物が大の親友にもなってくれるなんてことはそうそうない。コーリーがそんな相手であってくれてボクは心底幸運だ。

ケイティ・グレイとジョン・ステュワート、それからクリス・マクシェーンの言葉があればこそ、ボクは同番組をもっと大きくしようと思えた。

ジェイソン・サダイキスが、ボクとこの企画を強く信じてくれたからこそ、一番そうしなければならない時にボクは、自分に自信を持つことができた。

繊細さや共感、共鳴といった考え方を世に知らしめてくれている、偉大なる頭脳たちにもこの場を借りて感謝を述べる。ロレッタ・J・ロス、ジョン・ロンソン、コントラポインツ、サラ・シュルマン、モニカ・ルインスキー。そしてそのほかの、新しい仕事をボクがとてもとても楽しみにしている方々に。

ゴック・ロアン・トランには、特に〝お声がけ(コールイン)〟という表現を思いついてくれたことに感謝する。おかげでボクらは、競合可能な新たな選択肢を手にすることができた。

辱め文化が使っていた〝ゴミ〟という比喩を転がして、会話を〝リサイクル〟にたとえてやろうと思いついた時には、自分でも相当大喜びしたものだった。鼻高々で、ボクってばなんて賢いんだろう、くらいの感じだった。だから、自分が最初ではなかったんだな、とわかった時にはけっこうへこんだ。

二〇一九年に発表された『#排斥された者たち（キャンセルド）：責任の所在（アカウンタビリティ）と可処分性。何故私たちは〝ゴミ〟なのか』という論文で、カイラ・ジョーンズがこのように書いている。

「ある段階で私たちは皆〝ゴミ〟になった。しかしそのうちの何人かは再利用（リサイクル）に成功した。使い終わったペットボトルの廃棄を思いとどまることができるのならば、何故人間に対しても、同じことができないのか？ 文化の全体が、匿名のままの辱めから、自己の責任の自認という形へと姿を変えていくことは、おそらく長い道のりになる。でも、リサイクルというのは環境に優しいだけではない。社会正義のためにもなるのだ」

同時に同じことを考えていたと証明するための、決まった道筋などはない。でも、こうした書き手を世に紹介できる機会を得られるのは光栄なことだ。このカイラ・ジョーンズは、脚本家で、そればかりか自分でメガホンも取るし女優もやる。ツイッターのアカウントは@blkassfeministだ。

アン・ラモット、ナタリー・ゴールドバーグ、そしてジャミ・アッテンバーグのお三方の、書くことに関するそれぞれの著作にも大層お世話になった。これらが暗く入り組んだ道のりを照らしてくれる明かりとなった。

スコット・アドキンスには、ボクに〈ブルックリン執筆スペース〉を紹介してくれたことに御礼を言う。初期の各章の草稿は、あそこで悪戦苦闘した。それから、そういう場所があることをまず教えてくれたマヌーシュ・ゾモロディにも、改めて感謝を。

芸術家としてのボクの故郷である〈ニューヨーク・ネオ・フューチャリスト〉に対しては、まず創造のための言語というものを教えてくださったことに御礼を。今でもあれが自分の仕事を導いてくれている。あんなに素晴らしい劇団の一員であれたこともボクの誇りだ。

そして、先生や教授など、ボクが師と仰いでいる方々に。自分の考えにも意味があると思えるようになったのは、皆様のおかげにほかなりません。ジェニファー・フェル・ヘイズ、クリフォード・チェイス、ロブ・ニール、ジョナサン・カトラー、ダイアン・モロフ、ドノヴァン・ホーン、ユーリ・コルドンスキの各先生方。

もの書き仲間のクリフ・ダフィ、ジョー・ファイアストン、アパーナ・ナンシェラ、ジョニー・サン、フランチェスカ・ラムジー、ノーラ・マキナリー、スジャータ・バリガ、楊伯文、アシュレイ・C・フォードの各位には、刺激をもらったのみならず、いろいろと手解きも受けた。

実は本書を書いている間もボクは、こうした先輩、ライヴァルたちの名前をピンク色のポストイットに書き起こし、PCの向こうの真っ正面の壁に並べて貼っていた。で、それに目をやることで、前に進むエネルギーをもらっていたのだ。彼らは自らを知っている人たちだ。知り合えた幸運に感謝している。

セラピストのポールには、もう十年も、不安発作やパニック障害を起こすそのたびに、あるいは日常の心配事などが持ち上がって頭から離れないような場面でずっとお世話になっている。

それから、番組で話をさせてもらったすべての人々に。ボクはきっと、皆様が想像している以上に多くのことを、あなたたちから教わったのだと思います。同様に、こちらから番組に招待はしたけれど、断わられてしまった皆様方へ。ボクにとってはその事実がもうすでに、得がたい教訓となっていました。それから熱心に視聴してくれている皆様に。こうした会話に自分の人生を垣間見ることがあると打ち明けてもらったり、ほかにもいろいろ書き送ってくれたことは、とても嬉しく思っています。

我が初体験の相手となってくれたジョシュには、可能性を見せてくれたことに感謝を。それから、ほかの誰とのそれとも全然似ていない、貴重な友情を築いてくれたことに。

そして両海岸にいるボクの血族たち、アネッテにカーラ、エリックにヴァン、アナ、ライデン、ハンナ、ローマン、ミカ、カイラ、アメリア、そしてエマ。どんなにハグしたって全然足りないくらいに愛してるからね。

ジム・クレイトンは世界最高の継父だ。揺らぐことのない支援については、ボクも当てにさせてもらっているところがある。それから、ナンシー・クレイトンの輝く笑顔とキッツいハグは、本書にかかりっきりになっている間、ボクがもっとも恋しく思ったものの一つだ。あなたにこの本の完成を見せてあげられていたらな、と思う。

父はいつも、新しい考え方や新しい居場所、さらには新しい人間関係には迷わず踏み出せと、ボクの背中を押してくれている。ボクがまだ今よりうんと若かった頃にはしばしばこんなふうに口にしてもいた。

「よ、今日はお前にもう言ったんだったか？」

するとボクはこう答えるのだ。

「まだだよッ」

そこで父は言う。

「おう、お前を愛しているからな」

父さん、今日はもう言ったんだっけか。あなたを愛しているからね。

獰猛なほど聡明な母の人々と話す能力、絶対バカにしたりはせず、一番奥深い秘密や、あるいは不安や恐れといったものまでいつのまにか引き出してしまうその力は、ずっとボクが自分でも身につけたいと思っているものだ。母さん、ボクはどこまでもどこまでもどこまでも、たとえどれほど入り組んでいても、あなたを愛しているのですからね。

最後にトッドに。この一連の間たゆまずボクを支えてくれたことについては、どれほど感謝したって足りない。君はボクの脳裏で〝大きな飛躍を目指せ〟とつねに囁く声でもあったし、同時に、転落の不安を帳消しにしてくれる安全ネットでもあった。この人生でボクに起きた最高の出来事が君だ。出会えたことだけでものすごいことなのに、君を愛するようになり、さらには君から愛されることまでできた。これ以上のことがこの先のボクの人生に起こるとも思えない。

［訳者］

浅倉卓弥 Takuya Asakura

作家・翻訳家。東京大学文学部卒。レコード会社洋楽部ディレクター等を経て作家に。著書に『四日間の奇蹟』、『君の名残を』（以上宝島社）、『黄蝶舞う』（PHP研究所）ほか、訳書に『安アパートのディスコクイーン―トレイシー・ソーン自伝』、『フェイス・イット―デボラ・ハリー自伝』（以上ele-king books）、マット・ヘイグ『ミッドナイト・ライブラリー』（ハーパーコリンズ・ジャパン）、テイラー・ジェンキンス・リード『デイジー・ジョーンズ・アンド・ザ・シックスがマジで最高だった頃』（左右社）など多数。

ライドとなって燦然と光り輝き続けることでしょう。

本書が、わが国の歴史的資産を、愛し、守り、育て、誇り、未来永劫に伝え残してくださるみなさまの活動の一助になれば幸せです。

令和3年8月吉日
米山淳一

著 者（文・写真）

米山 淳一（よねやま じゅんいち）

1951年神奈川県生まれ。獨協大学外国語学部英語学科卒。元財団法人日本ナショナルトラスト事務局長。現在、公益社団法人横浜歴史資産調査会常務理事・事務局長。「歴史を生かしたまちづくり」を推進。また、地域遺産プロデューサーとして、全国の歴史的町並み、棚田、近代化遺産、鉄道遺産、絹遺産等の保存活用、歴史を生かしたまちづくりと観光を推進。長浜鉄道スクエア名誉館長、一般社団法人日本茅葺き文化協会理事、日本鉄道保存協会事務局長、シルクロードネットワーク協議会事務局長、ＮＰＯ法人街・建築・文化再生集団理事。
著書／「地域遺産みんなと奮戦記」（学芸出版社）、写真集「上越線―四季を駆ける仲間たち」（河出書房新社）、「歩きたい歴史の町並 重要伝統的建造物群保存地区 全86カ所」（ＪＴＢパブリッシング）、「歴史鉄道酔余の町並み」、「続・歴史鉄道酔余の町並み」、写真集「光り輝く特急ときの時代」（以上、駒草出版）ほか。

みんなのシビックプライド

二〇二一年 八月三〇日 初版発行

著 者 米山 淳一
発行者 井上 弘治
発行所 **駒草出版** 株式会社ダンク 出版事業部
〒一一〇－〇〇一六
東京都台東区台東一－七－一 邦洋秋葉原ビル二階
ＴＥＬ 〇三（三八三四）九〇八七
ＦＡＸ 〇三（三八三四）四五〇八
https://www.komakusa-pub.jp/

印刷・製本 シナノ印刷株式会社

［撮影］ 米山 淳一
［ブックデザイン］ 駒草出版

落丁・乱丁本はお取り替えいたします。
定価はカバーに表示してあります。

ISBN 978-4-909646-44-6